汤逊湖流域纳污能力模拟与水污染控制关键技术研究

王　浩　秦大庸　肖伟华　褚俊英　严登华等　著

国家自然科学基金项目（51021066，51009150）、国家重点基础研究发展计划（973 计划）项目（2010CB951102）、武汉市汤逊湖纳污能力研究项目（ZJ0203012007，Z0202112009）资助

科学出版社

北　京

内 容 简 介

本书介绍有关湖泊流域水体纳污能力的基础知识、研究现状与进展；汤逊湖流域水环境状况评价与问题诊断，水域叶绿素浓度遥感估测实验；流域污染负荷评价，湖泊水力水质模型和纳污能力评价模型构建；流域污染物总量控制目标与分配指标确定；流域水污染控制措施经济分析；流域排污权交易体系框架设计；相关理论、方法、模型和技术在保护武汉市汤逊湖湖泊水资源与水环境中的应用实例等。

本书可供湖泊流域水环境评价、湖泊水域纳污能力评价、水污染总量控制与分配和排污权交易等领域的工作人员，以及水利、环境、湖泊管理相关专业科研人员和高等院校师生阅读参考。

图书在版编目(CIP)数据

汤逊湖流域纳污能力模拟与水污染控制关键技术研究／王浩，秦大庸，肖伟华等著．—北京：科学出版社，2012

ISBN 978-7-03-034031-3

Ⅰ. 汤…　Ⅱ. ①王…②秦…③肖…　Ⅲ. 湖泊污染－污染防治－研究－武汉市　Ⅳ. X524

中国版本图书馆 CIP 数据核字（2012）第 067782 号

责任编辑：李　敏　张　菊／责任校对：朱光兰
责任印制：徐晓晨／封面设计：无极书装

科 学 出 版 社出版
北京东黄城根北街 16 号
邮政编码：100717
http://www.sciencep.com

北京建宏印刷有限公司印刷
科学出版社发行　各地新华书店经销

*

2012 年 5 月第　一　版　　开本：B5（720×1000）
2017 年 4 月第三次印刷　　印张：15 3/4　插页：6
字数：320 000

定价：100.00元

如有印装质量问题，我社负责调换

《汤逊湖流域纳污能力模拟与水污染控制关键技术研究》

编写人员

王　浩　　秦大庸　　肖伟华

褚俊英　　严登华　　李　玮

庞莹莹　　涂金花　　黄耀欢

王海潮　　王　鹏

序

我国幅员辽阔，湖泊众多，是世界上湖泊比较集中的地区之一。湖泊在当地的经济社会发展过程中发挥着重要的作用，在自然－人类活动－经济社会发展的系统中起到了不可或缺的作用。但是，由于经济社会的快速发展，围湖造地和向湖泊水体中排放污染物，湖泊显现出一系列的生态环境问题，富营养化的问题突出，湖泊型饮用水源地安全受到威胁。

长江中下游平原是我国湖泊最为集中的区域之一，我国著名的五大淡水湖——鄱阳湖、洞庭湖、太湖、洪泽湖和巢湖都分布在这里，湖泊水资源与水环境保护在全国具有举足轻重的地位。长江中下游平原区湖泊流域水环境问题比较突出，制约了区域社会经济的可持续发展。选择富营养化类型、营养水平、湖泊规模和形成机理不同的典型湖泊，开展综合诊断，制定与湖泊营养水平、类型、阶段和地区经济水平相适应的湖泊水污染综合整治方案，逐步实现由湖泊及其集水区的重点控源与局部湖区水质改善向湖泊整体水环境质量明显改善转变的战略目标，可为长江中下游平原区的湖泊流域水污染治理提供借鉴经验。

“汤逊湖流域纳污能力模拟与水污染控制关键技术研究”从湖泊资源利用的角度出发，针对湖泊水污染和生态环境的特点，将湖泊水污染控制与经济社会发展、生态环境保护三者联系起来统一研究，探寻我国湖泊水污染治理模式。经过多学科联合研究，该研究理论和技术创新特色明显，主要体现在四个方面：①在对湖泊水质及纳污能力变化影响机制系统识别的基础上，结合湖泊水动力学特征，构建了具有物理机制的湖泊水环境模拟预测与纳污能力评估平台，可对湖泊水质进行多时空尺度的动态模拟预测，定量核算不同分区的纳污能力；②针对内陆湖泊构建了汤逊湖水体叶绿素的浓度遥感估测模型，并在汤逊湖流域进行了验证；③结合流域各污染源排放特征、构成和空间分布及基于湖泊纳污能力的总量控制要求，建立了湖泊流域水污染物排放的三级层次化分配模型，提出了汤逊湖流域三级污染总量控制与削减方案；④建立了以年均成本作为优化目标的湖泊流域水污染防治措施经济优选模型，提出了汤逊湖流域水污染控制的综合集成方案。

研究成果对汤逊湖流域的水环境与水资源保护具有重要的指导意义和实用价

值，具有针对性和可操作性，可在相关规划和决策中应用，为武汉市“两型社会”建设提供了重要技术支撑；多项研究成果对长江中下游地区湖泊保护和综合治理具有重要推广和应用价值。

“汤逊湖流域纳污能力模拟与水污染控制关键技术研究”的成果出版恰逢其时，希望能为我们的湖泊水污染防治提供些技术参考和理性思维。热切希望社会各界关注湖泊水污染防治工作的进展，为湖泊保护工作献计献策，不断地给予关心和支持。

2012 年 5 月

前　言

湖泊无论是对社会经济的发展，还是对生态系统功能的维持，都有着极其重要的意义。然而随着经济的快速发展，我国湖泊开始面临一个前所未有的挑战：数量迅速减少、面积日益萎缩、水质急剧恶化、水生态功能退化。随着太湖、巢湖和滇池相继暴发大规模的水华，危及周边群众的饮水安全，湖泊水污染危机成为一个引起全社会高度关注的问题。湖泊不仅具有维持相关自然资源的功能，更为人类提供长期水源、灌溉、防洪、发电、交通、调节气候与径流、观光游憩等服务。作为世界上湖泊比较集中的地区之一，我国共有两万多个湖泊，其中面积 $1km^2$ 以上的有2700多个，总面积约9万 km^2。其中淡水湖泊面积为3.6万 km^2，淡水储量2260亿 m^3。长江中下游平原和青藏高原是我国湖泊最为集中的区域。尽管湖泊众多，但随着经济迅猛发展、人口集聚以及不合理的开发利用，近50年来，在我国东中部地区因围垦造成湖泊面积减小约1.3万 km^2，超过了五大淡水湖的面积总和。在我国湖泊数量急剧减少的同时，由污染而导致的水质恶化是湖泊面临的最严重问题。由于大量工业污染物以及面源污染进入，目前有75%的湖泊出现不同程度的富营养化。因此，进行湖泊纳污能力评价与湖泊流域水污染调控关键技术研究具有很重要的意义，它不仅对发展和完善湖泊纳污能力评价的理论与方法有重要意义，而且在实际管理中对有效地控制湖泊流域水污染也具有十分重要的应用价值。

目前，国内对于湖泊保护还没有形成一个系统的湖泊保护治理模式。湖泊治理条块分割，以湖泊本身作为治理主体和以工程措施为主要手段，只能治标不能治本，因此仍然存在不少问题。本书力图以流域角度的视野，从湖岸入手，与湖泊水体结合，运用湖泊水动力水质与纳污能力集成模型等辅助手段进行湖泊水污染总量控制研究。这种模式以湖泊流域“自然－社会”二元水循环为基础，综合考虑湖泊治理的工程措施、非工程措施和生物措施等，结合污染物在湖泊水体中的降解转化过程、反应动力学和水体耗氧与复氧等规律，形成一个完整的体系，能有效地缓解水环境污染，减轻湖泊水环境治理的压力，从而促进湖泊保护，改善湖泊水环境质量。

全书共分为11章。第1章概述本书研究的背景和意义，综述湖泊纳污能力评价与湖泊流域水污染调控研究的现状与进展，阐述本书研究的目标、内容和技术路线。第 2 ~4 章在分析湖泊水体纳污能力影响因素和汤逊湖流域特征的基础上，对汤逊湖流域水环境状况进行了评价，指出了汤逊湖流域水环境状况的主要影响因素；并运用遥感估测法对汤逊湖水体叶绿素浓度进行了实验研究。第 5 ~8 章构建针对湖泊流域特点的汤逊湖流域水环境模拟与纳污能力评价集成模型平台，并应用该模型平台对汤逊湖流域污染负荷进行计算分析，对汤逊湖湖泊水体平面二维水流运动和水污染物转化与归趋的特征进行反演，在此基础上，对汤逊湖湖泊水体纳污能力进行了分区评价。第 9 ~10 章提出汤逊湖湖泊水体污染物总量控制目标，应用三级分配的方法在污染源之间、湖泊流域分区和排污口三个层面进行污染负荷的分配，设计汤逊湖流域水污染防治保障体系和控制措施，并对汤逊湖流域水污染控制措施进行经济比较分析。第 11 章主要对汤逊湖流域排污权交易的关键技术进行了初步研究。

本书的研究工作得到了国家自然科学基金创新群体研究基金（51021066）、国家自然科学基金课题（51009150）、国家重点基础研究发展计划课题（2010CB951102）和武汉市汤逊湖纳污能力研究项目（ZJ0203012007，Z0202112009）的共同资助。本书编写的具体分工如下。第 1 章由王浩、肖伟华和褚俊英执笔；第 2 章由肖伟华和褚俊英执笔；第 3 章由秦大庸、褚俊英和涂金花执笔；第 4 章由肖伟华和黄耀欢执笔；第 5 章由王浩、肖伟华、严登华和褚俊英执笔；第 6 章由褚俊英、秦大庸和李玮执笔；第 7 章由肖伟华、王浩、严登华和庞莹莹执笔；第 8 章由秦大庸、肖伟华和庞莹莹执笔；第 9 章由王浩、肖伟华和王海潮执笔；第 10 章由秦大庸、李玮、褚俊英和肖伟华执笔；第 11 章由肖伟华、涂金花和王鹏执笔。全书由王浩、秦大庸与肖伟华统稿。

本书在研究和写作过程中，得到了武汉市水务局和武汉市水利规划设计与研究院相关领导和研究课题组成员的大力支持和帮助，在此表示衷心的感谢！感谢课题组的所有成员！

由于湖泊水资源与水环境系统问题本身存在复杂性，且数学模拟与风险管理学科交叉，加之时间和水平有限，书中错误在所难免，敬请读者批评指正。

作　者

2012 年 3 月于北京

目　　录

第1章　绪　论

1.1　湖泊纳污能力与水污染控制研究需求

1.1.1　实践需求分析

湖泊是我国许多城市重要的取水水源地和备用水源地，湖泊水资源保护是建立水资源保护和河湖健康保障体系的一个重要内容。同时，湖泊是一种宝贵的自然资源和具有复杂结构的生态系统，具有不可替代的多方面价值和功能，如调节径流、供应水源、水产养殖、调节生态环境和气候、水运功能以及娱乐功能等。我国是一个湖泊众多的国家，湖泊水体作为我国水资源赋存的重要形式，其生态健康与安全是21世纪我国经济社会发展的重要保障。自20世纪80年代以来，我国许多湖泊水体污染和富营养化状况呈现明显加重趋势。从根本上讲，湖泊水污染以及富营养化问题是跨越时空的自然演变与社会经济发展共同作用的结果，它伴随着流域水文循环过程以及人类长期、持续的社会经济活动而不断强化。当前湖泊水环境污染以及富营养化问题发展快、危害大、处理难、恢复慢，已成为世界范围内最为严重的环境问题之一（Jørgensen，1999；Rast and Holland，1988；刘凌和崔广柏，2004）。

世界各国的实践表明，湖泊水污染问题的产生与发展，表面上是资源与环境危机，实质上是治理与调控危机（赵生才，2004）。面临湖泊萎缩和水质恶化的严峻形势，如何合理、有效、可持续地保护和利用湖泊水资源，是我国社会经济与资源环境科学发展的必然要求。长期以来，在湖泊水环境管理方面，我国主要以污染物的排放标准作为主要依据实行浓度控制占据主导地位的湖泊管理。由于流域可纳污量日益减小，即使污染源全部达标也难以满足水环境功能目标的要求。因此，实行以纳污能力为核心的污染物总量控制与管理势在必行。纳污能力的核算是污染物总量控制的科学基础，是保证污染物总量控制制度规范性、系统性和可操作性的重要环节。

根据2009年2月全国水资源工作会议的精神，在当前及今后一个时期，以水资源配置、节约和保护为重点的水资源管理工作要在2020年初步形成与全面建设小康社会相适应的现代化水资源管理体系，努力实现六项目标。其中之一就是基本建成水资源保护和河湖健康保障体系。重要城市供水水源地水质全面达标，主要江河湖泊水功能区水质达标率提高到80%以上。重点地区水生态状况明显改善，地下水超采现象得到有效治理，严重超采区状况根本好转，河流生态用水基本得到保障，部分生态严重损坏的河流得到逐步修复，生态严重退化的状况得到显著改善。因此，要全面落实最严格的水资源管理制度，围绕水资源的配置、节约和保护，明确水资源开发利用红线，严格实行用水总量控制；明确水功能区限制纳污红线，严格控制入河排污总量；明确用水效率控制红线，坚决遏制用水浪费。

实现基本建成水资源保护和河湖健康保障体系，水资源管理部门要按照“三条红线”严格执法监督，以水功能区管理为载体，进一步加强水资源保护。主要强调三个方面的工作：①加强饮用水水源地保护。各地要按照水法和国务院批准的《全国城市饮用水安全保障规划（2006—2020）》的要求，制定水源地保护的监管政策与标准，强化饮用水源保护监督管理，完善水源地水质监测和信息通报制度。要加快重要饮用水水源地综合治理，推进农村饮水水源保护，进一步建立和完善水污染事件快速反应机制。②强化水功能区监督管理。进一步完善水功能区管理的各项制度，科学核定水域纳污能力，根据国家节能减排总体目标，研究提出分阶段入河污染物排放总量控制计划，依法向有关部门提出限制排污的意见。严格监督入河排污口的管理，加强省界和重要控制断面的水质监测，强化入河排污总量的监控，及时将有关情况通报各级政府和有关部门。③加强水生态系统保护与修复。抓紧建立生态用水及河流健康指标体系，加强水利水电工程生态影响评估论证，对不符合生态用水指标要求的，一律不得审批取水许可。开发利用水资源要维持河流合理流量，维持湖泊、水库和地下水的合理水位，防止水源枯竭和水体污染。

武汉市水域面积约占全市总面积的25.6%，以长江和汉江为干流，组成了庞大的河湖水网。当前，武汉市在湖泊开发利用过程中面临着三个突出的问题，即水污染严重、湖泊萎缩和水量锐减以及湖泊生态系统退化（汪常青等，2004），因此武汉市湖泊水资源保护和河湖健康保障体系的形势非常严峻。从整体上讲，湖泊水资源污染以及生态系统的退化日益严重，直接威胁区域经济社会的可持续发展和湖泊流域内人们的生存环境。特别是位于武汉东南部、面积占中心城区38个湖泊总面积18.7%的汤逊湖，随着周边工业、产业和园区的建设，水体污染严重，整体已为Ⅴ类水质，不能满足Ⅲ类水功能区的要求，水生态系统退化，严重威胁到武汉市备用水源地的水质安全（涂金花等，2006）。

汤逊湖具有我国长江中下游平原湖泊的一些共性，即停留时间较长，面宽水浅（平均水深1.85m），易受风生环流、动力作用影响导致底泥悬浮，河湖水力调度关系复杂。因此，研究浅水湖泊的物理过程、营养物生物地球化学循环、富营养化发生机制以及生态系统响应、水污染与富营养化调控与可持续管理，是当前迫切需要回答的主要科学问题。对这些机理、机制、过程进行深入分析，对于发展具有中国特色的湖泊水环境污染控制的理论与方法，推动我国湖泊水环境管理实践具有十分重要的意义。

为此，本书从系统的流域思想出发，融合多学科发展的最新进展，以汤逊湖及其流域作为典型剖析对象，从流域水质、水量统一的角度出发，基于水污染“源－汇”全要素过程，构建湖泊流域水环境污染模拟平台，并在此基础上，以纳污能力的研究为核心，探索湖泊流域水资源保护的新思路。湖泊流域纳污能力与水污染控制是当前武汉市乃至我国湖泊流域水污染与水体富营养化防控领域所面临的关键技术问题。总体上，本研究具有迫切的现实背景和深远的理论意义。

1.1.2 科技需求分析

经过30多年的努力，我国虽然形成了一批行之有效的水处理技术与设备，对我国水污染控制发挥了重要的作用，但我国水污染状况不容乐观，水资源短缺的矛盾日益突出，水污染控制的任务日益艰巨，依靠科技、实施科技创新是控制与保护我国水环境质量的必由之路。未来很长一段时间，我国经济将进入持续快速发展阶段，社会也将随之快速进步，人们对水环境的要求将越来越高，水污染控制与治理的科技需求日益紧迫。

为实现我国经济社会又好又快发展，调整经济结构，转变经济增长方式，缓解能源资源和环境的瓶颈制约，《国家中长期科学和技术发展规划纲要（2006—2020年）》确定了“水体污染控制与治理”科技重大专项的实施，其中包括：“研究流域水污染控制、湖泊富营养化防治和水环境生态修复关键技术，开展流域水污染治理技术集成示范；研究多尺度水质在线监测、遥感遥测和水质水量优化调配技术，开展流域水质监控、预警和综合管理示范。”

国家科技重大专项“水体污染控制与治理”的实施方案指出，为了实现水环境改善的目标，政府在充分运用行政手段的基础上，将更大程度地依靠科技进步，实行流域层面的水环境管理法规、经济政策，以先进的水污染控制与监管技术作为实现水环境持续改善的重要手段。实现国务院确定的水污染物减排目标迫切需要科技创新作为支撑。并且，随着我国水污染控制工作的力度不断加强，流域水污染防治与监控技术的市场需求非常强烈。国家把水环境质量改善、保障人民饮用水安全作为地方政府的重要考核指标，国家和地方政府将投入大量资金控制污染物排放、修复遭破坏的水环境、保障饮用水安全，一大批污染治理、水体修复、饮用水安全保障的项目和工程将得到逐步实施。这些项目与工程的实施对农业面源污染控制技术、水体生态修复技术、湖泊富营养化控制技术、供水水质监控与预警技术、流域水环境监控与预警技术等污染防治与监控技术有很大需求。因此，我国水污染控制与纳污能力研究的需求主要体现在两个方面：重点流域水污染治理规划实施的技术支撑需求和流域水污染防治与监控的科技支撑需求。

同时，《国家“十二五”科学和技术发展规划》和国家科技重大专项“水体污染控制与治理”的实施方案的“十二五”目标中指出，要突破水体“减负修复”关键技术，形成水环境污染治理示范，示范流域水质得到明显改善，并在继续攻克污染负荷削减关键技术的基础上，重点突破面源污染控制、有毒有害污染物控制、水体生态修复和饮用水净化关键技术；突破示范流域水环境监控技术体系与开展业务化运行的关键技术，完善流域水环境监控与综合管理技术体系和水污染治理技术体系，在流域尺度上开展综合技术示范；全面提升我国水环境科技研发能力；全面提升流域水污染控制与治理技术水平和流域水环境监控能力，示范流域水环境监控、预警实现业务化运行，确保示范流域污染物排放总量得到有效削减、水环境质量得到明显改善、饮用水安全得到有效保障，促进流域社会经济可持续发展。

因此，湖泊流域纳污能力模拟与水污染控制关键技术研究有着广泛的科技需求。

1.2 湖泊纳污能力与水污染控制研究进展

1.2.1 湖泊纳污能力研究进展

根据水质目标，计算水体的环境容量，并进一步实施水污染物总量控制，是保证水环境质量的根本方法，也是水污染防治量化的依据。从我国“六五”科技攻关计划开始，通过五年计划，在“六五”期间对水环境容量进行了研究（张永良和刘培哲，1991；夏青，1996）；“七五”、“八五”期间，对排放水污染物许可证、水环境保护功能区划分和水环境综合整治规划等技术进行了研究；“九五”和“十五”期间，推行污染物排放目标总量控制制度。目前开始进行以容量总量为基础的总量核定工作。总体上，在概念内涵、理论方法、模型技术和规律认识方面都取得了丰富的理论研究与应用研究成果。

水体的纳污能力是指水域使用功能在不受破坏的条件下受纳污染物的最大数

量，即在一定设计水量条件下，满足水功能区水环境质量标准要求的污染物最大允许负荷量（邢文刚等，2007）。纳污能力是指水体在满足一定功能要求、设计水文条件和水环境目标下所允许容纳的污染物量，与水体水力学特征、污染物性质、水质目标、排污口位置以及排污方式等诸多因素有关，这些因素直接影响入流污染物的稀释降解能力以及污染物质在水体中的时空分布（张永良和刘培哲，1991；杨迪虎，2005）。规划水域纳污能力分析是水资源保护研究的关键技术，是总量控制的依据。其控制标准以《地表水环境质量标准（GB3838—2002）》中的相应级别表达，根据实际情况设定。

有研究认为水环境容量与水体纳污能力的定义有所不同（廖文根等，2002）。水环境容量是指在给定的水环境保护目标、设计水文条件和水的自然背景值条件下水域能够容纳污染物的最大数量；水体纳污能力主要针对污染控制区，是指在给定水域的水文、水动力条件、水质标准、排污口位置及排放方式的情况下，水域能够容纳污染物的最大量。但是，二者的核心内容都是一致的，都是在一定的边界条件下确定水域能够容纳的污染物的最大量。同时，也有研究认为河流纳污能力（也称河流水环境容量）计算是水环境管理工作的一项重要内容（李如忠等，2003）。因此，我们在研究水环境容量与水体纳污能力的手段与方法上基本都是相同的。

水环境容量的研究对象是污染物在水环境中的自净能力。水环境容量是水环境研究领域的一个基本理论问题，是水环境管理的一个重要应用技术环节，也是水污染物总量控制的依据。20世纪80年代初期，对水环境容量的研究多采用相对较为简单的水质模型。经过十几年的研究和发展，水环境容量的研究范围也从一般耗氧有机物和重金属扩展到N、P负荷和油污染的研究；研究空间也从小河流扩展到大水系，从单一河流扩展到湖泊、河口海岸及复杂的平原河网地区；模型状态也从稳态或准动态发展为动态模型（张永良和刘培哲，1991）。目前，河流水环境容量的计算方法主要有三种，分别为解析公式法、模型试错法和系统最优化分析方法（徐祖信等，2003）。

水环境容量反映污染物在环境中的迁移、转化和积存规律，是水环境对污染物的承受能力和在规定环境目标下所能容纳的污染物量。自然水体具有存储、输移、降解或使污染物无害化的能力，因此，水环境容量由以下三个部分组成：①存储容量。污染物由于稀释和沉积作用逐渐分布于水和底泥中，其浓度达到基准或标准值时水体所能容纳的污染物量。②输移容量。进入流动水体之中的污染物随着水体向下游移动，随水和底泥迁移的量，它表示水体输移污染物的能力。③自净容量。水体对污染物进行降解或无害化处理的能力。若污染物为有机物，自净容量也常称为同化容量。其中，自净容量主要表现为水生生物对水质的净化作用，尤其对滞流和缓流水体，即可将进入水体的有毒有害物通过生物转化变为无害化状态，不断将污染物吸收同化而形成一定的生物量，且可不断再生。

1.2.2 水污染总量控制研究进展

1.2.2.1 国际上的研究进展

从国际研究发展来看，环境容量和污染物排放总量控制的概念首先是日本学者提出的。在20世纪60年代末，日本为改善水和大气环境质量状况，提出了污染物排放总量控制问题，即把一定区域内的大气或水体中的污染物总量控制在一定的允许限度内。1984年日本将第一个水污染总量控制目标规划实际运用于水质污染控制。日本在实施污染物总量控制后，污染控制及生态环境保护效果非常明显，环境质量得到明显改善。

美国环境保护署（EPA）于1972年在《水清洁法》303条款中，提出TMDL（Total Maximum Daily Loads）计划的概念，即最大日负荷量，也可以用TMYL表示为最大年负荷量。美国从1972年开始在全国范围内实行水污染物排放许可证制度，并使之在技术路线和方法上不断得到改进和发展。1983年又正式立法，实施以水质限制为基点的排放总量控制。美国是总量控制比较完善的国家，建立了由联邦制定基本政策和排放标准，由各州实施的强制性管理制度；基本上形成了以基于污染控制技术的排放标准管理为主，以水质标准管理为补充，以总量控制和排污许可证为主要内容的水污染防治机制。

20世纪80年代联邦德国以及欧共体其他各国采用水污染物排放总量控制管理方法后，使60%以上排入莱茵河的工业废水和生活污水得到处理，莱茵河水质有了明显好转。其他国家如瑞典、苏联、韩国、罗马尼亚、波兰等也都相继实行了以污染物排放总量为核心的水环境管理方法，取得了一定的效果。近几年，瑞典实施广泛的氮削减总量控制计划，到2000年，30%～35%的城市污水处理厂设有除氮工艺过程，使氮的排放量在1985年的基础上削减了40%（徐树媛，2006）。澳大利亚也以污染物排放总量控制为核心制定环境保护法令和制度，在污染控制和改善环境质量上也取得了良好效果。

1.2.2.2 国内的研究进展

从国家政策层面上看，我国的水环境污染总量控制研究始于20世纪70年代末，以制定第一松花江BOD总量控制标准为先导，进行了最早的探索和实践；接着在“六五”期间，以沱江为对象，进行了水环境容量、污染负荷总量分配的研究和水环境承载力的定量评价；“七五”期间，陆续在长江、黄河、淮河的一些河段和白洋淀、胶州湾、泉州湾等水域，以总量控制规划为基础，进行了水环境功能区划和排污许可证发放的研究。到了20世纪80年代中期，我国开始对中国近海海域环境污染物自净能力和环境容量进行一些有益的探索，国家环境保护局从“七五”开始组织海洋环境污染物自净能力研究。1988年3月，国家环境保护局关于以总量控制为核心的《水污染物排放许可证管理暂行办法》和《开展排放许可证试点工作通知》的下达，标志着我国开始进入总量控制、强化水环境管理的新阶段。在1996年全国人民代表大会通过的《关于国民经济和社会发展“九五”计划和2010年远景目标纲要的报告》中，污染物总量控制正式成为中国环境保护的一项重大措施。国家环境保护局为落实“九五”环保计划，特编制了《“九五”期间全国主要污染物排放总量控制计划》，在“九五”期间对环境危害较大的12种污染物实行总量控制，这是控制我国环境恶化加剧趋势的重要举措，也是我国环境管理工作的一次重大转轨。针对在总量控制实施中的问题和情况，国务院于2000年3月20日颁布了《中华人民共和国水污染防治法实施细则》，在其中用多项条款对总量控制作了细化和更具有可操作性的规定。国家海洋局“九五”期间也在大连湾、胶州湾和长江口组织实施了以中国近海环境容量计算为目标的有关研究计划。在国家出台总量控制工作相关政策的同时，各省、市也相继开展了关于总量控制的研究工作。例如，沈阳市化工行业污染物流失量的控制，对市西部污染系统的总量控制；辽宁省的点源排放总量指标管理；松花江水系的污染物总量控制；天津市的重金属排放总量控制等。水污染物总量控制已逐渐成为我国实施水环境管理的重要措施，并且将在经过浓度控制、目标总量控制两个阶段之后，逐渐过渡到容量总量控制阶段。

同时，在总量控制的实施、政府决策与排污权交易方面，我国研究者也做了大量工作。例如，张天柱（1990）对区域水污染物排放总量控制的系统理论模式进行了探讨，提出把水污染物排放总量控制作为一个涉及经济、法律、行政、技术等多方面综合的水环境管理体系进行研究；施晓清和王华东（1996）提出了按环境区划和按政府行政分级的多层分区排污交易体系；王勤耕等（2000）对总量控制区域排污权的初始分配方法进行了研究，最终提出以排污权交易为核心的总量控制技术路线应包括排污权初始分配、排污权交易、总量控制管理三个环节；李嘉和张建高（2001，2002）在充分考虑各污染源对容量资源竞争的意识下，推导并建立了排污量限制和排污浓度限制的协同控制模型；张明旭（2003）基于环境经济学的最优化原则，对上海市推行的排污总量控制、超量排污罚款和对允许排放量限度内的排污征收生态环境补偿费进行了探讨；杨姝影（2004）对在我国刚刚起步的排污权交易制度，包括其历史、经济学原理、可行性、必要性、基本作用以及面临的困难和问题进行了初步探讨。

1.3 主要研究内容

本书以汤逊湖湖泊水体为重点区域，在考虑水体水质和湖泊流域土地利用、水力调度等强关联的背景条件下，利用数学模拟技术，进行现状和未来水平年水体动态纳污能力的模拟计算。同时，提出湖泊流域污染控制与削减的目标、措施等。围绕四个方面提出一个湖泊水污染控制的范式，分别是：①通过现场勘察、实际分析把握汤逊湖水体水质形势，评价湖泊水体水环境状况，识别汤逊湖水环境演变的原因和趋势；②构建汤逊湖水环境模拟与纳污能力评估综合模拟平台，根据汤逊湖面宽水浅的特点，建立二维水动力、水质模型、湖泊流域污染负荷模型和纳污能力评估模型，并耦合形成集成模型框架，完成模型在汤逊湖流域的应用；③提出基于水体纳污能力的汤逊湖湖泊流域水污染物控制总量指标及其层层分配方案，并针对保障污染物总量控制的措施进行经济性定量评价；④构建汤逊湖流域排污权交易的框架体系。围绕四个方面的目标，研究内容主要包括如下四个方面。

1）基于原型观测试验的汤逊湖水环境状况与纳污能力的影响机制研究。汤逊湖湖泊水体的局部与整体水环境的状况受到沿湖周边污染物的排放入湖方式与过程，以及湖泊水体动力学过程的影响，它们是汤逊湖水质与纳污能力的关键影响因素。本书在大量原型观测试验的基础上，研究上述因素与汤逊湖水环境质量和纳污能力的互动关系。具体包括：①研究排污口不同布置方案对湖泊水体纳污能力的影响；②根据湖泊流域内土地利用进一步分析汤逊湖流域内的陆域产流过程；③完善污染源的产生与入湖过程的研究，尤其是面源与内源；④开展湖泊水体流场对纳污能力影响的研究；⑤研究汤逊湖水体的污染物输移扩散规律，识别局部重污染区及敏感区的形成原因与变化趋势。

2）汤逊湖流域水环境模拟与纳污能力的综合模拟平台开发与应用技术研究。构建汤逊湖流域水环境模拟模型，依据湖泊水体水环境评价结果建立汤逊湖水体纳污能力评价指标体系。主要研究内容包括：①建立汤逊湖流域河网与二维湖泊水动力学与水质模拟一体化的模型；②研究流域污染负荷全方位模拟模型；③模型参数率定与模型验证。

3）汤逊湖水污染负荷总量控制指标与分配方案研究。以汤逊湖水质与纳污能力的影响机制为基础，深入研究汤逊湖纳污能力的水质标准，根据流域内不同污染源的特点提出污染负荷分配方案。主要内容包括：①按地表水水环境Ⅲ类水质标准要求，基于综合模拟平台，通过模拟计算汤逊湖流域的纳污能力；②设置情景，提出合理的污染负荷分配方案；③基于科学性、系统性与合理性原则，将主要污染物在不同污染源之间、不同地区之间以及不同排污口之间进行分配，并提出水污染削减的主要策略。

4）基于纳污能力的汤逊湖流域污染控制关键技术体系研究。主要内容包括：①完善保障分配成果实施与水质目标实现的技术措施与管理措施；②评价不同方案下的工程与技术措施的成本与效益，进行水污染防治措施经济性的定量化识别；③在污染负荷分配的基础上，探索新的管理模式，构建汤逊湖流域排污权交易的方法框架。

第 2 章　湖泊流域水体纳污能力的影响机理

2.1　湖泊纳污能力的基本概念与构成

从本质上说，水体的纳污能力是由水环境系统结构决定的。一般而言，水体对外界污染负荷的冲击具有一定的同化能力，这种同化能力是水环境系统与外界物质输送输入、能量交换、信息反馈的能力和自我调节能力的表现。为维持人类生存并使生态系统不致受到损害，水体中所能容纳的污染物数量是有一定限度的。只有污染物侵入量在这一限度内，水体的功能才能有效发挥，并可被人们循环、持续地利用；一旦污染物侵入超过这一限度，水体功能就会受到损坏，甚至彻底性破坏。这种限度不仅包括自然界固有的净化污染的能力，也包括人类活动对污染物净化能力的扩充。

目前，对于纳污能力还没有统一的定义，通常包括狭义和广义的两大类。

1）狭义的纳污能力主要是考虑排污口的空间位置的影响，是人类一定开发利用模式条件下水体的纳污能力，其比较有代表性的定义是，水体纳污能力特指“水体在设计水文、规定环境保护目标和排污口位置条件下，所能容纳的最大污染物量”（廖文根，2003）；根据排污口的布置和特点，狭义的纳污能力还可细分为所利用的纳污能力和可优化利用的纳污能力（考虑了成本与效益的因素）。

2）广义的纳污能力的内涵与水环境容量近似，不考虑排污口的真实的、具体的位置，该纳污能力在实践中应用也尤为广泛。比较有代表性的，例如，水利部 2006 年颁布了《水域纳污能力计算规程（SL348—2006）》，其中将纳污能力定义为“在设计水文条件下，某种污染物满足水功能区水质目标要求所能容纳的该污染物的最大数量”。再比如，水功能区纳污能力是指“满足水功能区水质目标要求的污染物最大允许负荷量，即在满足水域功能要求的前提下，按给定的水功能区水质目标值和设计水量，功能区水体所能容纳的最大污染物量（叶青季和孔繁力，2005）。按照是否考虑人类活动的影响，广义的纳污能力又可分为理想的纳污能力（原始本底）和现实的纳污能力（考虑人类活动的影响）两类。

湖泊水体的纳污能力通常由三部分构成，即水体对污染物的稀释能力、自净能力和输移能力三部分构成：①稀释能力是水环境对污染物进行稀释的物理过程所具有的承载污染物的能力，通常随着可纳污水量的增加而增大。②自净能力包括物理、化学和生物自净过程，该过程是水介质拥有的、在被动接受污染物之后发挥其载体功能主动改变、调整污染物时空分布，改善水质以提供水体的再续使用；自净能力通常受到温度、光照、可纳污水量的变化等因素的影响。③输移能力是指水体将污染物输送到下游其他水体的能力，通常与水体出入流的交换过程有着密切的联系。由于污染物在水体内发生复杂的物理、化学和生物过程，因此，湖泊的纳污能力是动态的，不同水平年、不同的来水频率具有不同的纳污能力，适合采用动态的而不是静态的分析方法。此外，水体纳污能力与水体的动力特性密切相关，对纳污能力的计算通常考虑水体水动力学条件。

2.2　纳污能力的影响因素分析

影响湖体纳污能力的因素主要有湖泊水质保护目标、湖泊水体特征、入湖污染物特性、排放口布置与排放方式以及湖泊水力调度规则。

2.2.1　湖泊水质保护目标

水体对污染物的纳污能力是相对于水体满足一定的用途和功能而言的。水的用途不同，允许存在于水体的污染物量也不同。我国修订的地面水水质标准由原来的分级改为按用途分为五类，即源头水、水源地一级保护区及珍贵水产资源保护区、水源地二级保护区及一般鱼类保护区、一般工业用水及娱乐用水区、农业用水及一般景观水域等。每类水体允许的标准影响着水环境容量的大小。另外，根据我国国情，各地自然条件和经济技术条件差异较大，因此，允许地方从实际出发，建立自己切实可行的水质目标。水质标准的建立与水质目标的确定均带有鲜明的社会性。因此，水环境容量又是社会效益参数的函数。

汤逊湖作为武汉市的后备水源地，根据标准的规定，必须达到Ⅲ类水体要求，从现状的监测数据来看，湖心的水质能够满足Ⅲ类水体要求，而在排污口附近的水域都出现不同程度的超标。因此，从分区管理的角度来考虑，将环湖缓冲区的水质目标定为Ⅳ类水标准，备用水源保护区的水质管理目标为Ⅲ类水标准，这样就导致分区的纳污能力不同，但从总体上保证汤逊湖的水质达到Ⅲ类水体要求。

2.2.2　湖泊水体特征

水体的纳污能力是自然规律参数的函数，这些自然参数决定着水体对污染物的扩散能力和自净能力，从而决定着水环境容量的大小。这些自然参数主要包括几何参数（形状、大小）、水文参数（流量、流速、水温）、地球化学背景参数（水的pH、硬度、污染物的背景水平）、水体的物理自净（挥发、稀释、扩散、沉降、分子态吸附等）、物理化学自净（离子态吸附）、化学自净（水解、氧化、光化学等）、生物降解（水解、氧化还原、光合作用等）等。

几何参数主要是指湖泊的形状和大小，二者直接关系到水动力学过程，影响湖泊的水体交换周期和纳污能力。湖泊的边界比较规则、平滑，水体的运动比较流畅，不会出现死角的现象，有利于污染物的扩散降解，而汤逊湖流域的边界呈现不规则的形状，湖汊比较多，出现许多“死角”，严重影响污染物的降解过程，尤其是在湖汊中，水体的流动速度比较缓慢，湖汊水体交换周期比较长，污染物不易降解。

湖泊的大小直接影响湖泊的蓄水量，关系到湖体稀释污染物的能力。湖泊的面积大，可以承纳更多的水资源量，在污染物一定的条件下，湖泊的稀释能力有所提高。

水文参数主要包括水位、流速、流量、泥沙量等。水位的变化直接影响到湖泊的面积和容积，从而影响湖泊的纳污能力；流速的快慢影响污染物在湖泊水体中的降解变化，影响污染物的降解过程，也影响着水体的交换周期；流量的大小影响湖泊水位的变化，影响湖泊的蓄水量变化过程，等等。而湖泊流域的水量过程也会直接影响湖泊水体的容积变化，影响湖体的纳污能力。汤逊湖作为长江的调蓄湖泊，其水量过程不仅受到降雨量的影响，还受到湖泊调度规则的影响。在丰水年、平水年、枯水年以及汛期和非汛期的调度规则都是不同的，这就引起湖泊水体容积的变化，影响湖泊自身的降解能力，影响纳污能力的变化。

水力参数主要包括湖泊的糙率、边坡、底坡等，这些都将影响湖泊的水动力学过程。湖泊的糙率影响水位、流速的变化；边坡影响模型的边界条件，影响模型模拟的精度；底坡将影响湖泊底部水流的运动，影响污染物的扩散降解过程。

2.2.3 入湖污染物特性

水体对污染物的自净能力是水体纳污能力的重要组成部分，而入湖污染物的特性影响水体对污染物的自净能力，如果入湖污染物的浓度较高，超过水体的相应标准时，水体的自净能力就会受到影响，从而影响水体的纳污能力。

根据大量已有研究成果和本研究结果可知，对于湖泊、水库等水域来说，其污染负荷来源较多，有的来自生活污水，有的来自造纸、制革、医药和制糖等工业废水，有的来自面源污染，有的来自渔业养殖饲料，有的来自大气干湿沉降，即使沉降在湖底的营养物质也会因为风浪或其他扰动再次被释放到水体中，加剧水体污染程度。污染来源不同，所含污染物类别、比例等也不相同，水体微生物作用下的降解速度就会不同。尤其是河流、湖库水体的水质更是错综复杂，千差万别。

此外，不同污染物本身的特性不同，对水生生物的毒性作用及人体健康影响的程度也不同，因此，在地表水环境标准中对不同污染物的限制量也是不同的，即允许存在于水体中的污染物量也是有差别的。因此，不同的污染物应该有不同的水环境容量，从而满足水质目标的要求，保证生态系统的健康发展。

2.2.4　湖泊排放口布置与排放方式

湖泊水体的纳污能力与污染物的排放方式、排放的时空分布有密切关系，尤其是排污口的布置，通常，从排污口排出的污水中悬浮物质的含量较高，在污染扩散区域沉降，也可能与其他污染来源一起加重水体污染。如果排污口布置过密，不同排放口的污染物会出现叠加的影响，导致局部水体出现超标的现象，因此，排污口的布置不仅要考虑到水体中所有污染源排放的污染物质在污染扩散区内的污染影响浓度的叠加，还要考虑到排污口布置不当引起的扩散区叠加。

对于汤逊湖来说，在考虑南、北截污工程之前周边有 33 个排污口，大多数分布在汤逊湖的南岸，局部污染比较严重，中心水体水质相对较好，这主要是由于排污口的布置不合理，导致排污口附近水域的污染影响浓度的叠加，降低该水域的水环境质量。此外，污染物的排放时间对水体的纳污能力也有影响，在非汛期，面源的产生量较小，湖泊流域承受的污染主要来自点源，污染负荷相对较小，而在汛期，面源的产生量逐渐增加，流域不仅承受点源的负荷，也要接纳外源、内源及面源的负荷，水体的承纳负荷相对较大，水体的纳污能力也会出现相应的变化。

在考虑南、北截污工程之后，污水收集处理后集中排放导致湖汊港局部地区压力增大，但是环湖带和湖汊港可以容纳部分污水，也可以作为中心备用水源区的保护屏障，改善其他部分的水质，提高部分环湖带水体的水质目标要求。

2.2.5　湖泊水力调度

湖泊水体的调度规则直接影响湖泊的水位变化，影响湖泊的水体容积，导致湖泊纳污能力的变化，这主要是影响污染物在湖泊水体中自我降解能力。按照污染物一阶反应降解模式，污染物在水体中的降解与综合降解系数、湖泊水量和污染物指标浓度有关。通过对汤逊湖湖泊水体降雨形成湖泊入流水量的纳污能力计算和污染物在湖泊水体中自我降解形成的纳污能力计算分析发现，在率定水环境参数的过程中，即使综合降解系数保持不变，湖泊蓄水水量增加和污染物指标浓度的增加也会导致污染物在湖泊自我降解形成的纳污能力增加。因此，通过调控湖泊蓄水水量可以适当调控湖泊水体的纳污能力。

2.3 纳污能力计算的主要方法

20 世纪 80 年代初期，水污染物总量控制的依据是采用相对较为简单的水质模型进行水体可纳污量的计算。经过十几年的研究和发展，水体纳污能力的研究范围也从一般耗氧有机物和重金属扩展到 N、P 负荷和油污染的研究；研究空间也从小河流扩展到大水系，从单一河流扩展到湖泊、河口海岸及复杂的平原河网地区；模型状态也从稳态或准动态发展为动态模型（张永良和刘培哲，1991）。

目前，水体纳污能力的计算方法主要有三种：解析公式法、模型试错法和系统最优化分析方法。其中，①解析公式法是采用静态水质数学模型，计算某一设计条件（或某保证率）下，符合规定水质标准的河流平均纳污能力，即稳态纳污能力。稳态容量的计算方法概念直观、简单实用，对于水文要素、水力条件变化不大的单向河流、湖泊水体是非常有效的。②模型试错法是利用率定好的动态水质模型，通过对某一河段污染源排放量的反复调试，以使规定水域的水质浓度的计算值符合规定的水质标准，这时所得到的污染源排放量即为该河段的纳污能力。模型试错法简单实用，但计算效率低，一般只适用于单一河道、均匀混合的湖泊水体纳污能力的计算。③基于线性规划的系统最优化分析方法的基本思路是：在水动力模型和动态水质模型的基础上，建立受纳水体污染物排放量和控制断面（点）水质标准浓度之间的动态响应关系，以河湖水体总排放污染负荷最大为目标函数，约束集为：①水体都满足规定水质目标；②水体容量约束，即各分区水体都要有一个最小容量约束，以满足进入水体的污染源总量，进而运用最优化方法求解每一时刻水体水质浓度满足给定水质目标的最大污染负荷。系统最优化分析方法的优点是自动化程度高、精度高、对边界条件及设计工况的适应能力强等，在河流与湖泊水体动态纳污能力的计算中受到越来越多的关注（李开明和陈铣成，1991；曹芦林，1998）。

本书主要采用最新的 TMDL 基本理念，其与水利部 2006 年颁布的《水域纳污能力计算规程（SL348—2006）》（简称《计算规程》）的对比如表 2-1 所示。

表 2-1　本书研究方法与《计算规程》的对比

指标分类	本书研究方法	《计算规程》
实施对象	针对所有受损与受威胁水体	针对单个水体
服务对象	综合考虑法律、经济、技术与社会等因素，将污染负荷分配到各个污染源，有针对性地进行污染治理	按不同水体功能区计算纳污能力，即开发利用区和缓冲区水域纳污能力主要采用数学模型计算法，保护区和保留区水域纳污能力主要采用污染负荷计算法，最终又服务于水环境功能区划
研究方法	要全面分析和计算所有污染负荷的来源	主要针对点污染源，对简单的非点源则采取了简化的方法以点源计
研究工具	综合模型系统，可以实现流域层面水污染过程模拟、评价、总量控制与污染治理的费用效益分析	以水体为核心的水质模型，辅以实测法、调查统计法和估算法
最终目的	流域综合管理	水污染控制

第3章　汤逊湖流域特征与水环境问题诊断

3.1　汤逊湖流域的基本特征

3.1.1　自然地理

汤逊湖位于武汉市东南部，地处30°22′N～30°30′N，114°15′E～114°35′E，横跨江夏、洪山和东湖新区科技开发区（下文简称东湖新区）三个行政区，如图3-1所示。其中，江夏区拥有的湖面约占70%，包括庙山、纸坊、藏龙岛、栗庙岛的全部和五里界、郑店、大桥的部分范围；东湖新区和洪山区拥有的湖面均在15%左右。汤逊湖以江夏大道为界限分为东侧的内汤逊湖和西侧的外汤逊湖两个部分，两者之间有涵洞相通。其中，外汤逊湖水面面积约占2/3，横跨洪山区和江夏区；内汤逊湖水面面积约占1/3，位属江夏区和东湖新区。

汤逊湖多年平均的蓄水容积为3285万m^3。汇水面积为240.38km^2，占武汉市面积（8467.11km^2）的2.84%，仅相当于太湖流域面积（3.65万km^2）的0.66%。其湖泊水域面积为46.39km^2（包含湖边的鱼塘、藕塘等水域），其中湖泊水面面积为32.85km^2，占武汉城区38个湖泊面积（175.35km^2）的18.7%，水面面积占流域总面积的13.6%。受经济利益的不断驱动，人类生产活动不断侵占汤逊湖流域，导致水面面积不断减少，当前水面面积仅为1984年（51.56km^2）的63.7%。汤逊湖平均水深为1.85m，属于典型的浅水湖泊。

汤逊湖沿湖地区主要为剥蚀堆积平原区，地形波状起伏，垅岗与拗沟相间分布，高程为25～45m（相当于Ⅲ级阶地）。建成区高程为20.00～24.00m（黄海高程）。湖泊周围的平坦低洼地区，为灰褐色的冲积砂、亚砂土、亚黏土冲积物或淤泥质褐色亚黏土的湖积物。一般地面以下1m可见地下水，常有流砂出现。

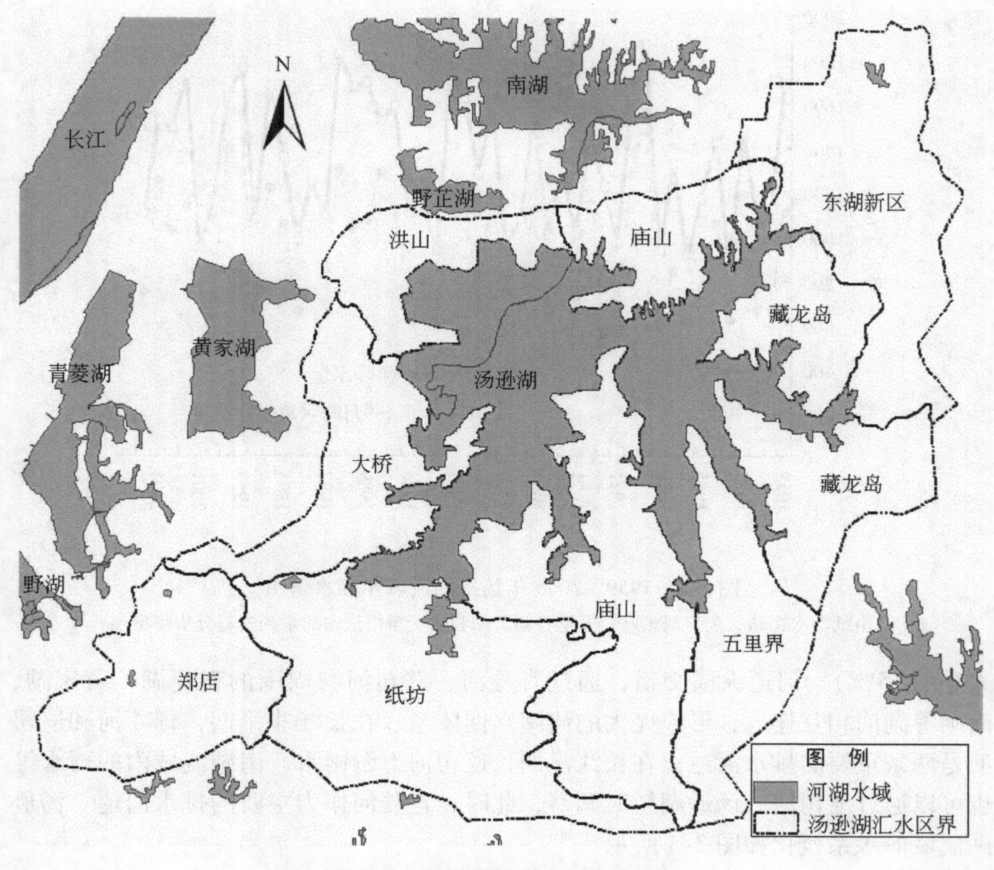

图3-1　汤逊湖流域行政区概况

3.1.2　气候降水

汤逊湖属于亚热带湿润季风气候，雨量充沛，雨热同季，日照充足，四季分明。多年平均气温为16.9℃，极端高温42.2℃，极端低温－18.1℃；1959～2006年平均年降水量为1327.4mm，最大降水量为1862.5mm（1969年），最小年降水量为889.2mm（1963年），如图3-2所示。暴雨多集中在每年的4～9月，其间的降雨量约占全年总量的68.9%。

3.1.3　河流水系

汤逊湖流域是一个典型的平原水网地区，流域内水面率达19.3%（略大于

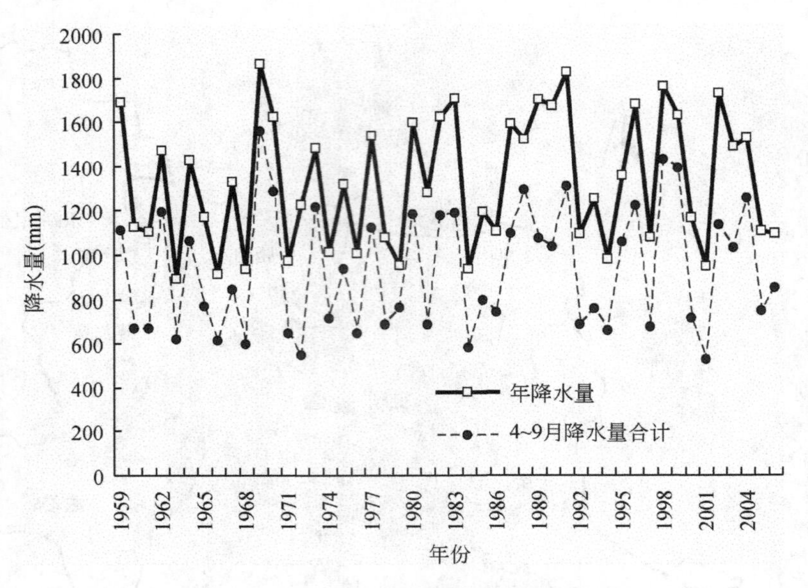

图 3-2　1959～2006 年汤逊湖流域年降水量图

由纸坊水文站、金口雨量站、五里界雨量站和豹子澥雨量站的系列资料分析得出

太湖的 15%）。河道纵横交错，通过青菱河、巡司河与周围的青菱湖、黄家湖、南湖等湖泊相互连通，形成庞大的河湖水网体系。在长江非汛期，青菱河和巡司河是两条重要的排水河道；在长江汛期，巡司河上游雨水、南湖流域内的雨水等也可以通过巡司河入汤逊湖暂时调蓄，此时，青菱河作为主要的排水河道。汤逊湖流域的水系概化如图 3-3 所示。

3.1.4　湖泊功能

汤逊湖的现状使用功能包括饮用水源地、农田灌溉、渔业和景观等。依据武汉市地表水功能区与水环境功能区类别划分，汤逊湖属于Ⅲ类水体，主要适用于集中式生活饮用水源地二级保护区，一般鱼类保护区及游泳区。

3.1.5　社会经济

汤逊湖周边用地状况主要以产业、教育和居住为主，如表 3-1 所示。其中，产业结构以光电子产业、医药工业为主，主要分布在东湖新区和江夏区的庙山。

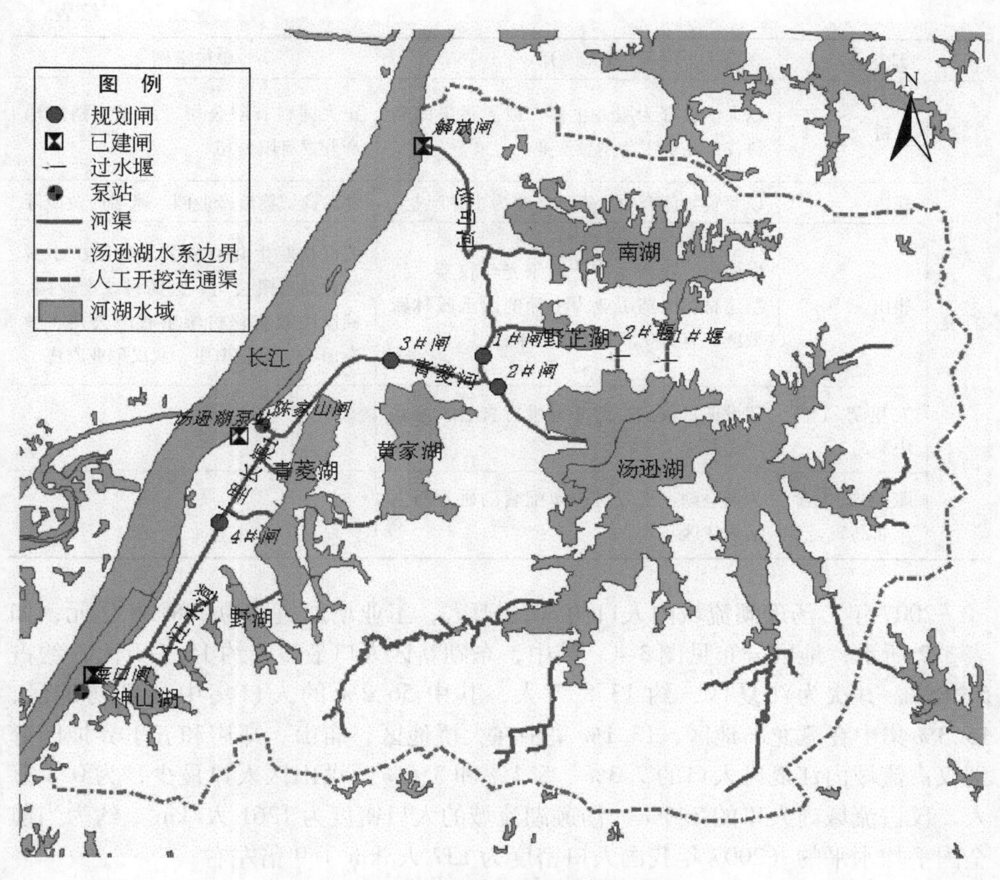

图 3-3 汤逊湖流域湖泊水系概化图

表 3-1 汤逊湖周边用地状况

地区		土地利用	单位举例
洪山		开发项目较少，包含少量高校	武汉工业职业技术学校、湖北经济管理干部学院南湖校区
东湖新区		众多高校、科研、新区科技企业，各类设施齐全，注册企业 5368 家，以光电子产业为主导，能源环保、生物医药、机电一体化和高科技农业竞相发展	关东光电子产业园、关南生物医药产业园、汤逊湖大学科技园、光谷软件园、佛祖岭产业园、机电产业园
江夏	纸坊	江夏区政治、经济和文化中心，旧城发展较早	武汉小蜜蜂菌头加工厂、武汉滨湖双鹤股份有限公司、武汉中联金泽药业有限公司

续表

地区		土地利用	单位举例
江夏	大桥	以大学教育为服务主体，以无污染的高科技产品加工为主导产业	正大饲料有限公司、武汉伟鹏房地产开发有限公司
	郑店	以商贸物流产业、家居产业为主导产业	郑店商贸物流产业园、家居产业园等
	庙山	以旅游、花卉生产、电子光学仪器、新型建材和医药工业为主导的山水园林新城区，有100多家企事业单位	武汉长联生化有限公司、武汉小蜜蜂食品有限公司、医药科技产业园、武汉民族文化村游乐有限公司、华泰山庄、澳门山庄、武汉创业农庄
	五里界（含中洲岛）	建设项目较少，大部分维持自然农业盛产面貌	—
	藏龙岛（含栗庙岛）	为汤逊湖、流芳科技园配套的研发与生活居住区	—

2007年，汤逊湖流域内人口约30.3万人，工业增加值约为208.28亿元，如表3-2所示，地区分布见图3-4。其中，东湖新区人口最多，约15.7万人，约占51.8%，其次为江夏区，约13.8万人，其中56.2%的人口集中在纸坊地区，15.3%集中在藏龙岛地区，13.1%集中在大桥地区，庙山、郑店和五里界地区分别仅占流域内江夏区人口的7.3%、5.1%和3.6%。洪山区人口最少，为0.8万人，仅占流域内人口的2.6%。汤逊湖流域的人口密度为1261人/km^2，约为当前全国平均水平的（2007年我国人口密度为137人/km^2）9倍左右。

表3-2　2007年汤逊湖流域经济发展状况

地区		人口（万人）*	工业增加值（万元）**
洪山		0.8	3 390.5
东湖新区		15.7	1 987 833.4
江夏	大桥	1.8	12 036.1
	纸坊	7.7	51 487.7
	郑店	0.7	4 680.7
	庙山	1.0	6 686.7
	五里界	0.5	3 343.4
	藏龙岛	2.1	14 042.1

续表

地区		人口（万人）*	工业增加值（万元）**
江夏	小计	13.8	91 608.0
	合计	30.3	2 082 831.9

*洪山区人口主要依据《武汉统计年鉴 2008》，并利用汇水面积比进行了修正；东湖新区人口主要依据两次托管人口的自然增长率确定，后者主要利用《武汉统计年鉴 2008》武昌区数据进行计算；江夏各细分区内的人口主要来自《江夏区统计年鉴 2008》，并依据汇水区与行政区面积比进行了修订。

** 工业增加值主要按照流域内规模以上工业增加值乘以比重系数确定。洪山区规模以上工业增加值数据主要来源于《武汉统计年鉴 2008》；江夏区规模以上工业增加值数据主要来源于《江夏区统计年鉴 2008》，并分别考虑了各行政区在汤逊湖流域所占的人口比重修正系数；东湖新区规模以上工业增加值按全市规模以上工业增加值的 16.6% 计算。比重系数主要根据《武汉统计年鉴 2008》中全部工业增加值与规模以上工业增加值之比计算。

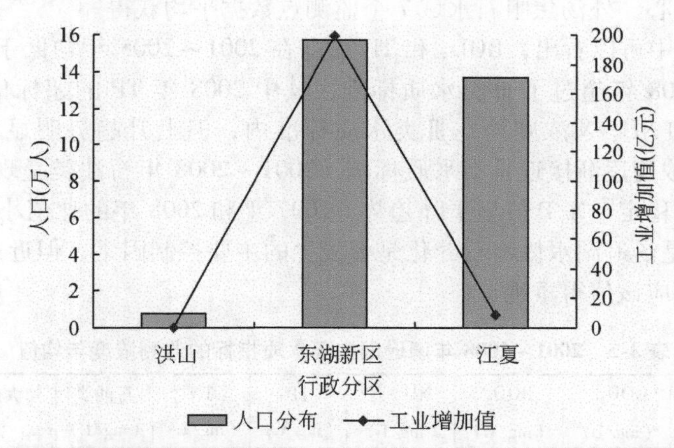

图 3-4　2007 年汤逊湖流域行政分区的总人口和工业增加值分布状况

2007 年，汤逊湖流域实现工业增加值约 208.28 亿元，人均工业增加值 6.87 万元。流域周边三大区域的经济发展状况与人民生活水平差异较大。其中，东湖新区实现工业增加值最大，约 198 亿元，占流域内总工业增加值的 95.1%，人均工业增加值高达 12.6 万元/人；江夏区和洪山区的人均工业增加值分别为 6686.7 元/人、4238.1 元/人。

3.2　汤逊湖流域水环境状况评价

3.2.1　湖体水质恶化严重

汤逊湖曾是武汉市最大的原生生态湖泊，被当地政府作为后备水源。但是随着经济利益的驱动、人口的不断增长，汤逊湖流域的污染日益严重。

2001年武汉市环境状况公报显示，汤逊湖水质指标首次出现“TN、TP超标”，此后水体水质一直显示为Ⅲ类。2002年，内、外汤逊湖TP年均值最大超标倍数分别为0.99和1.24。据2006年4月和5月的两次监测结果表明；外汤逊湖Ⅳ类水质湖面面积占87.68%，Ⅴ类水质湖面面积占8.92%，内汤逊湖Ⅳ类水质湖面面积占66.5%，Ⅲ类水质湖面面积占33.41%。这些数据表明，汤逊湖水质恶化仍然比较严重，达到Ⅲ类水质标准的湖面面积逐渐变小。

根据汤逊湖的监测数据，2001~2008年汤逊湖七大主要水质监测指标的年均值如表3-3所示。2001~2006年的年均值是由华泰山庄、内外湖中心和江夏大酒店三个监测点数据获得，2007~2008年的年均值是由内汤观音像水域、内汤民营工业园水域、内汤逊湖心、内汤洪山监狱水域、外汤武汉大学东湖分校水域、外汤逊湖心、外汤焦咀石水域7个监测点数据平均获得。

从表3-3中可以看出，BOD_5和TP浓度在2001~2005年均低于Ⅲ类水质标准，2006~2008年超过了Ⅲ类水质标准，其中2008年TP的超标倍数达1.54；COD_{Mn}、TN和NH_3-N浓度均在Ⅲ类水质标准内，但上升趋势明显，到2008年COD_{Mn}和TN浓度逐渐接近Ⅲ类水质标准；2001~2008年石油类呈现先升高后下降并逐步趋于稳定，N/P值呈下降趋势，2007年和2008年的比值小于10。从整体上看，TN是汤逊湖水体富营养化是否发生的主要控制因素，但近几年TP浓度的上升速度也应该值得重视。

表3-3　2001~2008年汤逊湖主要水质指标的监测浓度年均值

年份	COD_{Mn} (mg/L)	BOD_5 (mg/L)	NH_3-N (mg/L)	TP (mg/L)	TN (mg/L)	石油类 (mg/L)	粪大肠菌群 (个/L)	N/P值
2001	3.58	2.48	0.186	0.029	0.72	0	0	24.8
2002	3.77	2.21	0.102	0.028	0.66	0	0	23.6
2003	4.22	2.52	0.165	0.029	0.69	0.05	0	23.8
2004	3.41	2.41	0.314	0.037	0.72	0.03	902	19.5
2005	4.41	3.36	0.212	0.044	0.55	0.02	1 778	12.5
2006	5.03	4.05	0.281	0.059	0.78	0.02	1 917	13.2
2007	5.45	4.54	0.244	0.078	0.69	0.02	2 411	8.9
2008	5.44	4.79	0.303	0.127	0.83	0.02	1 486	6.5
标准值（Ⅲ类）	6	4	1	0.05	1	0.05	10 000	—

3.2.2　湖泊分区水质差异较大

根据2007年内汤观音像水域、内汤民营工业园水域、内汤逊湖心、内汤洪山监狱水域、外汤武汉大学东湖分校水域、外汤逊湖心、外汤焦咀石水域的水质监测资料，对汤逊湖流域进行分区水质评价。其中监测的水质指标包括物理指标、化学指标和生物指标，参数有水温、透明度、pH、COD_{Mn}、TP、TN、NH_3-N、挥发酚、石油类、叶绿素 a、粪大肠菌群等 27 个指标。

采用《地表水环境质量标准（GB3838—2002）》对各水域监测月的水质类别进行判别。图 3-5 分别表示 2007 年监测月七大水域的 COD_{Mn}、NH_3-N、TP 和 TN 浓度的变化。从图中可以看出，各水域的 COD_{Mn} 指标在 9 月均超过Ⅲ类水质标准（6mg/L），但低于Ⅳ类水质标准（10 mg/L），而其余月份都在Ⅲ类水质标准内；对于 NH_3-N 指标，各水域在监测月份内均未出现超标现象，都在Ⅲ类水质标准内（1.0mg/L）。对于 TP 指标，各水域的 1 月均低于Ⅲ类水质标准（0.05mg/L），3 月外汤武汉大学东湖分校水域、外汤逊湖心、外汤焦咀石水域低于Ⅲ类水质标准，

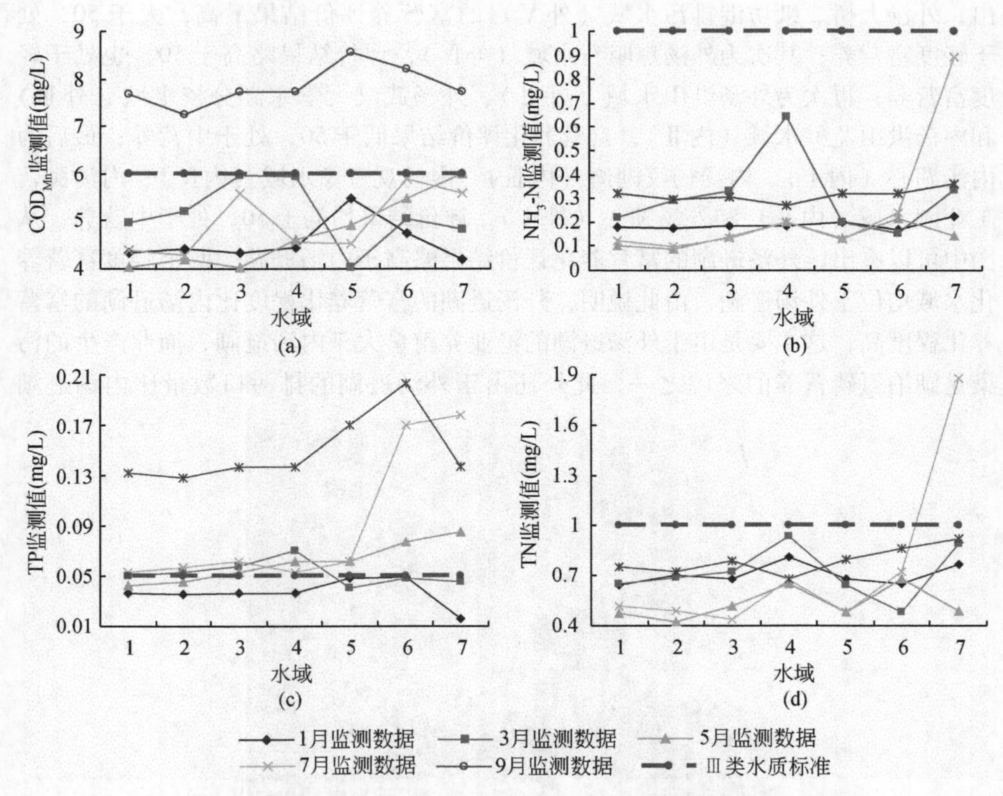

图 3-5　2007 年监测月各水域 COD_{Mn}、NH_3-N、TP 和 TN 的监测数据

图中 1 ~ 7 分别表示内汤观音像水域、内汤民营工业园水域、内汤逊湖心、内汤洪山监狱水域、外汤武汉大学东湖分校水域、外汤逊湖心、外汤焦咀石水域

内汤观音像水域、内汤民营工业园水域、内汤逊湖心、内汤洪山监狱水域均高于Ⅲ类水质标准、低于Ⅳ类水质标准（0.1 mg/L）；在5月内汤观音像水域、内汤民营工业园水域低于Ⅲ类水质标准，其余水域均高于Ⅲ类水质标准、低于Ⅳ类水质标准（0.1 mg/L）；7月均超过了Ⅲ类水质标准，外汤逊湖心、外汤焦咀石水域超过了Ⅳ类水质标准（0.1 mg/L）、低于Ⅴ类水质标准（0.2mg/L）；9月除外汤逊湖心超过了Ⅴ类水质标准外，其余均低于Ⅳ类水质标准。对于TN指标，除2007年外汤焦咀石水域在7月超过了Ⅳ类水质标准（1.5mg/L），低于Ⅴ类水质标准（2.0mg/L）外，其余均低于Ⅲ类水质标准（1.0mg/L）。从中可以看出，各水域的TP浓度变化比较大，其次为COD_{Mn}、TN指标，而NH_3-N指标相对比较稳定，一直低于Ⅲ类水质标准。

图3-6表示汤逊湖十个分区水域的富营养化状况（见彩图）。从图中可以看出，外汤大桥、纸坊港排污水域（外Ⅴ）的富营养评价结果最高，大于50，处于轻度富营养；其次为外汤焦咀石水域（外Ⅳ），评价结果略高于50，也处于轻度富营养；再次为外汤洪山水域（外Ⅱ）、外汤武汉大学东湖分校水域（外Ⅲ）和内汤洪山监狱水域（内Ⅱ），富营养化评价结果低于50，处于中营养；最后为内汤湖心（内Ⅰ）、内汤杨汊湖湾（内Ⅲ）、内汤观音像水域（内Ⅳ）、内汤民营工业园水域（内Ⅴ）和外汤湖心（外Ⅰ），评价结果均低于50，处于中营养。从图中可以看出，外汤逊湖的富营养化评价结果略高于内汤逊湖，两个轻度富营养化水域均位于外汤逊湖，由此说明，外汤逊湖的富营养化程度比内汤逊湖的富营养化程度高，这主要是由于外汤逊湖的渔业养殖量大于内汤逊湖，渔业产生的污染是湖泊氮磷营养的来源之一，此外还由于外汤逊湖的排污口数量比内汤逊湖

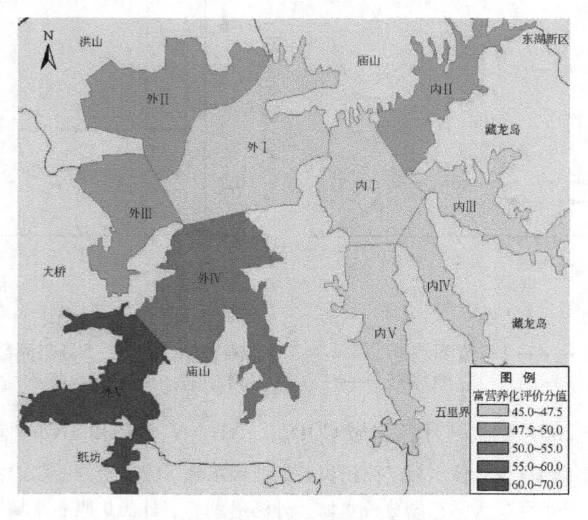

图3-6　汤逊湖分区水域富营养化状况

多，且较大的排污口均位于外汤逊湖。另外，外汤大桥、纸坊港排污水域（外V）的富营养评价结果高的主要原因是由于外汤逊湖几个较大的排污口均位于该水域，如金鞭港郑店纸坊港（8个企业）排口和启瑞药业排口，排污口的污水浓度偏高，且该水域位于湖汊内，水域的形状不利于水体污染物的扩散。

3.2.3 湖泊中心水体已被污染

根据2005~2008年内外汤逊湖心的水质监测数据表明内外汤逊湖湖泊中心水体已经被污染，并由中营养向轻度富营养化转变。

3.2.3.1 内汤逊湖心监测点

2005~2008年内汤逊湖心的水质监测数据如图3-7所示。从图中可以看出，

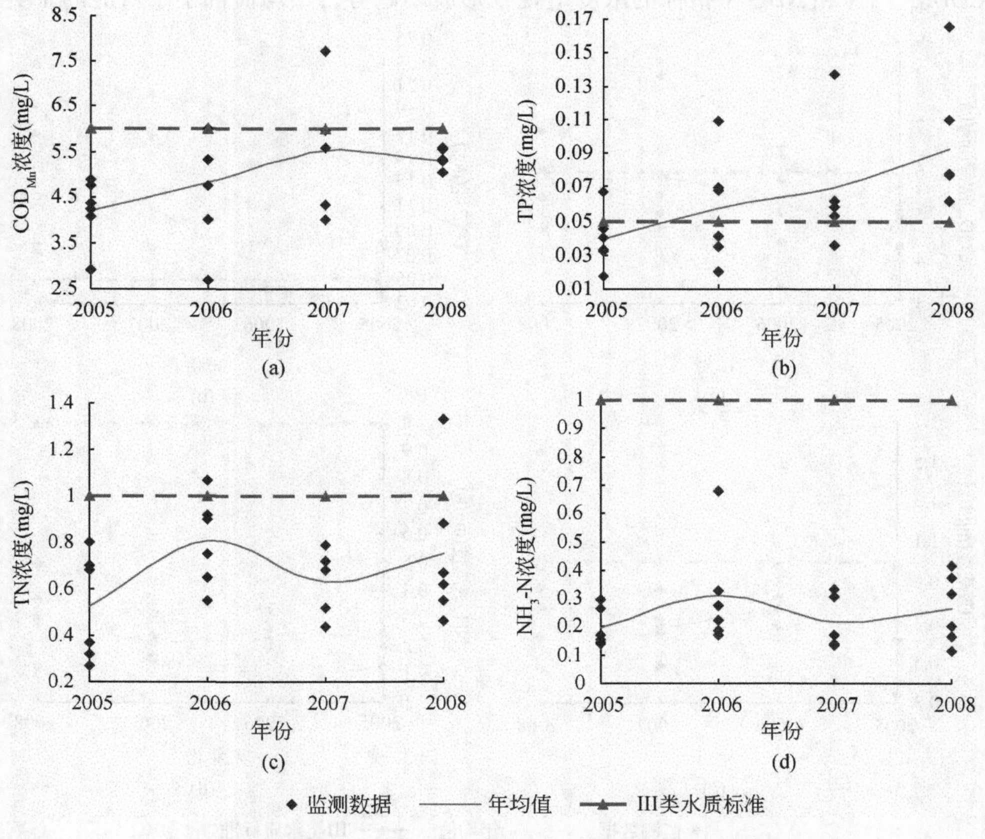

图3-7 内汤逊湖心 COD_{Mn}、TP、TN和 NH_3-N的监测数据

COD_{Mn}、TN 和 NH_3-N 指标的浓度呈现 S 形波动趋势，年均值都小于对应的Ⅲ类水体标准值，而 TP 指标呈现明显的上升趋势，除 2005 年外，年均值均高于Ⅲ类水体标准值。其中 COD_{Mn} 指标在 2005 年、2006 年、2008 年各月的浓度均低于Ⅲ类水体标准值，2007 年中超过Ⅲ类水体标准值的月份数为 1 个；TP 指标在 2005～2008 年中超过Ⅲ类水体标准值的月份数分别为 1 个、3 个、4 个、6 个，呈现明显的增加趋势，2006～2008 年均出现超过Ⅳ类水体标准值（0.1mg/L）的月份；TN 指标在 2005 年、2007 年各月的浓度均低于Ⅲ类水体标准值，2006 年和 2008 年中超过Ⅲ类水体标准值的月份数均为 1 个；NH_3-N 指标在 2005～2008 年各月的浓度均低于Ⅲ类水体标准值。

3.2.3.2　外汤逊湖心监测点

2005～2008 年外汤逊湖心的水质监测数据如图 3-8 所示。从图中可以看出，COD_{Mn}、TN 和 NH_3-N 指标的浓度呈现 S 形波动趋势，年均值都小于对应的Ⅲ类

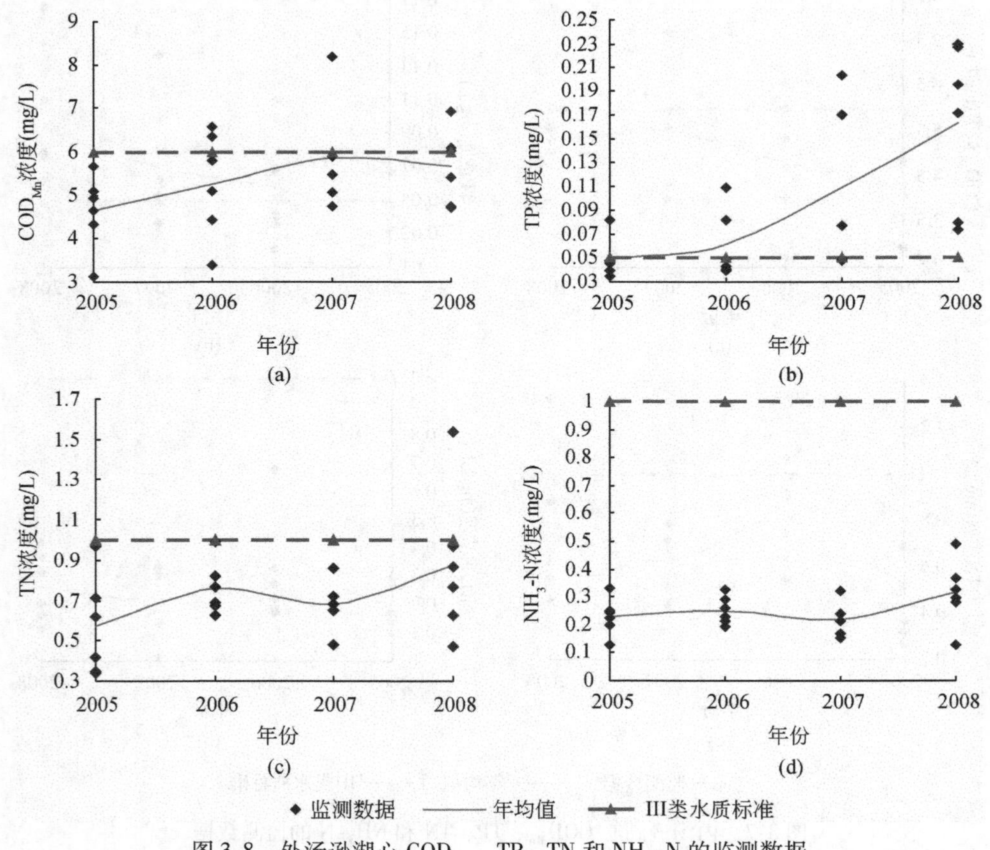

图 3-8　外汤逊湖心 COD_{Mn}、TP、TN 和 NH_3-N 的监测数据

水体标准值，而TP指标呈现明显的上升趋势，且年均值均高于Ⅲ类水体标准值。其中COD_{Mn}指标在2005年各月的浓度均低于Ⅲ类水体标准值，2006～2008年中个别月份的浓度超过了Ⅲ类水体标准值，出现超标的月份数分别为2个、1个、3个，呈现波动增加的趋势；TP指标在2005～2008年中超过Ⅲ类水体标准值的月份数分别为1个、2个、3个、6个，呈现明显的增加趋势，2008年超过Ⅴ类水体标准值（0.2mg/L）的月份数达到3个；TN指标在2005～2007年各月的浓度均低于Ⅲ类水体标准值，2008年中超过Ⅲ类水体标准值的月份数为1个；NH_3-N指标在2005～2008年各月的浓度均低于Ⅲ类水体标准值，但2008年各月的浓度明显出现增加的趋势。

3.2.3.3　内外汤逊湖心富营养化评价

根据2005～2008年内外汤逊湖心的监测数据，选取透明度、COD_{Mn}、TP、TN和叶绿素a五个指标，采用水利部推荐的湖（库）营养状态评分定级法进行富营养化评价。表3-4表示2007年汤逊湖营养状态评分结果，从表中可以看出，叶绿素a的评分值较低，COD_{Mn}、TP和TN的评分值较高，尤其是在9月和11月，导致综合评分值偏高。

表3-4　2007年汤逊湖营养状态评分结果

月份	监测点	指标评分值					
		透明度	COD_{Mn}	TP	TN	叶绿素a	综合评分
1	外汤逊湖心	40.0	51.9	49.6	53.0	40.0	46.9
	内汤逊湖心	38.7	50.8	44.4	53.6	30.0	43.5
3	外汤逊湖心	39.3	52.6	49.2	49.0	40.0	46.0
	内汤逊湖心	46.0	54.9	51.6	54.4	30.0	47.4
5	外汤逊湖心	50.0	53.7	55.4	53.6	30.0	48.5
	内汤逊湖心	44.0	50.1	50.6	50.4	30.0	45.0
7	外汤逊湖心	48.0	54.7	67.0	54.4	30.0	50.8
	内汤逊湖心	44.0	54.0	52.4	47.0	30.0	45.5
9	外汤逊湖心	54.0	61.0	70.1	57.2	30.0	54.5
	内汤逊湖心	52.0	59.3	63.7	55.8	30.0	52.2
11	外汤逊湖心	56.0	58.0	64.6	54.6	30.0	52.6
	内汤逊湖心	54.0	56.3	57.8	52.8	30.0	50.2

表3-5为2005～2008年内外汤逊湖心富营养化评价结果。从评价结果中可以看出，2005年的评价结果均小于50，处于中营养状态；2006年内外汤逊湖心

11 月的评价结果高于 50，处于轻度富营养化，其余各月均低于 50，处于中营养；2007 年 7 月评价结果中外汤逊湖心超过 50，9 月评价结果中内外汤逊湖心均超过 50，处于轻度富营养化，其余各月处于中营养状态；2008 年 1 月和 3 月内汤逊湖心的评价结果小于 50，处于中营养状态，而其余各月处于轻度富营养化，外汤逊湖心则全部高于 50，处于轻度富营养化状态。从整体来看，内外汤逊湖心都呈现向轻度富营养化状态转变的趋势。

表 3-5　2005 ~ 2008 年内外汤逊湖心富营养化评价结果

月份	2005 年		2006 年		2007 年		2008 年	
	内汤逊湖心	外汤逊湖心	内汤逊湖心	外汤逊湖心	内汤逊湖心	外汤逊湖心	内汤逊湖心	外汤逊湖心
1	39. 6	43. 5	43. 3	45. 9	43. 5	46. 9	47. 7	50. 3
3	45. 7	47. 2	47. 3	47. 0	47. 4	46. 0	49. 3	50. 8
5	44. 2	45. 5	46. 3	48. 6	45. 0	48. 5	50. 1	52. 3
7	44. 2	44. 8	46. 9	49. 2	45. 5	50. 8	51. 0	52. 7
9	47. 5	49. 3	46. 8	49. 5	52. 2	54. 5	56. 9	59. 1
11	46. 3	48. 9	51. 5	52. 1	52. 6	50. 2	51. 4	57. 5

图 3-9 列出了 2005 ~ 2008 年内外汤逊湖心富营养化的评价结果变化。2005 年内外汤逊湖心的评价结果均呈现上下波动趋势，但总体处于上升状态，而且外汤逊湖心的评价结果均高于内汤逊湖心。9 月内外汤逊湖心的评价结果均最高，1 月的评价结果最低。2006 年内外汤逊湖心的评价结果波动较小，但整体仍处于上升趋势，3 月内汤逊湖心的评价结果高于外汤逊湖心，其余均低于外汤逊湖心，11 月内外汤逊湖心的评价结果均最高，1 月的评价结果最低，低于 2005 年 11 月的评价结果。2007 年内汤逊湖心的评价结果出现轻微的波动，而外汤逊湖心的评价结果呈现上升趋势，3 月内汤逊湖心的评价结果超过外汤逊湖心，其余各月均低于外汤逊湖心，9 月内外汤逊湖心的评价结果均最高，1 月内汤逊湖心的评价结果最低，而外汤逊湖心评价结果最低则出现在 3 月，最低值均小于 2006 年 11 月的评价结果。2008 年内外汤逊湖心评价结果均呈现上升趋势，在 9 月达到最高点，11 月出现下降，1 月的评价结果还是最低，均低于 2007 年 9 月的评价结果。从评价结果的整体来看，2005 ~ 2008 年外汤逊湖心的评价结果高于内汤逊湖心，这主要是由于外汤逊湖渔业养殖量大，投放的饵料污染造成的。

由图 3-9 进行年际对比可以看出，内汤逊湖心的评价结果整体呈现上升的趋势，2008 年的评价结果明显高于 2005 年，如果利用年均值作为评价的数据，2008 年内汤逊湖心呈现轻度富营养化状态（计算结果大于 50）。同样，外汤逊湖心的评

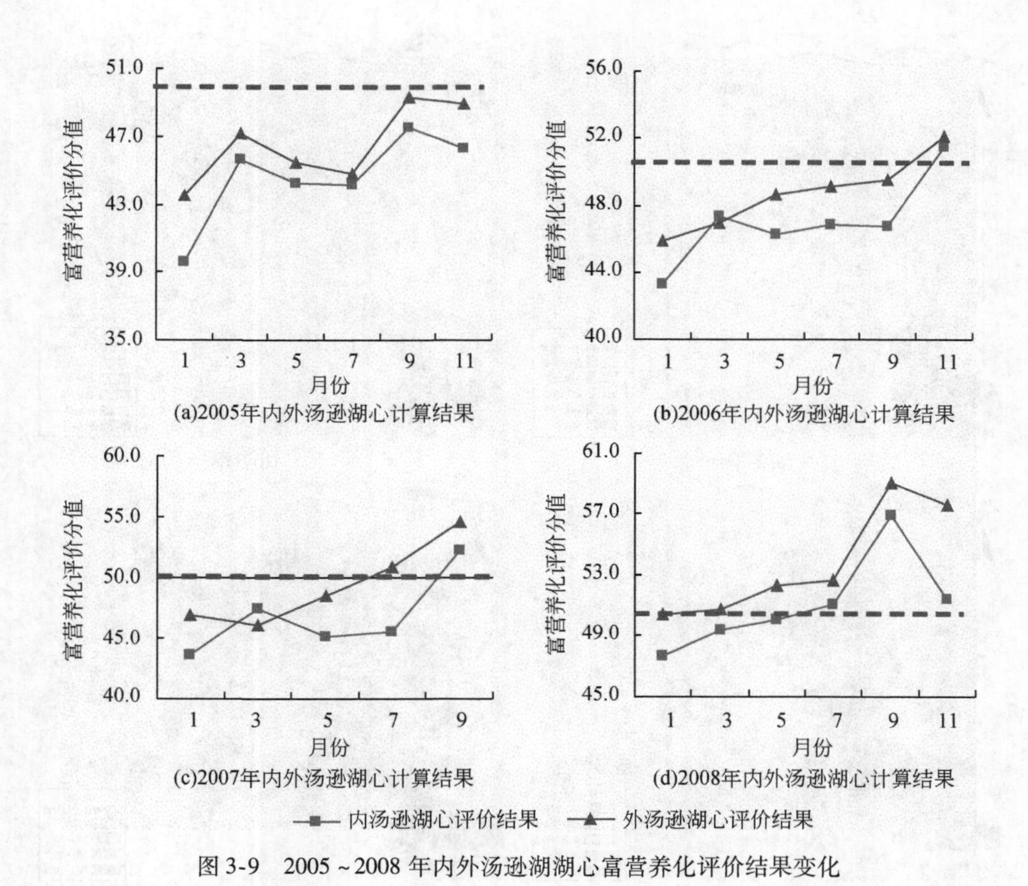

图 3-9　2005 ~ 2008 年内外汤逊湖湖心富营养化评价结果变化

价结果整体也呈现上升的趋势，2005 年呈现中富营养状态，而 2008 年则呈现轻度富营养化状态，由此可见，内外汤逊湖湖心的水质恶化程度明显加快。

3.2.4　湖泊水体水质状况呈季节性变化

图 3-10 为各水域富营养化评价结果对比图（见彩图）。从图中可以看出，冬春季节的富营养化程度相对较小，大部分水域处于中营养，夏秋季节的富营养化程度相对较大，出现轻度富营养化的水域，即湖体水质状况出现季节性变化。

出现这种变化的原因主要有两个方面。一方面，这与长江中下游的气候特点有关。南方的气候特点是夏季高温多雨，全年降水集中在夏季，夏秋季节风浪较大。汤逊湖流域的暴雨多集中在每年的 4 ~ 9 月，其间降水量约占全年总量的 68.9%。正是由于夏秋季节的降雨量比冬春季节多，由降雨径流携带的道路灰尘、路边垃圾等入湖的污染负荷比较高，导致各水域在夏秋季节的营养化状况恶

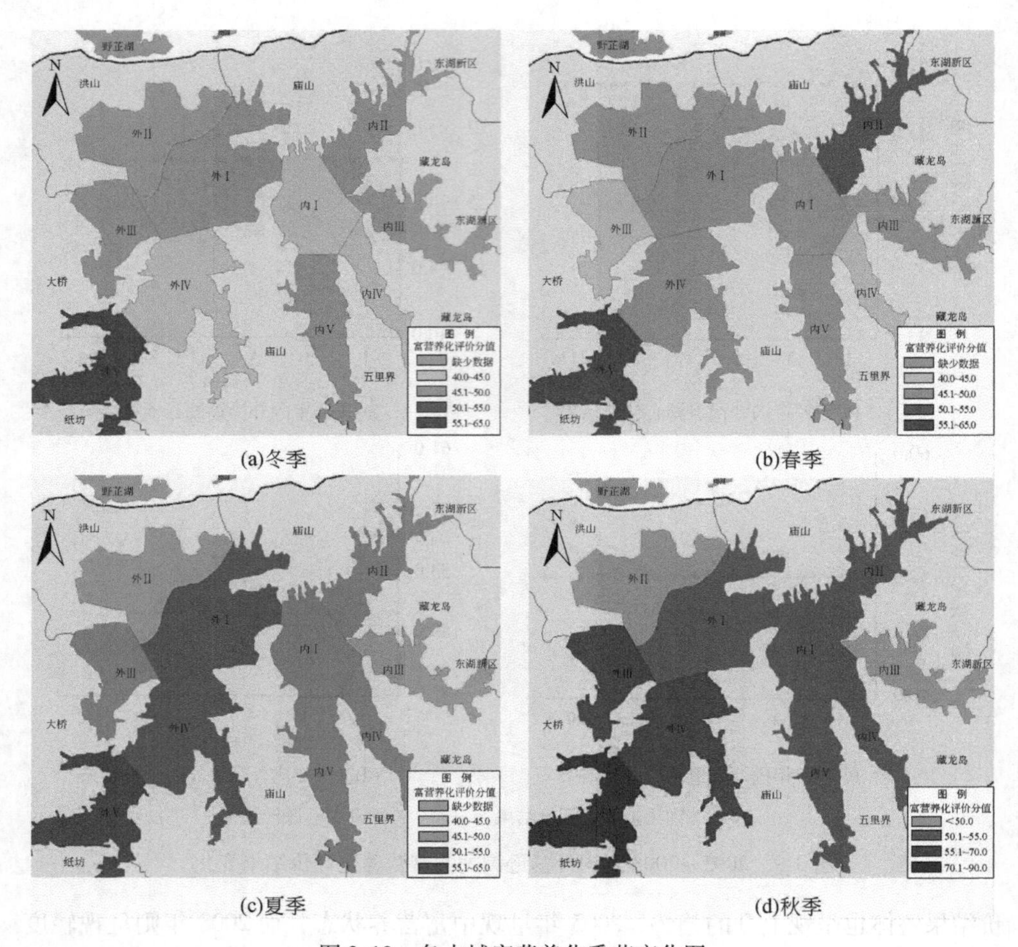

(a)冬季　(b)春季

(c)夏季　(d)秋季

图 3-10　各水域富营养化季节变化图

内Ⅰ～Ⅴ分别表示的是内汤湖心，内汤洪山监狱水域、红旗港、流芳港，内汤杨汊湖湾，内汤观音像水域，内汤民营工业园水域；外Ⅰ～Ⅴ分别表示的是外汤湖心，外汤洪山水域、巡司河入流，外汤武汉大学东湖分校水域，外汤焦咀石水域，外汤大桥、纸坊港排污水域

化。此外，汤逊湖周边主要是以种植油菜和棉花为主，春夏施肥较多，而夏季增加的雨水可以将肥料中的营养物带入湖体，这也是影响湖泊水质的原因。与此同时，较大的风浪对水体的扰动作用较大，容易引起湖泊底泥营养盐的释放，这也是导致湖体水质变化的重要原因。

另一方面主要是由于冬春季节和夏秋季节的湖体水温不同，湖体中生物量不同，也是导致水体富营养化的一个重要因素。冬春季节的水温较低，平均温度约13℃，而夏秋季节的水温较高，平均温度约26℃，几乎是冬春季节的两倍。在营养物质浓度和水温同时达到临界条件时，就会暴发富营养化。此外，由于汤逊湖是典型的浅水湖泊，空气温度改变会引起水温改变，湖泊会出现分层现象，亚热带湖泊的分层也与当地降雨有关。而水温的变化会造成湖水密度的不同，出现翻库现象，尤其是在水温出现明显变化的季节，如秋季或春季。翻库现象可以将湖体的营养物翻起，与上层营养物混合，影响湖体的水质。

3.2.5 入湖排污口的排放超标严重

根据武汉市水资源水环境监测中心2008年3月对汤逊湖排污口的调查结果，虽然汤逊湖周边的治理力度在不断加强，但周边仍有33个排污口。其中，主要有22个排污口排放量较大，排放的主要污染物浓度如表3-6所示。其中，BOD_5和COD浓度最高的均为庙山的小蜜蜂藠头加工厂（浓度分别为390.3mg/L和8720mg/L）；NH_3-N浓度最高的为大桥的华中师范大学汉口分校排污口（浓度为45.8mg/L）。从不同的地区来看，COD、NH_3-N排放浓度大小依次为庙山、大桥、纸坊和五里界，BOD_5排放浓度大小依次为庙山、大桥、五里界和纸坊。

表3-6 2008年3月汤逊湖周边主要排污口的排放状况浓度 （单位：mg/L）

排污口	地区	排污口名称	COD	BOD_5	NH_3-N
1	大桥	大桥港	56.0	4.6	1.55
2		武汉大学东湖分校	66.0	8.4	29.3
3		华中师范大学汉口分校	79.3	9.5	45.8
4		富尔仕排口	196.0	65.2	25.2
5	纸坊	纸坊港（城区居民与企业）	42.7	7.8	11.4
6		金鞭港郑店纸坊港（8个企业）排口	102.7	4.0	0.53
7	庙山	武汉科技大学中南分校	52.7	5.7	1.99
8		武汉科技学院排口	46.0	5.9	2.53
9		庙山新村（大海子塘）排口	179.3	9.3	22.8
10		宜家汤臣排口	42.7	7.0	9.26
11		鱼丸一条街	39.3	7.1	3.12
12		小蜜蜂藠头加工厂	8720	390.3	42.4
13		武汉信息传播学院	39.3	6.6	0.40
14		启瑞药业排口	229.3	41.3	7.72
15		梅兰山居	42.7	6.2	4.45
16		美加湖滨新城排口	76.0	6.1	0.30
17		人武学校排口	56.0	2.5	1.03

续表

排污口	地区	排污口名称	COD	BOD_5	NH_3-N
18	庙山	汤逊湖山庄排口	49.3	6.8	10.5
19		国测科技排口	49.3	6.7	2.01
20		澳门山庄排口	39.3	4.6	0.42
21	五里界	五里界港	39.3	7.0	0.61
22		武警特警消防基地	32.7	6.1	0.71

根据2008年监测的排污口，与2006年这些排污口的排放状况进行了数据对比，图3-11和图3-12分别为22个排污口COD和NH_3-N监测数据的对比分析图。从图中可以清楚地看出，2008年大部分排污口的COD和NH_3-N指标浓度明显小于2006年，但富尔仕排口、庙山新村（大海子塘）排口、小蜜蜂藠头加工厂等排污口的COD和NH_3-N浓度超过了2006年。图3-13表示主要排污口的空间分布图。从图中可以看出，大多数排污口位于外汤逊湖，内汤逊湖的排污口较少，这与外汤逊湖的水质比内汤逊湖水质污染严重有着密切的关系。排污口的空间布置与汤逊湖周边的产业结果有关，如庙山是以电子光学仪器、新型建材和医药工业为主导的山水园林新城区，这些产业产生的污水量较大，浓度也较高。从图中也可以看出庙山开发区的排污口数量居多，而且浓度较高的排污口也位于庙山，如庙山新村（大海子塘）排口、小蜜蜂藠头加工厂。因此，庙山开发区对排污口的治理工作将对汤逊湖的水质状况起着重要的作用。另外，从图中还可以发现，多数排污口分布在内外汤逊湖的南岸，南岸环境治理的效果直接影响汤逊湖体的水质状况。

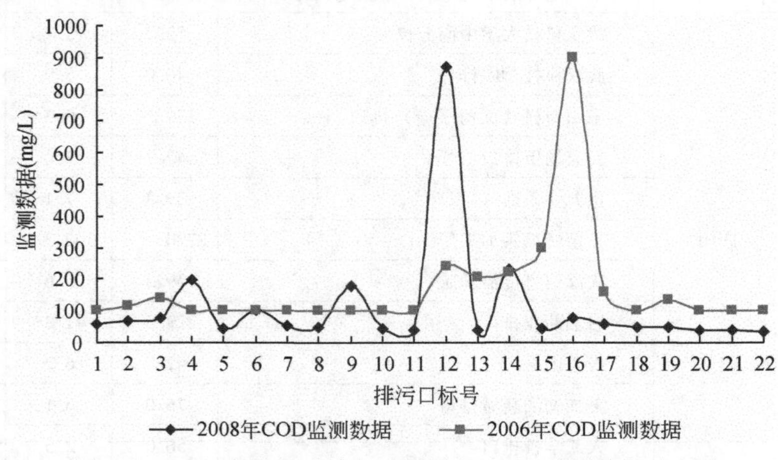

图3-11　2006年和2008年22个排污口COD监测数据对比图

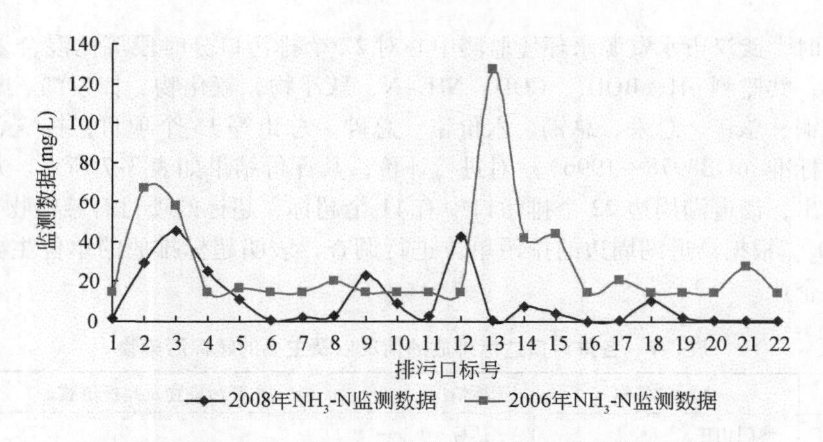

图 3-12　2006 年和 2008 年 22 个排污口 NH_3-N 监测数据对比图

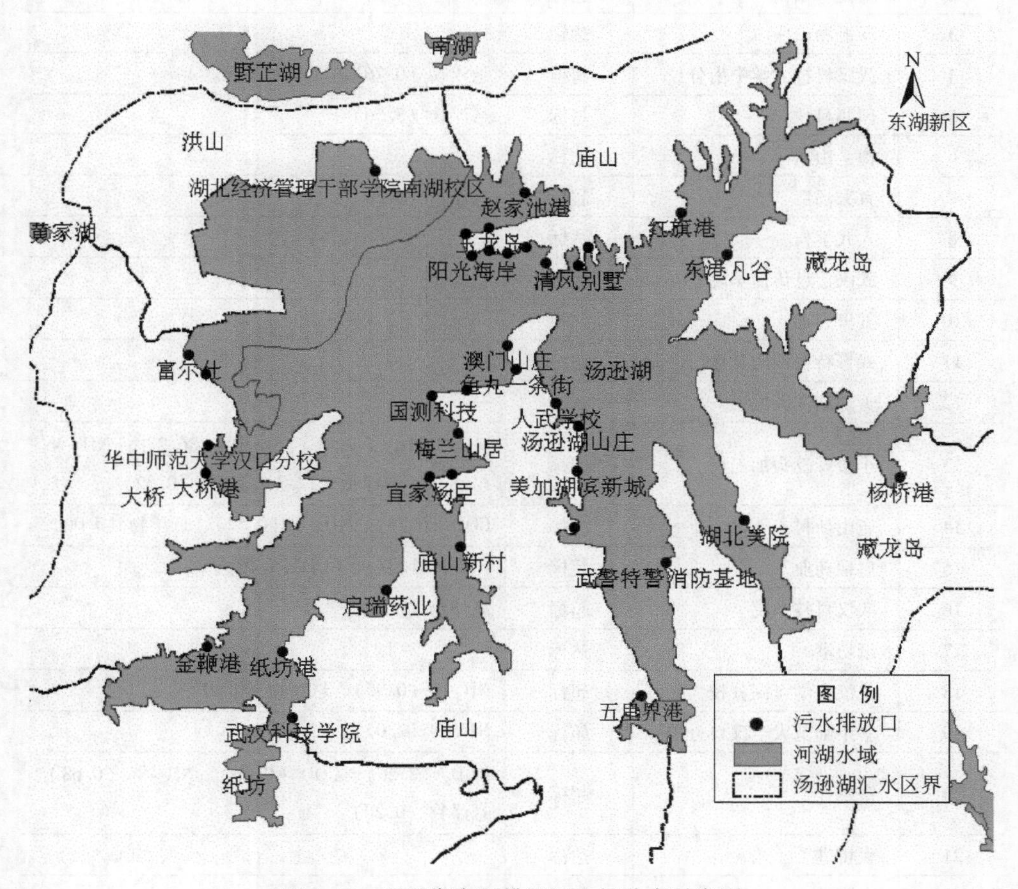

图 3-13　汤逊湖主要排污口空间分布示意图

同时，武汉市水资源水环境监测中心对22个排污口分时段等比混合采集22个水样，共监测pH、BOD_5、COD、NH_3-N、悬浮物、氟化物、挥发酚、总氰化物、总铜、总锌、总汞、总镉、六价铬、总砷、总铅等15个项目，按《污水综合排放标准（GB8978—1996）》对进行评价，其评价结果如表3-7所示。从表中可以看出，汤逊湖周边22个排污口中有11个超标，超标的项目有悬浮物、COD和BOD_5。根据汤逊湖周边的排污单位进行调查，表明超标排放的单位主要包括学校和企业。

表3-7　各排污口达标排放的情况以及主要的超标污染物

序号	排污口名称	达标情况	主要污染物及超标倍数
1	澳门山庄	达标	—
2	鱼丸一条街	达标	—
3	汤逊湖山庄	达标	—
4	武汉科技大学中南分校	超标	悬浮物（0.76）
5	国测科技	超标	悬浮物（3.56）
6	梅兰山居	达标	—
7	宜家汤臣	超标	悬浮物（0.50）
8	人武学校	达标	—
9	武汉信息传播学院	达标	—
10	五里界港	达标	—
11	武警特警消防基地	达标	—
12	美加湖滨新城	达标	—
13	小蜜蜂藠头加工厂	超标	pH、BOD_5（18.5）、COD（86.2）、NH_3-N（1.83）、悬浮物（12.7）、总锌（0.32）
14	庙山新村	超标	COD（0.79）、NH_3-N（0.52）、悬浮物（0.06）
15	启瑞药业	超标	BOD_5（1.07）、COD（1.29）
16	武汉科技学院	超标	悬浮物（0.09）
17	纸坊港	达标	—
18	武汉大学东湖分校	超标	NH_3-N（0.95）、悬浮物（0.40）
19	华中师范大学汉口分校	超标	NH_3-N（2.05）
20	富尔仕	超标	BOD_5（2.26）、COD（0.96）、NH_3-N（0.68）、悬浮物（0.20）
21	大桥港	达标	—
22	金鞭港	超标	COD（0.03）

3.2.6　汤逊湖底泥重金属略有超标

根据汤逊湖底泥的监测资料，表 3-8 为汤逊湖底泥监测结果。此次实验是在汤逊湖近岸布设取样点，采样混合后进行底泥的监测，监测的参数主要有 Hg、Cd、Cu、Zn 和 Pb，并按照《土壤环境质量标准（GB15618—1995）》进行评价。根据此标准划分的土壤环境质量分类，Ⅰ类主要适用于国家规定的自然保护区（原有背景重金属含量高的除外）、集中式生活饮用水源地、茶园、牧场和其他保护地区的土壤，土壤质量基本上保持自然背景水平。对汤逊湖的底泥重金属水平管理标准应执行Ⅰ类土壤的Ⅰ级标准。对比《土壤环境质量标准（GB15618—1995）》的评价标准，发现除 Pb 超标外，Cu、Zn、Cd 和 Hg 的浓度均小于Ⅰ级标准值，处于自然背景水平范围内。而铅的超标倍数为 0.37，但小于Ⅱ级标准值。

表 3-8　汤逊湖底泥监测结果　（单位：mg/kg）

项目	Cu	Pb	Zn	Cd	Hg
汤逊湖	29.5	55.7	58.2	<0.002	0.040
Ⅰ级标准值	≤35	≤35	≤100	≤0.20	≤0.15
Ⅱ级标准值	≤100	≤300	≤250	≤0.30	≤0.50

3.2.7　入湖河流水质较差

巡司河是汤逊湖的主要入流河流（主要是汛期入流），根据《武汉市地表水环境功能区类别》（2000 年），巡司河的主要功能为一般工业用水，执行《地表水环境质量标准（GB3838—2002）》Ⅳ类标准。2006～2007 年巡司河各断面监测数据年均值如表 3-9 所示，污染物的超标倍数见图 3-14。可以看出，巡司河从源头断面到入江口断面，水质状况呈现恶化趋势。例如，源头断面 2006～2007 年 COD 和 NH_3-N 的超标率已达 56% 和 73%，两种污染物浓度均为劣Ⅴ类；入江口断面六种污染物指标为劣Ⅴ类，其中，COD、NH_3-N 和 TP 已超过Ⅲ类标准值的 133%、166% 和 185%。可以说，巡司河从整体上已处于劣Ⅴ类，不能满足水环境功能目标的要求。

表 3-9　2006 ~ 2007 年巡司河各断面监测数据年均值（单位：mg/L）

编号	监测断面	DO	COD_{Mn}	COD	BOD_5	NH_3-N	TP	石油类
1	入江口断面	4.92	13.1	70.9	14.00	3.992	0.856	1.381
2	武泰闸	3.34	11.8	75.0	11.00	5.638	0.814	1.229
3	新长虹桥	3.33	12.2	83.0	11.80	4.227	0.712	0.791
4	湖北工业大学门前	4.49	9.57	44.8	8.01	3.461	0.432	0.751
5	中环桥下	6.55	8.79	42.7	5.94	2.870	0.302	0.677
6	源头断面	8.69	7.46	46.9	4.67	2.599	0.155	0.611
7	标准值	3.00	10.00	30.0	6.00	1.500	0.300	0.500

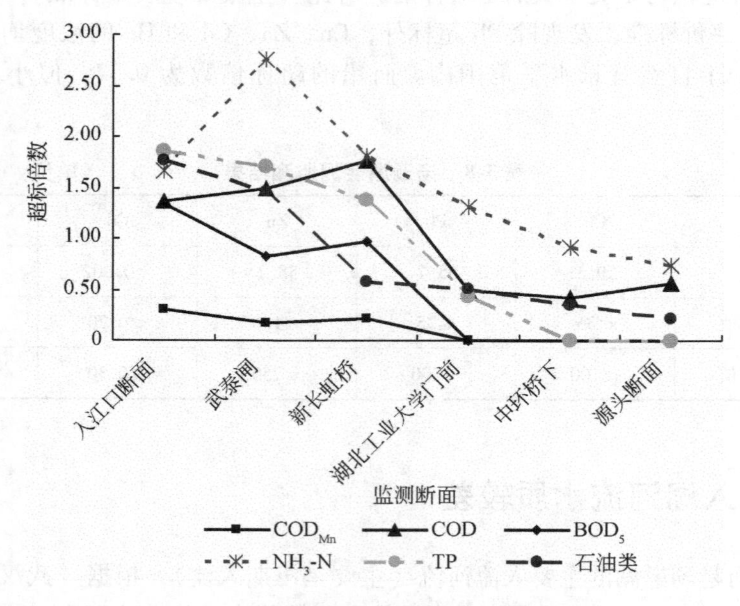

图 3-14　巡司河各断面监测断面的超标倍数

3.2.8　降雨径流污染指标浓度偏高

2008 年 8 月对汤逊湖降雨径流产生的污染进行采样测定，测定结果见表 3-10。从表中可以看出，各采样点的 TN 指标均超过了Ⅲ类标准值，除五里界农田区域、幸福港和江岸大道庙山开发区外，均超过了Ⅴ类标准值（2.0mg/L），浓度最高出现在纸坊污水处理厂橡胶坝处；对于 NH_3-N 指标，除了纸坊大街醉江月度假村口、江夏市民休闲活动中心复江道、五里界农田区域和幸福港外，其余采样点均出现超标，其中复江道西港、纸坊污水处理厂橡胶坝、金鞭港、大桥港和大桥镇武昌大道超过了Ⅴ类标准值（2.0mg/L）；对于 TP 指标，复江道西港、纸坊污水处理厂橡胶坝、大桥港超过了Ⅴ类标准值（0.4mg/L），金鞭港的水质达到Ⅴ类标准值，纸坊大街醉江月度假村口、大桥镇武昌大道的水质达到Ⅳ类水质标准值（0.3mg/L），其余均小于Ⅲ类标准值；对于 COD 指标，除纸坊大街醉江月度假村口、大桥镇武昌大道超过Ⅲ类标准值外，其余均小于Ⅲ类标准值；对于 BOD 指标，除纸坊大街醉江月度假村口、纸坊污水处理厂橡胶坝和大桥镇武昌大道外，其余均小于Ⅲ类标准值。

表 3-10　采样点水质监测数据　　（单位：mg/L）

序号	采样点	TN	NH_3-N	TP	COD	BOD
1	纸坊大街醉江月度假村口（城镇）	2.93	1.00	0.30	23.30	17.5
2	江夏市民休闲活动中心复江道（城镇）	2.42	0.94	0.13	14.40	2.4
3	复江道西港（城镇雨污合流）	15.50	14.20	1.74	11.60	2.9
4	纸坊污水处理厂橡胶坝（城镇雨污合流）	17.40	17.60	1.81	9.50	15.4
5	金鞭港（江岸大桥地区雨污合流）	11.50	5.12	0.36	7.90	<2.0
6	大桥港（文化路与华中师范大学汉口分校，混合）	10.80	12.10	0.63	11.00	2.4
7	大桥镇武昌大道（城镇居民区）	3.30	2.69	0.23	33.00	18.7
8	五里界农田区域（芝麻、红薯、水稻）	1.30	0.77	0.14	9.70	<2.0
9	幸福港（五里界港）	1.31	0.60	0.13	5.30	<2.0
10	江岸大道庙山开发区（道路积水）	1.75	1.12	0.13	11.30	<2.0
11	东湖新区中冶南方工程公司（道路积水）	2.66	1.23	0.18	12.10	2.9
12	Ⅲ类标准值	1.00	1.00	0.20	20.00	4.0

另外，从采样点水质来源看，TN、NH_3-N 和 TP 指标浓度最高均来自城镇雨污合流附近，其次为城镇居民区、道路积水，最后为农田区域；COD 和 BOD 指标浓度最高为城镇居民区、其次为城镇雨污合流，最后为道路积水和农田区域。这说明污染负荷最大的仍是点源，其次是面源。虽然面源的指标浓度不是很高，但其污染负荷也是不容忽视的。

3.3　汤逊湖流域水环境问题归因分析

通过对汤逊湖近几年的监测数据进行整理分析，以及对汤逊湖进行实地调查的结果，初步分析影响汤逊湖流域水环境状况的因素如下。

（1）降雨径流

进入湖泊流域的污染负荷量受到降雨的影响，在降雨期间，流域中大量污染物随之进入湖泊，水土流失导致进入湖体的负荷量在增加，尤其是降雨产生径流带入湖体的负荷量较大。汤逊湖流域的暴雨多集中在每年的4~9月，其间降雨量约占全年总量的68.9%。监测的数据表明，每年的夏秋季节水质污染状况比较严重，这在很大程度上是受降雨携带污染物的影响。

（2）湖泊水域面积萎缩

尽管2005年由武汉市水务局对汤逊湖进行勘桩立界之后，湖泊岸线有了固定的保护。但是，汤逊湖岸边的湿地和湖汊破坏严重。湿地和湖汊是湖泊水面的一部分，是湖泊水体自净功能的重要承担者，并具有重要的生态渗透作用。临近建设区和居住区的湿地和湖汊受人类活动的影响最大、破坏最严重。有的因为底泥淤积逐渐退化成浅滩甚至湿地，有的因筑堤养殖成为封闭水体而削弱或丧失和大湖的生态联系，有的甚至被填埋成为建筑用地。

主体水面也被分割成块。临湖周围大多存在填湖建楼和建堤的现象，一些小区和厂房甚至将临近的湖岸和水域当做私人领地，还有部分楼房将地基立桩在水中。为了提高交通的便利性，临湖还修建了众多道路和堤岸，将湖泊水面分割成许多小水面。

（3）湖泊流域内经济社会发展迅速，市政配套设施不足

湖泊流域的水质状况受到流域内人口、社会经济发展状况以及流域面积的共同影响。随着汤逊湖流域的人口不断增加，社会经济规模的扩大，工业污水和生活污水产生量也在随之增加。加之市政配套设施建设的速度跟不上，到2007年，汤逊湖沿线排污口（不含汤逊湖污水处理厂尾水排放口）按照现有污水处理水平（多数排污口污水处理后出水未达标），各指标的污染负荷都偏高。其中，BOD污染负荷总量达到8.7t/d，而污水全部处理达标排放超出量为7.8t/d。同时，水域面积却受到经济利益的驱动在不断萎缩，这样就导致单位水域面积承担的污染负荷在增加，水体质量不断下降。

（4）湖泊流域的土地利用格局

湖泊流域的土地利用格局对湖泊的水质状况非常重要。由于流域周边修路及城市开发等基本建设，增加了建筑用地，草地、林地覆盖面积不断减小，容易发生水土流失，而水土流失是面源污染物传输的载体。降雨产生的径流携带面源污染物进入湖体，影响湖体的水质。另外，土地利用格局的变化影响了降雨径流形成的下垫面条件，林地草地面积的减小加快了降雨径流的形成，间接影响进入湖泊的污染负荷量。

（5）湖泊流域内多源污染与岸线硬化

湖泊流域的环境治理措施对水环境状况起着重要的作用。目前，汤逊湖流域采用的环境治理措施主要是针对湖体本身的水质，而流域内排入湖体的污染是导致湖泊流域恶化的重要来源。此外，点源污染的治理强度较大，却忽略了面源的污染，而面源的污染负荷也是湖泊流域污染负荷的重要组成部分。虽然面源分布比较散、治理难度较大，但其危害是不容忽视的，必须采取措施来控制进入湖泊流域的面源污染。

此外，在汤逊湖沿岸某些湖岸线硬化，没有湿地过渡带；某些湖岸线旁边还是农作物种植地；某些湖岸线是垂直泥土边坡，不利于湖泊水体自身的生态净化，这些湖岸线的治理直接关系到湖泊的水体质量。

(6) 排污口的布置

汤逊湖周边排污口的布置对湖体的水质状况有重要的影响。目前汤逊湖流域的污水收集管网布置还不完善，有很多污水未经处理直接偷排入湖体中，直接影响湖泊水体的自净能力。此外，排污口会不定期的排放污水，这对湖泊水质状况也是极其不利的。因此，排污口的位置对充分利用湖泊纳污能力是非常重要的，也是影响水体水质的重要因素之一。

(7) 季节转换与底泥释放的影响

按照湖中的温度梯度，可将湖水分为湖上层、温跃层和湖下层，其中温跃层具有温度随深度急剧下降（温度通常每米可下降1℃）的特点。在冬季湖面结冰的情况下，由于冰层阻止了湖中热量的进一步散失，结果出现湖下层温度高于湖上层逆分层现象。春季和秋季分别是湖泊吸热和放热的时期，在强大的湍流混合和水密度差所引起的对流混合的作用下，湖泊的上下水层发生循环（翻转）而处于同温状态。这种湖泊的翻转现象随着季节变化不断重复出现，转换过程中形成的水流可能冲击湖泊底泥，而造成底泥中污染物质对湖泊水体的二次污染。

另外，在受到其他外界因素干扰后，湖泊底泥容易释放营养盐，使湖体内营养物质在短时间内迅速增加，引起湖体浮游植物繁殖过快，从而导致水质不断恶化。因此，湖泊底泥对湖体水质有重要的影响。

(8) 湖域内渔业养殖的影响

外汤逊湖的养殖面积较大，围养将湖泊条块分割的比较严重，鱼饵的大量投入造成了湖泊水质的不断恶化。尤其是外汤逊湖，沿湖南北方向被分割成四大养鱼场，严重阻隔了湖泊水体本来的、较好的流动条件。2005~2008年的内外汤逊湖心监测数据表明，外汤逊湖心的水质状况明显比内汤逊湖的状况差，而且恶化的趋势也在增加。因此，严格控制湖泊的养殖量及养殖方式对提高湖泊流域的水体质量是非常重要的。尽管汤逊湖已经改善了围网养殖的状态，但是大湖的分块养殖仍然存在。根据调查统计的渔业产量分析，每年有大量鱼饲料投入湖泊水体中，其中有部分直接溶入水体，有部分被鱼吞食后转化为排泄物进入湖泊水体。因此，渔业养殖饲料不合理投放形成的污染物已经成为湖泊水体污染的一个重要来源。

第4章　汤逊湖水体叶绿素浓度遥感估测分析

4.1　湖泊水体叶绿素分析概述

水环境质量的恶化和水环境污染事件不断发生是中国当前面临的严重环境问题。国内许多重要湖泊、水库和重点河段等富营养化比较严重，监测营养程度或叶绿素浓度（藻类/浮游生物数量）是解决湖泊富营养化问题的关键，水中叶绿素浓度是浮游生物分布的指标，是衡量水体初级生产力（水生植物的生物量）和富营养化作用的最基本的指标。然而目前环保系统的监测体系主要以定点定时监测的地面监测系统为主，很难进行大范围的连续监测；特别非点源污染的监测，尤为不利。随着遥感技术的发展，其快速、大范围、低成本和周期性的特点，可以有效地应用监测水体表面水质参数在空间和时间上的变化状况，还能发现一些常规方法难以揭示的污染源和污染物迁移特征，具有不可替代的优越性（尹改等，1999）。

自20世纪70年代以来，国内外学者进行了大量的对于遥感反演内陆水体叶绿素的研究（疏小舟等，2000；Kallio et al.，2001；Shu et al.，2000；李素菊等，2002；Illuz et al.，2003；陈楚群等，1996；吴敏和王学军，2005；陈楚群等，2001），监测水体叶绿素浓度已经成为水环境遥感监测的主要项目之一。大量研究表明叶绿素在440nm和670nm波长附近有吸收谷，在550～570nm和681～715nm附近有明显的反射峰（Thiemann and Kaufmann，2000；张博等，2007），其在681～700nm处的反射峰通常被认为是由荧光效应造成的，但是还没有定论。通过水体叶绿素的上述光谱特征能够建立相应的模型进行内陆水体的叶绿素浓度监测，但是不同的水体，同一水体在不同的季节，由于水中物质含量以及组成细胞的不同，估测叶绿素浓度所使用的参数和方法就会有所差别，建立的模型也不同。因此，本章通过分析汤逊湖实测光谱曲线与叶绿素浓度之间相关性，运用不同方法建立了二者之间的定量关系，从而寻找遥感估测汤逊湖叶绿素浓度的最优波段和方法。

4.2　实验概况与数据说明

2009 年 4 月 16～17 日选取了 13 个点进行覆盖内汤逊湖全区的光谱反射率和叶绿素浓度的同步测量，样点分布如图 4-1 所示。光谱测量采用的仪器是 GER 系列野外便携式光谱仪——HR-1024，光谱范围在 350～2500nm，共 1024 个波段，光谱分辨率的波段范围是≤3.5nm 和 350～1000nm。在晴天无云天气，将仪器与水面发法线成大约 40°夹角，同时与太阳光成大约 135°方位角的光测几何进行光谱测量（王桥等，2008）。每个点测量 10 次，采样间隔在 100～200ms 之内，在实验室中去除离异点后，将剩余测量数据的平均值作为该测点的光谱反射率。光谱采样同时，提取该点的水样，并于实验结束后 4h 内送于水质分析中心进行叶绿素浓度提取，此外应用 GPS 记录采样点经纬度坐标。

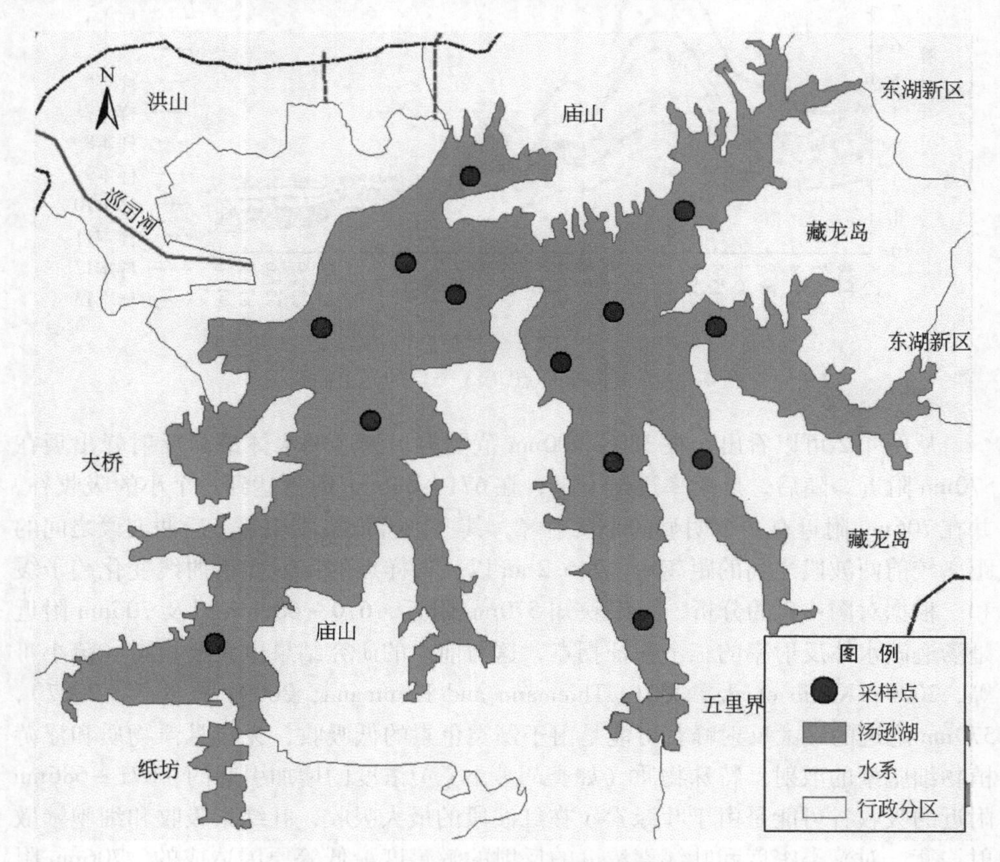

图 4-1　采样点位置分布示意图

4.3 实验数据分析

4.3.1 水体光谱特征

为了便于分析比较，本书选取每条光谱曲线可见光到近红外范围内的反射率光谱曲线（380～900nm）进行研究。13 个采样点的反射率光谱曲线如图 4-2 所示（见彩图）。

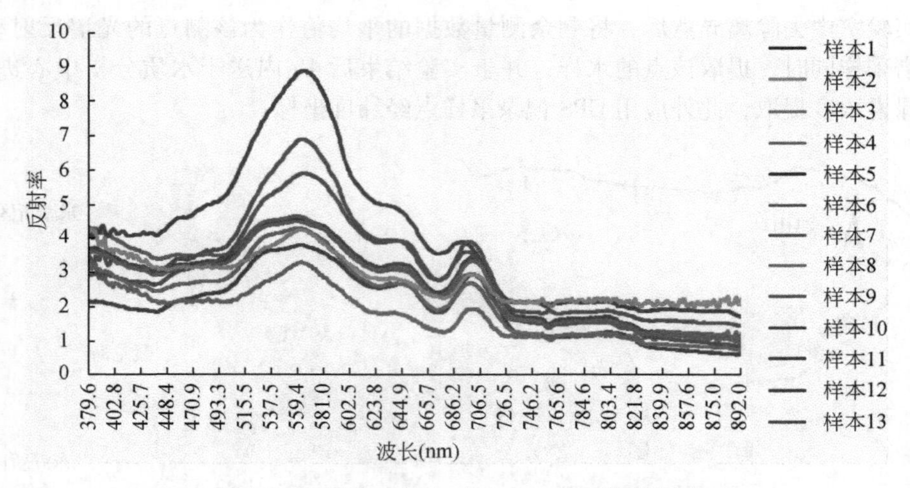

图 4-2　汤逊湖采样点（13 个）的光谱曲线图

从图 4-2 可以看出，在 380～900nm 范围内，汤逊湖水体最高反射峰出现在 570nm 附近，随后，反射率逐渐下降，在 671～686nm 附近达到一个小的吸收谷，并在 706nm 附近有一个明显的小反射峰，其三个特征波段相邻，后两波段之间的距离较前两波段之间的距离短。746. 2nm 以后各样点的反射光谱曲线变化趋于缓和。根据对图 4-2 的分析，可以获知 570nm 附近，670～686nm 以及 706nm 附近是汤逊湖水体反射率的三个特征拐点，这与前人的研究结果也大致相同（疏小舟等，2000；Kallio et al. ，2001；Thiemann and Kaufmann，2000；张博等，2007），570nm 附近的最大反射峰有可能是由于藻类色素的低吸收，无机悬浮物质和浮游植物细胞壁的散射，特殊物质（如类胡萝卜素）浓度的增加引起的；671～686nm 附近的吸收谷可能是由于叶绿素 a 在红波段的最大吸收，叶绿素吸收和细胞壁散射均衡，对藻类密度和叶绿素浓度的反射的敏感度最低等原因造成的，706nm 附近的反射峰可能由于荧光效应的影响（Gitelson，1992；Bennet and Bogorad，1973；

Schalles et al.，1998；马荣华和戴锦芳，2005），但是还没有定论。这三个特征波段光谱曲线变化与叶绿素密切相关，有可能作为汤逊湖叶绿素遥感监测的特征波段，但仍需要联合水质数据进行具体分析。因此，为了建立反演汤逊湖叶绿素浓度的定量模型，本书分别应用单一波段反射率法、一阶微分反射率法以及不同波段反射率比值法通过相关分析选取最优波段建立模型。

4.3.2　单一波段反射率反演叶绿素浓度

（1）各波段反射率与叶绿素浓度相关性分析

虽然根据图 4-2 以及前人的分析结论，找到了三个与叶绿素浓度相关的特征反射光谱波段，但对于汤逊湖来说，可参与建模的特征波段的选择以及与叶绿素浓度的相关性能需要进一步分析。本书通过对 380～900nm 范围的共计 384 个波段进行相关分析，获得 384 个不同波段与叶绿素浓度的相关系数。相关系数曲线如图 4-3 所示。

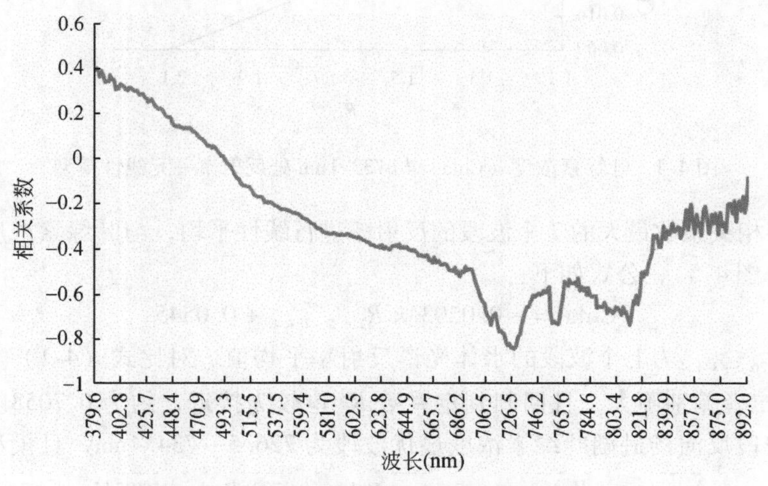

图 4-3　反射率与叶绿素浓度之间的相关关系曲线

从图 4-3 可以看到，从 380～500nm 附近，叶绿素浓度与水体反射率正相关，自 500nm 往更长波段基本上叶绿素浓度与反射率呈负相关，最大负相关出现在 726.5～734.4nm 附近，其在此波段范围的相关系数如表 4-1 所示。

表 4-1　726.5～734.4nm 附近波段反射率与叶绿素浓度相关系数表

中心波段（nm）	726.5	727.8	729.1	730.5	731.8	733.1	734.4
相关系数	−0.806 52	−0.822 03	−0.815	−0.834 98	−0.830 97	−0.839 98	−0.823 38

从表4-1可以看到，726.5～734.4nm附近的7个波段的反射率与叶绿素浓度的相关性都达到0.8以上，最大相关波段出现在733.1nm附近。也就是对于汤逊湖叶绿素遥感反演来说，单一波段模型的最优波段是在近红外附近。

（2）反演模型分析

根据相关分析的结果，选取波段733.1nm附近的水体反射率与叶绿素浓度实测值进行线性回归分析建模，为了进行比较本书采用一次线性回归方程进行说明。反演模型如式（4-1）所示：

$$\text{Chla} = -0.0227 \times R_{733.1} + 0.0568 \quad (4\text{-}1)$$

式中，Chla为叶绿素浓度（mg/L）；$R_{733.1}$为733.1nm附近的水体反射率。二者的关系如图4-4所示。

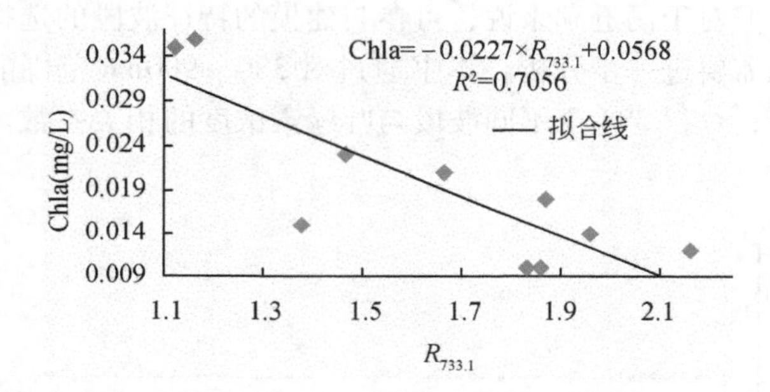

图4-4　叶绿素浓度（Chla）与733.1nm处反射率一元线性模型

还将相关系数最大的7个波段的反射率进行线性平均，与叶绿素浓度建立线性模型（图4-5），公式如下：

$$\text{Chla} = -0.0203 \times R_{726.5\sim734.4} + 0.0545 \quad (4\text{-}2)$$

式中，$R_{726.5\sim734.4}$为七个波段的水体光谱反射率平均值。对比式（4-1）与式（4-2）发现二者差别不大，且回归判定系数R^2也较为接近，约为0.7058。这说明对于单波段反演汤逊湖叶绿素浓度最优波段为726.5～734.4nm，且模型精度没

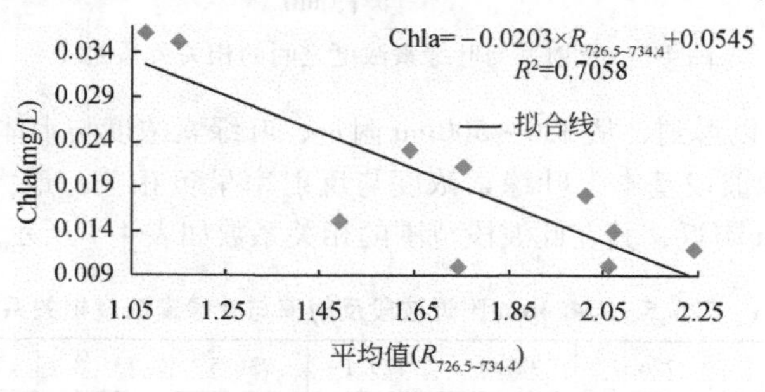

图4-5　叶绿素浓度（Chla）与726.5～734.4nm处波段平均反射率一元线性模型

有太大区别。

4.3.3 一阶微分反射率反演叶绿素浓度

4.3.3.1 各波段一阶微分反射率与叶绿素浓度相关性分析

为了进一步分析光谱反射率与叶绿素浓度的关系，将实测光谱反射率数据根据公式（4-3）进行一阶微分计算（Luoheng et al.，1997；Rundquitst et al.，1996；巩彩兰等，2006）。

$$R(\lambda_i)' = \frac{R(\lambda_{i+1}) - R(\lambda_{i-1})}{\lambda_{i+1} - \lambda_{i-1}} \tag{4-3}$$

式中，$R(\lambda_i)'$ 为波长为 λ_i 时的水体一阶微分反射率；$R(\lambda_{i+1})$ 和 $R(\lambda_{i-1})$ 分别为波长为 λ_{i+1}、λ_{i-1} 时的光谱反射率；λ_{i+1}、λ_{i-1} 分别为第 $i+1$ 和 $i-1$ 波段的波长。进行一阶微分反射率与叶绿素浓度相关分析本质上是分析叶绿素浓度与反射率变化之间的关系。汤逊湖13个采样光谱数据一阶微分反射率如图4-6所示（见彩图）。

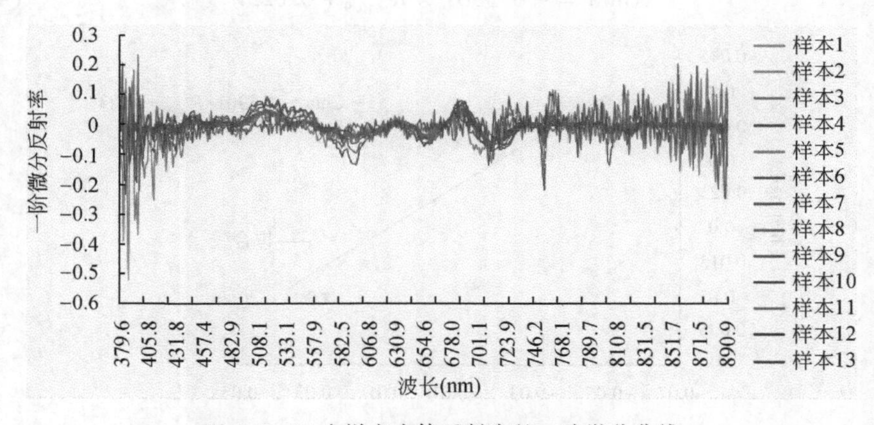

图4-6 13个样点水体反射率的一阶微分曲线

将计算的一阶微分反射率与实测叶绿素浓度进行相关分析，分析结果如图4-7所示。可以看到一阶微分反射率与叶绿素浓度相关性较大的波段比较多，与单一波段相比有更多的波段相关系数大于0.8，甚至有相关性大于0.9的波段，其中446.9nm，793.4nm、819.4nm、868.1nm处一阶微分反射率与叶绿素浓度的相关系数分别为−0.928 86、−0.901 94、0.901 856、0.905 719。也就是说应用一阶微分方法，叶绿素的最优特征波段出现在蓝光波段和近红外波段附近。446.9nm附近的特征反射率与前人研究的叶绿素吸收造成的吸收谷的结论是一致的。

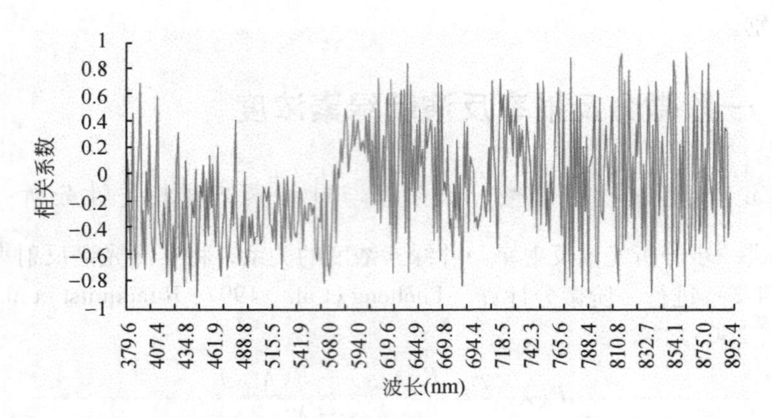

图 4-7　叶绿素浓度与各波段反射率一阶微分相关关系曲线图

4.3.3.2　反演模型分析

选取汤逊湖水体与叶绿素浓度相关性最大的 446.9nm 处的一阶微分反射率建立一阶线性的叶绿素浓度反演模型，如图 4-8 和下式所示：

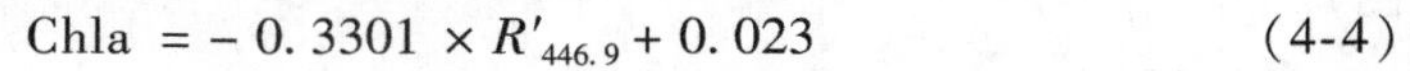

$$\mathrm{Chla} = -0.3301 \times R'_{446.9} + 0.023 \tag{4-4}$$

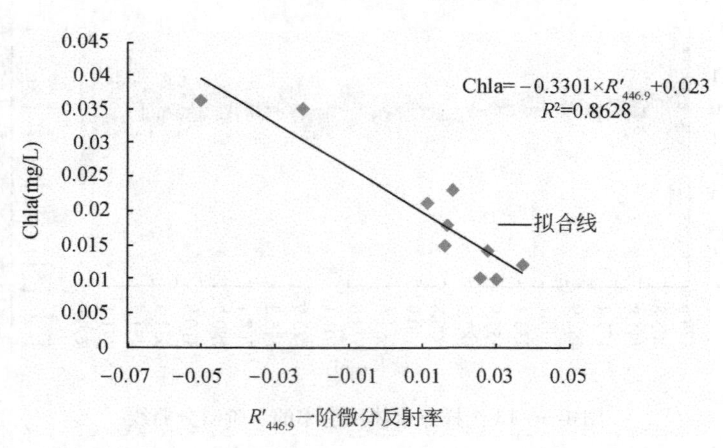

图 4-8　叶绿素浓度与 446.9nm 处一阶微分反射率一元线性模型

4.3.4　不同波段反射率比值反演叶绿素浓度

4.3.4.1　特征波段比值法

应用波段反射率比值法进行水体叶绿素浓度反演是一种比较常用的方法，大部分研究都采用特征波段比值法，即采用 572nm 和 706nm 附近反射率峰值与 682.1nm 附近的反射率谷值（如 $R_{706}/R_{682.1}$、R_{706}/R_{572}、$R_{572}/R_{682.1}$ 等）的组合进行建模。为了验证特征波段比值法在汤逊湖叶绿素浓度遥感监测中的模型精度，本节选取实测光谱曲线两个特征值组合 $R_{705.2}/R_{682.1}$、$R_{705.2}/R_{572.4}$ 进行线性建模，如图 4-9 所示。可见，采用的特征波段比方法的拟合效果并不好，R^2 分别只有 0.0439 和 0.0037，这种模型精度完全无法满足遥感监测的目的。鉴于此分析，对于汤逊湖水域，完全依靠经验的选取波段建模是不可行的，需要进一步分析与叶绿素浓度密切相关的波段比，从而进行建模。

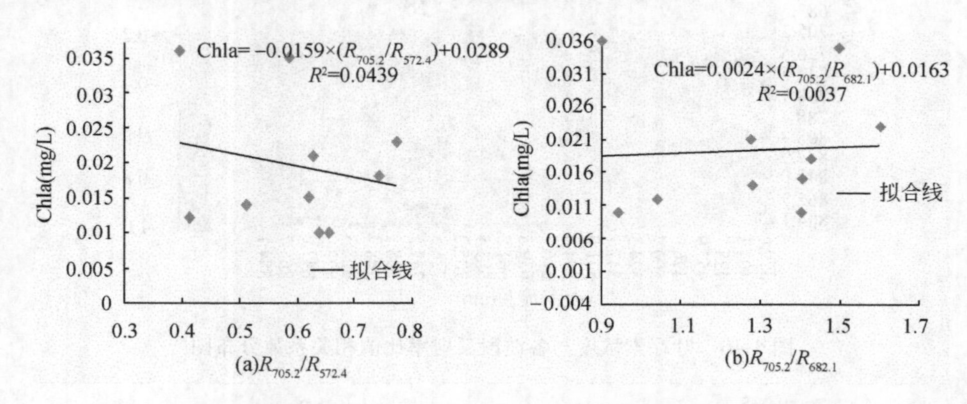

图 4-9　叶绿素浓度与 $R_{705.2}/R_{572.4}$、$R_{705.2}/R_{682.1}$ 反射率比值一元线性模型

4.3.4.2　各波段反射率比值与叶绿素浓度相关分析

将 380～900nm 所有 384 个波段两两组合，计算光谱反射率比值，并将计算结果与叶绿素浓度进行相关分析，计算相关系数。比值分布如图 4-10 所示（见彩图）。可以看出，叶绿素浓度与各波段比值的相关系数呈对称分布，仔细分析数值也不完全对称，因此选择好分子波段和分母波段对模型的精度是有一定的影响的。同时从图中可以看到汤逊湖不同的波段组合的反射率比值与叶绿素浓度的相关性差异很大，最大正负相关系数分别可以达到 0.927 615 和 −0.923 824。因此，通过这种相关分析方法我们可以很容易地找到汤逊湖反射率比值法反演叶绿素的最优波段组合，即第 349 波段（861.1nm）与第 353 波段（865.7nm）的波段反射率比值。

4.3.4.3　波段反射率比值建模

根据相关分析结果选取最大相关性的波段组合 $R_{861.1}/R_{865.7}$ 作为比值法的特征参数进行叶绿素反演一元线性建模，如图 4-11 所示。

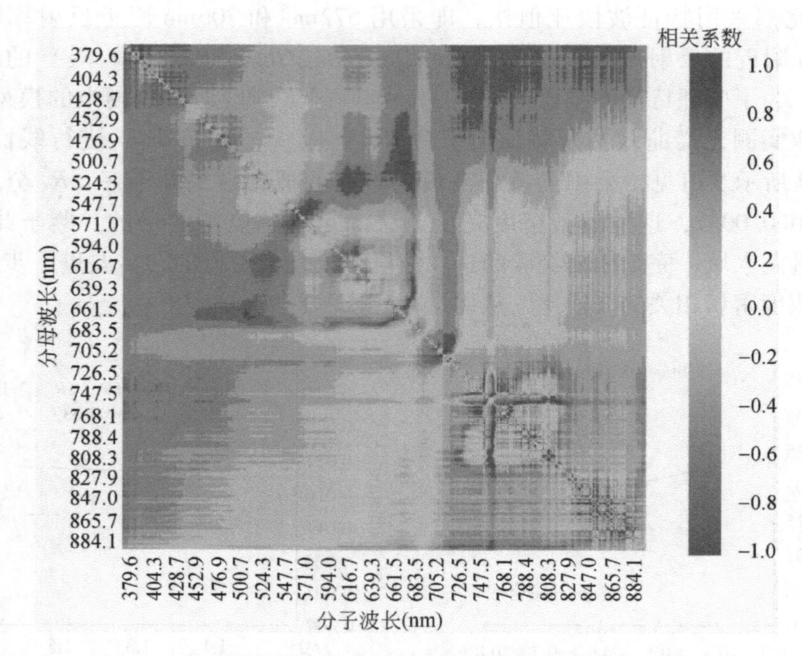

图 4-10　叶绿素浓度与各波段反射率比值相关系数分布图

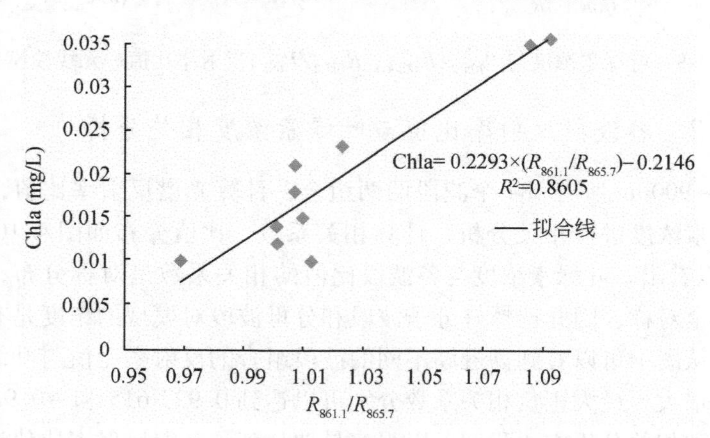

图 4-11　叶绿素浓度（Chla）与 $R_{861.1}/R_{865.7}$ 反射率比值一元线性模型

拟合的公式如下：

$$\text{Chla} = 0.2293 \times (R_{861.1}/R_{865.7}) - 0.2146 \tag{4-5}$$

对于本次实测数据来说，其一元线性拟合的 R^2 达到 0.8605。通过相关分析选取的波段组合进行建模具有较好的精度，波段比方法其实质是减少与叶绿素浓度反演无关的噪声，从而增加了光谱的叶绿素浓度信息量，更好地实现叶绿素浓度的反演。对相关分析的结果选取波段进行比值法建模的精度大大高于依据前人的研究结果建模的结果，这就更加证明了对具体的汤逊湖叶绿素反演需要依据实测分析。

4.3.5　方法比较

本节的主要目的是为了获得汤逊湖叶绿素浓度遥感监测的最优波段和模型，为了便于比较，采用的都是形如 $y = ax + b$ 的一元线性回归方程。虽然采用的形式相似，但分析的结果有所不同，这主要表现在模型波段选择及其意义、回归系数和最后的模型精度等方面。具体的分析建模结果如表 4-2 所示。

表 4-2　三种线性模型比较

反演方法	所选波段或组合	反演模型	相关系数	R^2
单波段法	726.5 ~ 734.4nm 附近	$\mathrm{Chla} = -0.0227 \times R_{733.1} + 0.0568$	约为 -0.82	约为 0.705
一阶微分法	446.9nm 附近	$\mathrm{Chla} = -0.3301 \times R'_{446.9} + 0.023$	-0.92886	0.8628
比值法	$R_{861.1}/R_{865.7}$	$\mathrm{Chla} = 0.2293 \times (R_{861.1}/R_{865.7}) - 0.2146$	0.927615	0.8605

从表 4-2 可以看到，应用单波段法进行汤逊湖叶绿素浓度反演的最优波段是 726.5 ~ 734.4nm 附近，模型的 R^2 约为 0.705，一阶微分法的最优波段在 446.9nm 附近，回归模型的 R^2 为 0.8628，比值法的最优波段组合为 $R_{861.1}/R_{865.7}$，模型 R^2 为 0.8605。通过比较可以发现，一阶微分法和比值法的模型精度都大大高于单波段法，且二者精度相差无几，是可选择的反演方法。但是在具体应用中，需要根据实际的可操作的光谱数据情况进行选择。

第5章　汤逊湖流域水环境模拟与纳污能力评价集成模型

5.1 汤逊湖流域水环境模拟与纳污能力评价综合模型

根据模型平台整体性、可操作性的原则，针对湖泊流域的特点设计开发构建了汤逊湖流域水环境模型模拟平台如图5-1所示。

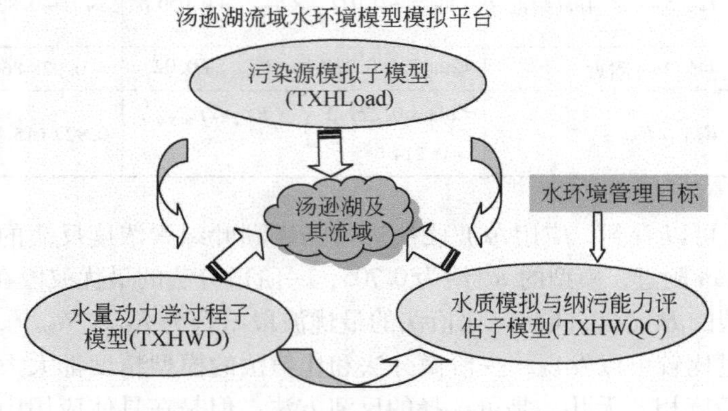

图5-1　汤逊湖水环境模型平台的基本框架

该模型平台由三个子模型构成，即汤逊湖流域污染源模拟子模型（TXH-Load），汤逊湖流域水量、水动力学过程子模型（TXHWD）和汤逊湖水质模拟与纳污能力评估子模型（TXHWQC）。其中，TXHLoad子模型主要是模拟汤逊湖流域水污染负荷的产生量与入湖量；TXHWD子模型主要是模拟汤逊湖入湖水量过程及其湖泊水体的水动力学过程；TXHWQC子模型主要是模拟湖泊水体的水质变化状况，并可根据设定水环境目标要求，计算湖泊水体可承纳污染负荷的纳污能力。

在时间尺度上，湖泊流域降雨产汇流根据旬降雨资料进行计算；面源污染负荷的产生伴随着降雨产流过程，其时间尺度与降雨产汇流的一致；在计算湖泊水体动力学和水质变化模拟时，根据湖泊水动力特征和水质变化规律采用小时为计算步长；为了便于管理和服务于实际操作，采用动态纳污能力指标，以旬尺度来表征。总体上，模型模拟的周期要能够较好地反映湖泊水量与水质变化规律，因此，一般时间步长要小于重要变量的变化周期。此外，还应考虑运算时间和计算的收敛性特征以及水文、水质实际数据的可获得性来确定。综合以上因素，本书确定汤逊湖水环境模型模拟平台的时间步长总体上以旬的统计结果表示，嵌套湖泊水体水动力和水质模型的小步长计算，模拟时间尺度为 1956 ~ 2007 年（其中，降雨产流过程采用长系列；湖泊水体水动力与水质计算现状 2007 年），2015 年和 2020 年两个水平年。

在空间尺度上，根据汤逊湖流域位于长江中下游平原地区的特点，降雨产汇流和流域面源污染负荷的计算单元以行政区划套湖泊流域的形式划分，将汤逊湖流域划分为 8 个分区进行模拟计算，包括洪山、东湖新区、大桥、纸坊、郑店、庙山、五里界和藏龙岛。湖泊水面呈宽广水域，受湖底地形、湖泊形状、水文条件等的影响，将湖泊水域分为 21 块进行模拟计算。

借助该平台可以定量模拟汤逊湖流域水环境演变的规律与趋势，并从流域产汇流过程，水污染物总量、结构与区域特征，湖泊水体水动力学与水质变化过程等方面，分析汤逊湖流域水环境变化的根本原因。该模型平台也具有一定的推广性，可为其他湖泊流域的水环境管理提供决策支持。

5.2 汤逊湖流域水量平衡分析模型

汤逊湖地区水系比较复杂，如图 5-2 所示。

在入流方面，汤逊湖主要通过降水补给。除了汇水范围内的雨水外，在青菱河排涝能力不够时，巡司河上游雨水、南湖流域内的雨水等也可通过巡司河入汤逊湖暂时调蓄。在出流方面，在非汛期时，汤逊湖水位高于长江水位时，湖水通过湖泊西面的陈家山闸（经由青菱河）和西北面的解放闸（经由巡司河）自排入长江，并以陈家山闸为主；在汛期时，由于长江水位高于湖泊水位，造成对湖泊水体的顶托作用，需要关闸利用泵站抽水泄水，主要是湖泊西面的汤逊湖泵站和西南面的海口闸排出江，并以汤逊湖泵站为主。从总体上看，在不同的时期，汤逊湖的入流和出流状况明显不同，这种复杂的水力调度特点在一定程度上造成了汤逊湖湖泊水体污染治理的复杂性。

根据物质守恒定律构建的水量平衡模型，主要包括两大部分，即湖泊入流部分和湖泊出流部分。其中，湖泊入流部分包括流域降雨产流（含陆域和水域）、污水排放入湖和巡司河汛期入流、灌溉退水等；湖泊出流部分包括泵站出流、灌溉取水、闸门出流和水面蒸发等。模型总体框架如图 5-3 所示。

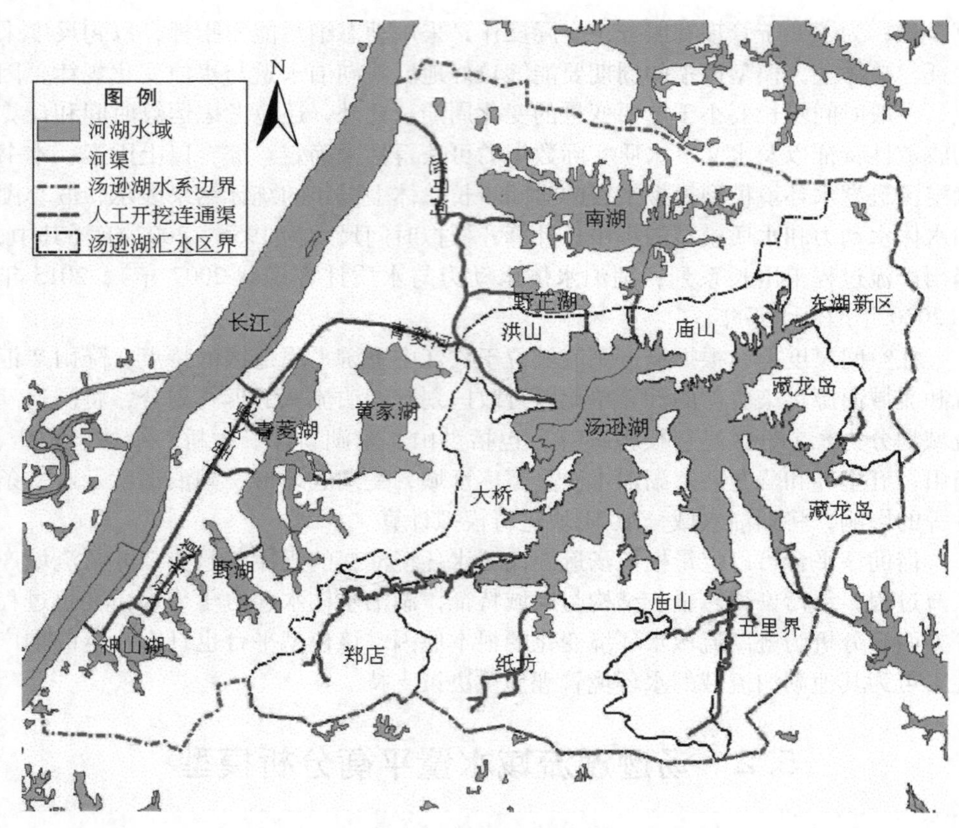

图 5-2　汤逊湖地区复杂河湖水系状况示意图

5.2.1　湖泊水体入流计算

5.2.1.1　流域降雨产流

根据我国 2005 年土地利用遥感信息解译图，将土地类型分为六大类，分别为耕地、林地、草地、水域、居工地（包括城市和农村）和未利用地。将汤逊湖流域划分为纸坊、郑店、大桥、庙山、庙山 2、藏龙岛、藏龙岛 2、五里界、洪山、东湖新区、湖面等 11 个单元，另将汤逊湖流域外的巡司河汇水区域单独设为 1 个单元，分别统计不同土地利用类型的面积。降雨 - 径流的空间格局随土地利用方式、土壤类型和前期土壤湿润程度而发生变化。

参照深圳市土地利用变化与降雨产流关系的成果，结合湖北省暴雨径流查算图表的取值，在这几种土地利用类型中，耕地，林地，草地，水域，居工地（包括城市和农村）和未利用地的降雨产流系数分别为 0.5、0.31、0.29、1.0、0.61

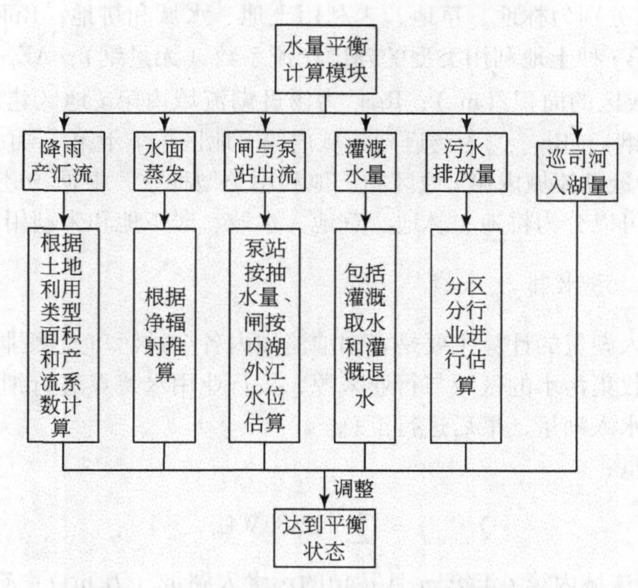

图 5-3 汤逊湖水量平衡模型的总体框架结构

巡司河汇流区的产水量根据土地利用类型面积和产流系数来计算，其入流量根据入湖节制闸来控制；泵站出流根据泵站抽水量进行估算；闸出流根据内湖与外江水位差形成的出流状态进行计算；灌溉取水按照湖泊流域内灌溉面积和作物灌溉制度来计算；灌溉退水根据退水系数估算

和 0.42。按照近年来武汉市汤逊湖区域城市发展建设规划，在 2005 年土地利用格局的基础上对 13 个分区单元的土地利用作了相应的修正，得出汤逊湖区域六种土地利用类型比例为 76.0∶10.0∶3.7∶2.0∶6.9∶1.4。将所有计算单元的不同的土地利用类型面积乘上相应的降雨产流系数并加和，再除以汤逊湖区域总面积得到区域内的综合产流系数为 0.49，可以较准确地计算汤逊湖地区的降雨产流。计算过程如图 5-4 所示。

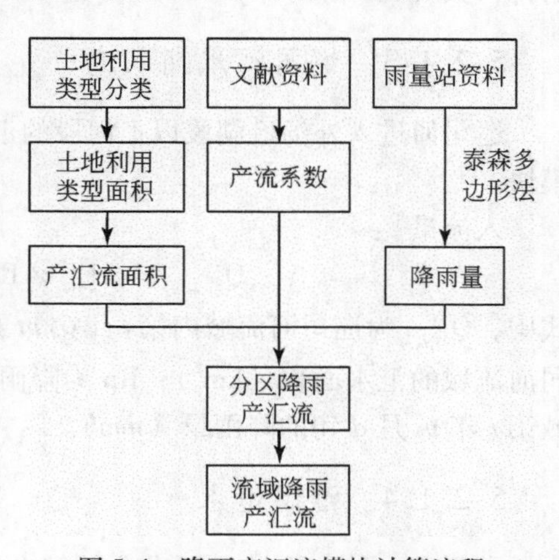

图 5-4 降雨产汇流模块计算流程

分区产流量：

$$Q_{1i,t,m,d} = \left(AE_i \times Rpa_i + \sum_{j=1}^{n}(BE_{i,j} \times Rpb_{i,j})\right) \times Ra_{i,t,m,d} \tag{5-1}$$

式中，$Q_{1i,t,m,d}$为汤逊湖流域内第 i 地区第 t 年第 m 月 d 旬的降雨产流量（万 m^3）；$BE_{i,j}$为汤逊湖流域内第 i 地区第 j 种土地利用类型的面积（除建成区外）（m^2），

其中，$j=1\sim5$ 分别为林地、草地、未利用土地、水域和耕地；$Rpb_{i,j}$为汤逊湖流域内第 i 地区第 j 种土地利用类型的降雨产流系数（无量纲）；AE_i 为汤逊湖流域内第 i 地区建成区的面积（m^2）；Rpa_i 为汤逊湖流域内第 i 地区建成区的降雨产流系数（无量纲）；$Ra_{i,t,m,d}$为汤逊湖流域内第 i 地区第 t 年第 m 月 d 旬的降雨量（mm）；n 为汤逊湖流域内第 i 地区的土地利用类型种数，根据汤逊湖流域内的土地利用类型，可以分为耕地、林地、草地、水域、居工地和未利用土地。

5.2.1.2　污水排放入湖

污水排放入湖量的计算主要是将湖泊流域内各个排污口监测排放量求和。根据各个排污口收集污水的区域与行业来源，按行业用水特点进行细分到各月，计算各分区的污水入湖量，最后进行汇总。

污水排放量：

$$Q_{2_{i,t,m,d}} = \sum_{i=1}^{n} (K_i \times WU_{i,t,m,d}) \tag{5-2}$$

式中，$Q_{2_{t,m,d}}$为流域内第 t 年第 m 月 d 旬的污水入湖量（万 m^3）；K_i 为流域内第 i 排口收集污水来源区域的综合排水系数；$WU_{i,t,m,d}$为流域内第 i 排口收集污水来源区域在第 t 年第 m 月 d 旬的用水（万 m^3）；n 为汤逊湖流域内向湖泊水体排污的排口数（为33）。

5.2.1.3　巡司河汛期入流

巡司河进入外汤逊湖段以上河段的汇水面积产流量计算同流域降雨产流计算模块。

入流量①：

$$Q_{3_{t,m,d}} = AE_{xs} \times Rp \times Ra_{t,m,d} \times 10^{-2} \tag{5-3}$$

式中，$Q_{3_{t,m,d}}$为巡司河流域内第 t 年第 m 月 d 旬的降雨产流量（万 m^3）；AE_{xs}为巡司河流域的汇水面积（km^2）；Rp 为降雨产流系数（无量纲）；$Ra_{t,m,d}$为巡司河流域第 t 年 m 月 d 旬的降雨量（mm）。

5.2.1.4　灌溉退水

灌溉退水量主要是根据农业的综合灌溉定额、农业需水量、灌溉水利用系数、排水系数来确定，具体公式如下。

灌溉退水量：

① 通过节制闸控制巡司河进入湖泊水量。

$$Q_{4_{i,t,m,d}} = \sum_{i=1}^{8} (AK_i \times AWU_{i,t,m,d}) \tag{5-4}$$

式中，$Q_{4_{i,t,m,d}}$ 为流域内第 i 地区第 t 年第 m 月 d 旬的农灌退水入湖量（万 m^3）；AK_i 为汤逊湖流域内第 i 地区农灌水的退水系数；$AWU_{i,t,m,d}$ 为汤逊湖流域内第 i 地区在第 t 年第 m 月 d 旬的农灌水量（万 m^3）。

5.2.2 湖泊水体出流计算

5.2.2.1 水面蒸发

汤逊湖流域的水面蒸发过程如图5-5所示。

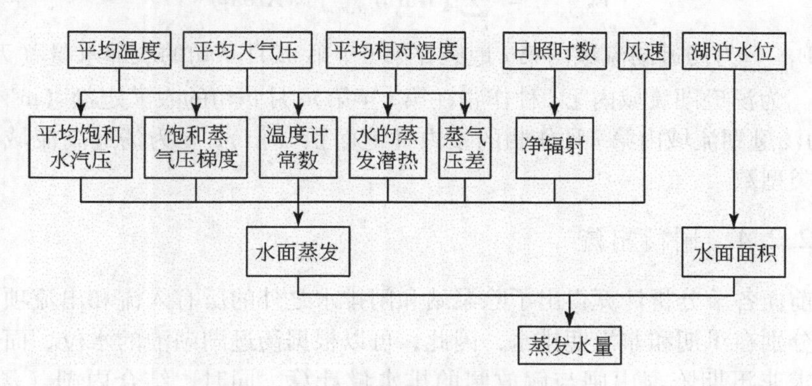

图5-5 水面蒸发模块计算流程

$$E_1 = \left[\frac{\Delta}{\Delta + \gamma}(R_n + A_h) + \frac{\Delta}{\Delta + \gamma}\frac{6.43(1 + 0.536U_2)D}{\lambda}\right] \times A \tag{5-5}$$

式中，E_1 为水面蒸发量（万 m^3）；Δ 为饱和蒸气压梯度（kPa/℃）；γ 为 Psychrometric 常数（kPa/℃）；λ 为水的蒸发潜热（MJ/kg）；D 为蒸气压差（kPa）；A_h 为水体对流能量［MJ/(m^2·d)］；R_n 为净辐射［MJ/(m^2·d)］；U_2 为离地面2m高处风速（m/s）；A 为湖泊水面面积（万 m^2）。

5.2.2.2 泵站出流

根据泵的运行时数、单位时间抽水能力及运行的效率来计算泵站的抽水量，具体公式如下。

泵站抽水量：

$$E_{2_{i,t,m,d}} = \sum_{i=1}^{T} (t_i \times \eta_{i,t,m,d} \times PP_i) \tag{5-6}$$

式中，$E_{2_{i,t,m,d}}$为流域内第 i 台泵站在第 t 年第 m 月 d 旬的泵站抽水出湖量（万 m^3）；t_i 为汤逊湖流域内第 i 台泵站在天内累计运行时数（h）；PP_i 为汤逊湖流域内第 i 台泵站单位时间内的抽水能力（万 m^3）；$\eta_{i,t,m,d}$为汤逊湖流域内第 i 台泵站在第 t 年第 m 月 d 旬的运行效率；T 为汤逊湖流域内泵站台数（台）。

5.2.2.3 灌溉取水

灌溉取水量主要是根据农业的综合灌溉定额、农业需水量、种植面积来确定，具体公式如下。

灌溉取水量：

$$E_{3_{i,t,m,d}} = \sum_{i=1}^{n} (\mathrm{Ratio}_{i,t,m,d} \times \mathrm{Area}_i) \tag{5-7}$$

式中，$E_{3_{i,t,m,d}}$为汤逊湖流域内第 i 地区在第 t 年第 m 月 d 旬的农灌水量（万 m^3）；$\mathrm{Ratio}_{i,t,m,d}$为汤逊湖流域内第 i 种作物在第 t 年第 m 月 d 旬的农灌定额（m^3/亩）①；Area_i 为汤逊湖流域内第 i 种作物的年内种植面积（亩）；n 为汤逊湖流域内的作物种植类型数。

5.2.2.4 闸门出流

由前面各节分析计算得出了除泵站和闸排水之外的所有入流和出流项。而泵站和闸分别在汛期和非汛期排水，因此，可以根据汤逊湖湖泊的水位、面积和容积来推求非汛期陈家山闸与解放闸的排水量计算。同时，结合内湖（汤逊湖）与外江（长江）水位进行修正。

5.3 汤逊湖流域污染负荷模型

5.3.1 基本框架

汤逊湖流域的污染负荷主要包括点源、面源、内源和外源四类，其中，点源主要是来自城市和工业污水排放；面源也称非点源，主要来自大气沉降或地面径流；内源主要来自湖底沉积物污染物释放、渔场营养物投入以及地下水入渗等，这些潜在污染源之间的传输方式如图 5-6 所示。TXHLoad 子模型的功能在于明确强人类活动影响下流域污染负荷的产生量和入湖量，并识别不同来源的污染负荷在总量、结构和空间分布等方面的基本规律。TXHLoad 子模型主要包括四大模

① 1 亩≈667m^2。

块，即将陆域点源污染评价模块、陆域面源污染评价、水体内源污染评价模块以及流域外巡司河汛期入流污染评价模块。

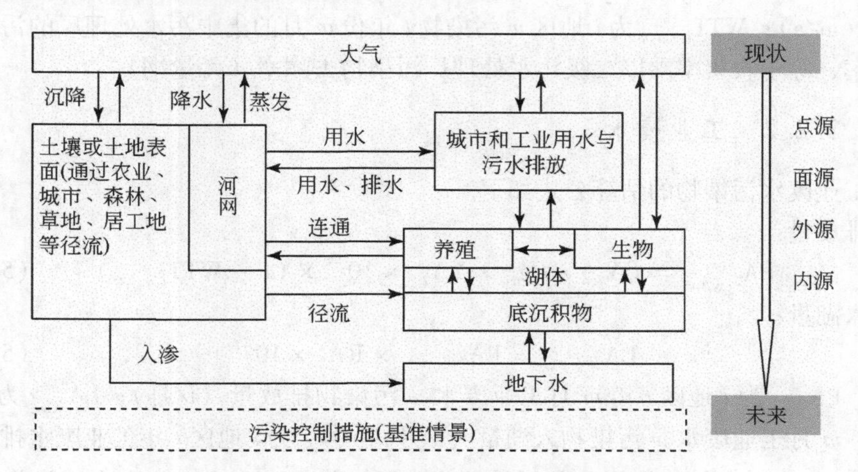

图 5-6　湖泊水体潜在的污染物来源与传输方式

5.3.2　陆域点源污染评价模块

汤逊湖流域点源污染主要是指城镇生活污水和工业废水通过管道、沟渠等排污口集中排入湖体所带来的污染负荷。点源定量化常用的方法主要包括实测法和单位负荷法两大类。前者主要是在排放口选定合适的采样测点和测流频率，测定水的排放流量及污染物浓度，并根据两者的乘积计算出污染物的排放总量；后者根据不同污染源的污染负荷的排放强度与排放规模进行估算，本研究采用后者进行估算，并采用实测数据核定入湖量。

5.3.2.1　城镇生活污水

城镇生活污染物的估算公式如下。

排放量：

$$PA_{1_{i,w,t,m}} = Pop_{i,t} \times Ur_{i,t} \times Sw_w \times YA_{1_m} \times 365 \times 10^{-6} \times (1 - WTT_{i,w,t,m}) \tag{5-8}$$

入湖量：

$$LA_{1_{i,w,t,m}} = PA_{1_{i,w,t,m}} \times RA_1 \times 10^{-2} \tag{5-9}$$

式中，$PA_{1_{i,w,t,m}}$为 i 地区 t 年 m 月城镇生活 w 污染物排放量（t/月），$w=1\sim4$ 分别为 COD、NH_3-N、TN 和 TP（下同）；$LA_{1_{i,w,t,m}}$为 i 地区 t 年 m 月城镇生活 w 污染物入湖量（t/月）；$Pop_{i,t}$为 i 地区 t 年份的总人口（万人）；$Ur_{i,t}$为 i 地区 t 年份

的城镇化率（%）；Sw_w 为城镇人均 w 污染物排放量［g/(人·日)］；RA_1 为城镇生活污染物入湖系数（%）；YA_{1_m} 为城镇生活污染物排放与入湖量的 m 月变化系数（m/a）；$WTT_{i,w,t,m}$ 为 i 地区 w 污染物 t 年份 m 月的集中污水处理厂的污染物削减率，等于收集率乘以二级污水处理厂污染物去除率（无量纲）。

5.3.2.2　工业废水

工业废水污染物的估算公式如下。

排放量：

$$PA_{2_{i,w,t,m}} = QV_{i,t} \times Cg_m \times YA_{2_m} \times 10^{-4} \times (1 - WTT_{i,w,t,m}) \tag{5-10}$$

入湖量：

$$LA_{2_{i,w,t,m}} = PA_{2\,i,w,t,m} \times RA_2 \times 10^{-2} \tag{5-11}$$

式中，$PA_{2_{i,m,t}}$ 为 i 地区 t 年 m 月工业废水 w 污染物排放量（t/月）；$LA_{2_{i,m,t}}$ 为 i 地区 t 年 m 月工业废水 w 污染物入湖量（t/月）；$QV_{i,t}$ 为 i 地区 t 年工业废水排放量（万 m^3/a）；Cg_m 为 m 污染物的排放浓度（mg/L）；RA_2 为工业废水污染物入湖系数（%）；YA_{2_m} 为工业废水污染物排放与入湖量的 m 月变化系数（m/a）。

5.3.3　陆域面源污染评价模块

随着点源逐渐被治理，面源（或称非点源）越来越受到重视，尤其是在湖泊富营养化的防治方面。根据美、日等国的研究，即使点源污染得到全面控制之后，由于面源污染的存在，江河的水质达标率仅为65%，湖泊的水质达标率仅为42%，海域的水质达标率仅为78%（梁博等，2004）。面源主要是雨期通过降水和径流，将汇水范围内大气中和地表、地下的泥沙、营养物、有机物质以及其他污染物质带入湖泊。面源污染由自然因素和人为活动引起，与整个流域内自然环境特征、土地利用方式、气象条件、地表径流、人为活动强度和社会经济状况等密切相关，具有瞬发性、滞后性、复杂性、难控制性等特点。降雨径流、侵蚀和污染物迁移转化过程是决定面源污染特征的三个主要方面。其中，降雨径流的冲刷是面源污染产生的原动力，又是面源污染物的载体。本节主要对农村生活负荷、农田径流、畜禽养殖、城镇径流、其他径流与大气沉降进行估算。通常面源负荷的估算方法主要包括实测法、经验系数法和机理模拟法，受到实际条件的约束，本次采用经验系数法进行估算。

5.3.3.1　农村生活负荷

农村居民生活产生的废弃物主要有生活污水、人粪尿与生活垃圾等。农村生活污水未经任何处理或处理后未达到排放标准便直接排放可直接对水体造成污染，特别是含磷洗涤废水随生活污水排入河流湖泊，可产生一定的营养负荷导致水体污染或富营养化；人粪尿是农村最早、最普遍使用的有机肥，其由于随意堆放或排放或化粪池设计不当或道路排水不畅，可随地表径流和农田排水等进入水体产生污染；农村生活垃圾就地填埋或随意堆放，其渗滤液可能会污染地表水和地下水并被暴雨冲淋入水体造成污染。受到数据的限制，本节只考虑农村生活污水和人粪尿的排放所带来的污染。

农村生活污水与人粪尿中污染物估算公式如下。

排放量：

$$PB_{1_{i,w,t,m}} = Pop_{i,t} \times (1 - Ur_{i,t} \times 10^{-2}) \times \sum_{k=1}^{2} \frac{Cw_{w,k}}{12} \times \frac{Ra_{i,t,m}}{\overline{Ra}} \times 10 \quad (5\text{-}12)$$

入湖量：

$$LB_{1_{i,m,t}} = PB_{1_{i,w,t,m}} \times RB_1 \times 10^{-2} \quad (5\text{-}13)$$

式中，$PB_{1_{i,w,t,m}}$为i地区农村生活t年m月w污染物排放量（t/月）；$LB_{1_{i,w,t,m}}$为i地区农村生活t年m月w污染物入湖量（t/月）；$Cw_{w,k}$为农村生活k来源中w污染物产污染系数［kg/(人·a)］，其中，$k=1$为生活污水，$k=2$为人粪尿；RB_1为农村生活污染物入湖系数（%）；$Ra_{i,t,m}$为i地区t年份m月降雨量（mm）；$\overline{Ra}$为流域多年平均月降雨量（mm）；其他符号含义同前。

5.3.3.2 畜禽养殖负荷

畜禽养殖废弃物处理不及时、不合理，其堆放或排放将造成大量养分流失，从而带来严重的水污染问题。例如，在畜禽粪尿的储存和处理过程中，储粪池、氧化塘等设备的设计问题，导致粪污下渗或污染物外溢造成水体污染；粪尿在归田利用的过程中，随地表径流、农田排水和土壤水等途径进入水体造成污染；其他随意堆放未经处理的畜禽粪便，在降水动力冲刷作用下，大量流失进入水体造成水体污染。粪尿污染物数量通常与动物种类、生长期、生产性能（如蛋鸡和肉鸡）、饲料种类等因素有密切关系。本节主要考虑来自牲畜（猪、牛）和家禽养殖产生的污染物。

畜禽养殖污染物估算公式如下。

排放量：

$$PB_{2_{i,w,t,m}} = \sum_{c=1}^{3} \frac{(BN_{i,t,c} \times Bw_{w,c})}{12} \times \frac{Ra_{i,t,m}}{\overline{Ra}} \times 10 \quad (5\text{-}14)$$

入湖量：

$$LB_{2_{i,w,t,m}} = PB_{2_{i,w,t,m}} \times RB_2 \times 10^{-2} \quad (5\text{-}15)$$

式中，$PB_{2_{i,w,t,m}}$ 为 i 地区畜禽养殖 t 年 m 月 w 污染物排放量（t/月）；$LB_{2_{i,w,t,m}}$ 为 i 地区畜禽养殖 t 年 m 月 w 污染物入湖量（t/月）；$BN_{i,t,c}$ 为 i 地区 t 年份 c 类畜禽养殖总数，其中，$c=1$ 为牛总数（万头），$c=2$ 为猪总数（万头），$c=3$ 为家禽总数（万只）；$Bw_{w,c}$ 为 c 类畜禽养殖 w 污染物的排泄系数［kg/(头・年)］；RB_2 为畜禽养殖污染物入湖系数（%）。

5.3.3.3 农田径流负荷

农田径流负荷主要包括农田固废和农业化肥两大类。农田固废主要包括秸秆、残株、藤蔓、外壳、蔬菜废物和其他物品等，是种植业生产过程中的副产物。一些农田固废的处理方式与地表径流密切相关，如直接还田、堆肥还田和弃置乱堆等，其中以弃置乱堆受地表径流的影响最大，污染也最为直接；农业化肥的施用可为植物生长提供必需的一种或多种营养元素，能提高作物产量并保持作物稳产，是现代农业生产中不可缺少的一种物质投入。化肥中的 N、P 等营养元素随地表径流或农田排水进入水体是造成河流湖泊富营养化的一个重要原因。除地表流失外，化肥还可随土壤水淋失进入地下水对其造成污染。本节主要对农田化肥施用过程所带来的污染进行估算。

农田径流污染物估算公式如下。

排放量：

$$PB_{3_{i,w,t,m}} = \sum_{d=1}^{3}\left(\frac{AQ_{i,t,d} \times Aw_{w,d}}{12}\right) \times LOS_w \times \frac{Ra_{i,t,m}}{Ra} \tag{5-16}$$

入湖量：

$$LB_{3_{i,w,t,m}} = PB_{3_{i,w,t,m}} \times RB_3 \times 10^{-2} \tag{5-17}$$

式中，$PB_{3_{i,w,t,m}}$ 为 i 地区农田化肥施用过程中 t 年 m 月 w 污染物排放量（t/月）；$LB_{3_{i,w,t,m}}$ 为 i 地区农田化肥施用过程中 t 年 m 月 w 污染物入湖量（t/月）；LOS_w 为 w 污染物的流失率系数（无量纲）；$AQ_{i,t,d}$ 为 i 地区 t 年份农田 d 类肥料的施用量（折纯）(t)，其中，$d=1$ 为氮肥，$d=2$ 为磷肥，$d=3$ 为复合肥；$Aw_{w,d}$ 为农田 d 类肥料 w 污染物的折纯系数（无量纲）；RB_3 为农田化肥施用污染物入湖系数（%）。

5.3.3.4 城镇径流负荷

城市地表径流污染是指在降雨过程中雨水及其形成的径流，通过对城市下垫面（如商业区、居工区、绿地和交通道路等）的击溅、冲刷和搬运作用，聚集地面累积的各种污染物，并排入湖泊水体而产生的污染。

城镇地表径流污染物的计算公式如下。

排放量：

$$PB_{4_{i,w,t,m}} = AE_i \times Rpa_i \times Ra_{i,t,m} \times Ca_w \times 10^{-3} \quad (5\text{-}18)$$

入湖量：

$$LB_{4_{i,w,t,m}} = PB_{4_{i,w,t,m}} \times RB_4 \times 10^{-2} \quad (5\text{-}19)$$

式中，$PB_{4_{i,w,t,m}}$为i地区城镇径流t年m月w污染物排放量（t/月）；$LB_{4i,w,t,m}$为i地区城镇径流t年m月w污染物入湖量（t/月）；AE_i为i地区建成区（即城乡、工矿以及居民用地）面积（km^2）；Rpa_i为i地区城乡、工矿以及居民用地的降雨产流系数（无量纲）；Ca_w为城镇径流w污染物浓度（mg/L）；RB_4为城镇径流污染物入湖系数（%）；其他符号含义同前。

5.3.3.5 其他径流与大气沉降负荷

其他径流与大气沉降负荷主要包括林地径流、草地径流以及未利用地径流以及大气干湿沉降所产生的污染负荷。其中，大气干沉降主要是指气溶胶粒子的沉降过程；大气湿沉降是指通过雨、雪或雹等输送污染物的过程。受到监测数据的限制，本节考虑降雨过程中所带来的污染负荷。

计算公式如下。

排放量：

$$PB_{5_{i,w,t,m}} = \sum_{j=1}^{3} BE_{i,j} \times Rpb_{i,j} \times Ra_{i,t,m} \times Cb_{j,w} \times 10^{-3} + Ra_{i,t,m} \times LAE \times LAb_w \times KCb \quad (5\text{-}20)$$

入湖量：

$$LB_{5_{i,w,t,m}} = PB_{5_{i,w,t,m}} \times RB_5 \times 10^{-2} \quad (5\text{-}21)$$

式中，$PB_{5_{i,w,t,m}}$和$LB_{5_{i,w,t,m}}$分别为i地区其他径流与大气沉降t年m月w污染物排放量和入湖量（t/月）；$BE_{i,j}$为i地区林地、草地以及未利用地的面积（km^2），$j=1$为林地，2为草地，3为未利用土地；$Rpb_{i,j}$为i地区林地、草地以及未利用地的降雨产流系数（无量纲），$j=1$为林地，2为草地，3为未利用土地；LAE为汤逊湖流域面积（km^2）；LAb_w为w污染物的含量（kg/m^3）；KCb为修正系数（无量纲）；Cb_{jw}为j类土地利用产生径流形成w污染物的浓度（mg/L）；RB_5为其他径流与大气沉降携带污染物的入湖系数（%）。

5.3.4 水体内源污染评价模块

内源污染主要来自水体和底泥内生物的新陈代谢活动中产水的食物残渣、代谢物、死后残体等。通常，湖泊水体内源包括网箱养殖或围栏养殖、底泥污染物释放、生物固氮的矿化过程、地下水对湖泊补给等过程中所携带的污染物。针对汤逊湖的特点，本节主要分析底泥释放和渔业养殖两大来源。

5.3.4.1 底泥释放

底泥是湖泊中的沉积物，主要由无机矿物、有机物、活性金属氧化物组成，含水量高，一般在83%～95%之间，其来源有以下几种：①入湖水流所携带的泥沙等物质沉淀形成；②大气沉降带来的外源物质沉淀形成；③湖内大量浮游生物和沉水挺水植物和水生动物的残骸；④湖岸带侵蚀带入泥沙等物质沉淀等。浅水湖泊底泥释放污染物的方式有多种，以磷为例，主要有分子浓度扩散、风浪导致的湍流扩散、生物扰动、气泡、藻类悬浮、水生植物传输等。通常，底泥上覆水缺氧、风浪扰动、夏季升温或pH偏离中性时，底泥中蓄积的磷会释放出来，持续维持水体中较高的磷浓度。底泥中营养物的释放对水体总营养物负荷的贡献有时会很大，特别是在水体下层缺氧的状况下。依据《武汉市水资源普查》资料汤逊湖的底泥评价结果为铅超标。

5.3.4.2 渔业养殖

渔业养殖造成污染主要来源于饵料沉淀。饵料进入水体后的迁移转化途径主要包括鱼体产出及其机能消耗、进入水体（包括残饵、鱼粪便及分泌物的溶出）、沉积于库底、水流带出。渔业养殖所带来的污染程度通常受到养殖面积、养殖位置、饵料成分、饵料投量、饵料投放规律等因素的影响。底泥释放主要采用静态释放计算方法的质量衡算法进行估算；渔业养殖则根据饵料的投放量和成分，乘以折纯系数计算。

渔业养殖污染估算的公式如下。

排放量（总投入量）：

$$PC_{1_{i,w,t,m}} = MG_{w,t} \times Gp_{w} \times YC_{1_m} \times 10^{-2} \tag{5-22}$$

入湖量（即除鱼体消耗、沉积和流出外，保留于湖体部分）：

$$LC_{1_{i,w,t,m}} = PC_{1_{i,w,t,m}} \times RC_1 \times 10^{-2} \tag{5-23}$$

式中，$PC_{1_{i,w,t,m}}$为i地区渔业养殖t年m月w污染物排放量（t/月）；$LC_{1_{i,w,t,m}}$为i地区渔业养殖t年m月w污染物入湖量（t/月）；$MG_{w,t}$为w污染物t时刻饵料的投放量（t/a）；Gp_w为w污染物饵料的折纯系数（%）；RC_1为渔业养殖污染物入湖系数（%）；YC_{1_m}为渔业养殖污染物排放与入湖量的m月变化系数（m/a）。

5.3.5 流域外巡司河汛期入流污染评价模块

巡司河属汤逊湖水系至长江南岸的一条支流，河水从汤逊湖流出至李家桥处，此河段河道均宽 20m，长 4.4km，河深均值为 2.0m，海拔均值为 21m。巡司河在李家桥处分出两条支流，一条经青菱港流至长江，形成青菱河。该河道为人工渠，全长 8km，至汤逊湖泵站和陈家山闸入长江，均宽 20m，河深均值为 1.7m，河道周围均为农田，地势平缓，在河道与农田之间形成缓冲带；另一条经武泰闸流至长江，此河段均宽 15m，长 11.6km，河深均值为 1.8m。河道周围的居民楼，企事业单位的生活废水直排入河，加上沿途大量的生活和工业垃圾渗透液流入，使河道水质污染严重。本次巡司河汛期入流分析的范围为经武泰闸流至长江的支流汇水范围，位于汤逊湖湖泊的汇水面积之外。

巡司河入汤逊湖污染物量的计算公式如下。

排放量与入湖量：

$$PD_{1_{i,w,t,m}} = LD_{1_{i,w,t,m}} = AE_{xs} \times Rp_{xs} \times Ra_{1,t,m} \times CXS_{w,t} \times YD_{1m} \times 10^{-2} \tag{5-24}$$

式中，$PD_{1_{i,w,t,m}}$ 和 $LD_{1_{i,w,t,m}}$ 为 i（=1）地区武泰闸关闭期巡司河 t 年 m 月 w 污染物排放量或入湖量（t/月）；AE_{xs} 为巡司河流域的汇流面积（km^2）；Rp_{xs} 为巡司河流域的综合降雨产流系数（无量纲）；$Ra_{1,t,m}$ 为巡司河（$i=1$）地区 t 年份 m 月降雨量（mm）；$CXS_{w,t}$ 为 t 年份武泰闸关闭期间巡司河入汤逊湖的污染物实际浓度或控制浓度（mg/L）；YD_{1m} 为武泰闸关闭期间巡司河污染物的 m 月变化系数（m/a）。

5.3.6 污染负荷总量计算

污染物负荷总量的计算公式如下。

排放量：

$$PTT_{i,w,t,m} = PA_{i,w,t,m} + PB_{i,w,t,m} + PC_{i,w,t,m} + PD_{i,w,t,m} \tag{5-25}$$

$$PA_{i,w,t,m} = PA_{1_{i,w,t,m}} + PA_{2_{i,w,t,m}} \tag{5-26}$$

$$PB_{i,w,t,m} = PB_{1_{i,w,t,m}} + PB_{2_{i,w,t,m}} + PB_{3_{i,w,t,m}} + PB_{4_{i,w,t,m}} + PB_{5_{i,w,t,m}} \tag{5-27}$$

$$PC_{i,w,t,m} = PC_{1_{i,w,t,m}} \tag{5-28}$$

$$PD_{i,w,t,m} = PD_{1_{i,w,t,m}} \tag{5-29}$$

入湖量：

$$LTT_{i,w,t,m} = LA_{i,w,t,m} + LB_{i,w,t,m} + LC_{i,w,t,m} + LD_{i,w,t,m} \tag{5-30}$$

$$LA_{i,w,t,m} = LA_{1_{i,w,t,m}} + LA_{2_{i,w,t,m}} \tag{5-31}$$

$$LB_{i,w,t,m} = LB_{1_{i,w,t,m}} + LB_{2_{i,w,t,m}} + LB_{3_{i,w,t,m}} + LB_{4_{i,w,t,m}} + LB_{5_{i,w,t,m}} \tag{5-32}$$

$$LC_{i,w,t,m} = LC_{1_{i,w,t,m}} \tag{5-33}$$

$$LD_{i,w,t,m} = LD_{1_{i,w,t,m}} \tag{5-34}$$

式中，$PTT_{i,w,t,m}$ 为 i 地区 t 年 m 月 w 污染物排放总量（t/月）；$LTT_{i,w,t,m}$ 为 i 地区 t

年 m 月 w 污染物入湖总量（t/月）；$PA_{i,w,t,m}$、$PB_{i,w,t,m}$、$PC_{i,w,t,m}$和$PD_{i,w,t,m}$分别为 i 地区 t 年 m 月点源、面源、内源和流域外 w 污染物排放总量（t/月）；$LA_{i,w,t,m}$、$LB_{i,w,t,m}$、$LC_{i,w,t,m}$和$LD_{i,w,t,m}$分别为 i 地区 t 年 m 月点源、面源、内源和流域外 w 污染物入湖总量（t/月）。

5.4 汤逊湖水体水环境模型

随着汤逊湖水污染问题的日益严重，汤逊湖流域水利工程的规划建设目标也由以往防洪排涝为主的单一目标，逐渐转向包括防洪、排涝、治污等多目标规划。目前，尽管水利部颁布的《水域纳污能力计算规程（SL348—2006）》对水资源环境保护起到了很好的指导作用，但是，要有效利用水域纳污能力进行治污还需要一个更科学、更合理、更可行的依据。因此，通过研究核心技术建立汤逊湖水环境数学模型，模拟湖泊水体不同污染物的纳污能力的动态变化过程，以充分利用湖泊水体的可纳污量。

5.4.1 汤逊湖水环境模型总体设计

5.4.1.1 模型构建与设计

汤逊湖是一个相对比较封闭的湖泊，仅能通过巡司河与长江连接。湖泊水体水量补充与更新几乎完全依靠湖泊汇水区域内产流水量。另外，还有一部分来自湖泊流域内向水体排放的污水。因此，湖泊水体的换水周期较长。在非汛期长江水位较低的情况下湖泊水体自然出流；在汛期要依靠陈家山闸和解放闸来阻挡长江水位顶托倒灌作用。在构建模型时，主要考虑三个方面的因素：①湖泊流域内降雨产流入湖的边界概化；②湖泊流域内向湖泊水体排污口边界的概化；③湖泊水体与长江水体连接的调度方式的概化。

数学模型按照空间变量特征可以分成一维、二维和三维模型。理论上模型越复杂越能描述自然过程。但是，当模型中多引入一维变量，又没有足够的实测资料来有效地率定和验证模型时，则意味着因在模型中多引入了一些不确定性因素而增加模型本身的不确定性，进而降低模型模拟预测精度。因此，模型复杂程度的选取既要考虑研究区域自然特征、又要考虑实测资料匹配情况，更要考虑实际用途的需求。

汤逊湖平均水深为 1.85m，根据其形态特征分析，湖泊平均宽深比约为 2800:1，属于典型的宽浅型湖泊。水流在垂向容易均匀混合，而在空间平面上的不均性将会比较显著。长期以来汤逊湖水质监测资料也是以了解湖区水质空间分布态势而进行站点布设和水质监测。而且，人们关注的焦点也是汤逊湖空间不同区域水质演变的态势。因此，为尽可能地反映汤逊湖的水质现状，减少因建模引入的不确定性因素，从反映汤逊湖水域水流水质总体变化特征，以及满足实际需求的角度考虑，采用水深平均的平面二维数学方程来描述汤逊湖水流水质运动的特点。

5.4.1.2 技术路线

水环境数学模型包括湖泊水动力模型和水质模型。其开发过程中的总体设计过程可以分成以下三个方面。

（1）选择数学方程

根据研究区域水流水质运动特点，选择适宜的数学方程来描述水体水流水质动力变化机理。汤逊湖属于典型的浅水型湖泊，符合浅水流动数学方程的要求：①是有自由表面的水流；②水深相对较浅；③湖底坡度较缓；④水面渐变且比降较缓；⑤无明显的垂直环流。因此，需要选择浅水动力学方程组和相应的水质数学方程。

（2）数值概化方法

这包括两个方面的数值概化，首先是湖泊形状和地形的概化，以反映湖体自然特征；其次是对数学方程进行数值离散，寻求方程数值解。

本次模型采用贴体网格剖分，按照湖泊的实际形状的边界作为研究区域，湖底地形根据测绘资料进行插值得到。数值计算是采用伽辽金有限元法进行求解，其基本步骤为：①剖分研究域、构造试探解；②构造基函数；③等效积分的弱形式；④建立有限元方程；⑤有限元方程的求解；⑥解的应用分析。

（3）模型参数率定与验证

模型参数反映了湖体水流水质在水体内进行的十分复杂的物理化学演变规律，在人们对水体自然规律认识尚且有限的情况下，利用近期实测水流水质资料对模型参数进行率定与验证十分关键，确保建立的模型具有一定的模拟精度。汤逊湖原有水质监测资料和项目实施期间补充资料较好，有1991~2004年反映汤逊湖水质状况的水质指标的年均值；有2008年汤逊湖排污口排放污染物浓度监测数据；还有2005~2008年的每两月监测一次的系列数据，这些数据为率定和验证模型提供了强有力的支撑。

5.4.2 汤逊湖二维水流数学模型

湖泊水流数学模型是水环境模拟的基础，污染物在湖体中的迁移转化规律在很大程度上受湖流运动规律的影响。

5.4.2.1 平面二维水流数学模型结构

在海岸、河口、湖泊、大型水库等广阔水域地区，水平尺度远大于垂向尺度，水力水质参数（如流速、水深、浓度等）在垂直方向变化要小于水平方向的变化，其流场可用沿水深的平均流动量来表示，采用平面二维水动力水质数值模型。将三维流动的基本方程式和紊流时均方程式沿水深积分平均，即可得到沿水深平均的平面二维流动的基本方程。

在基本方程的基础上，忽略紊动项的影响，并用 u 表示 x 方向的流速 U_x，用 v 表示 y 方向的流速 U_y，将平面二维浅水方程组简化为

$$\frac{\partial h}{\partial t}+\frac{\partial (uh)}{\partial x}+\frac{\partial (vh)}{\partial y}=q \tag{5-35}$$

$$\frac{\partial u}{\partial t}+u\frac{\partial u}{\partial x}+v\frac{\partial u}{\partial y}+g\frac{\partial z}{\partial x}-fv=\frac{\tau_{wx}}{\rho}-\frac{\tau_{bx}}{\rho} \tag{5-36}$$

$$\frac{\partial v}{\partial t}+u\frac{\partial v}{\partial x}+v\frac{\partial v}{\partial y}+g\frac{\partial z}{\partial y}+fu=\frac{\tau_{wy}}{\rho}-\frac{\tau_{by}}{\rho} \tag{5-37}$$

初始条件

$$H(x,y,t)\big|_{t=0}=H_0(x,y)\quad (x,y)\in G \tag{5-38}$$

式中，h 为水深；q 为单位面积上进出水体的流量，流入为正，流出为负；ρ 为水体密度；f 为 Coriolis 系数，$f=2\omega\sin\varphi$（φ 为当地纬度，$\omega=7.29\times10^{-5}$ rad/s，即地球自转角速度）；t 为时间；z 为水位；g 为重力加速度。

τ_{wx}、τ_{bx}分别为水面风应力 x 分量和水底摩擦力 x 分量。对于湖泊来说，湖面风应力分量为 $\tau_{wx}=C_D\cdot V_a\cdot V_{ax}$，$\tau_{wy}=C_D\cdot V_a\cdot V_{ay}$，$C_D=\gamma_a^2\cdot\rho_a$；湖底切应力分量为 $\tau_{bx}=C_b\cdot\rho\cdot u\cdot\sqrt{u^2+v^2}$，$\tau_{by}=C_b\cdot\rho\cdot v\cdot\sqrt{u^2+v^2}$，$C_b=\frac{1}{n}\cdot h^{\frac{1}{6}}$。其中，$\gamma_a$ 为风应力系数；ρ_a 为空气密度；V_a、V_{ax}、V_{ay} 为风速及其在 x、y 上的分量；u 为 x 向流速；v 为 y 向流速；C_b 为谢才系数；n 为糙率。

5.4.2.2 水流数学模型参数分区

二维水流数学模型中需要率定的参数包括湖底糙率和湖面风应力系数。由于汤逊湖水面开阔，需要布置很多测点才能监测到湖流流态；另外，湖泊水流运动流速很小，用常规的水流监测方法难以保证流速监测精度，因此，至今汤逊湖中尚未有很完整的流态监测资料。尽管如此，在汤逊湖湖体一些局部点有些水流实测资料，可为本模型的参数率定和验证提供基础。大量数值试验结果表明，汤逊湖湖流流态主要受湖面风场和降雨产流的入湖流量的影响。因此，在水流模型验证开发过程中，以汤逊湖流域内降雨产流的入湖流量和主要风况作用下湖流流态

特征来进行湖流模型验证计算。

在湖流验证计算中，首要是对汤逊湖流域内降雨产流的入湖流量和主要风况作用下湖流流态进行验证，其次对湖流流速量级进行验证。数值模拟试验结果表明，湖床糙率和湖面风应力系数对汤逊湖湖流流态的影响可以忽略不计，只对湖流流速量级有一定影响。根据汤逊湖湖泊自然形态特征和湖底地形特点，结合入湖排污口分布和污染物扩散特征，将汤逊湖的湖体进行分区，共分为 8 个类型分区，22 块计算分区，如图 5-7 所示。汤逊湖各个类型分区见表 5-1。

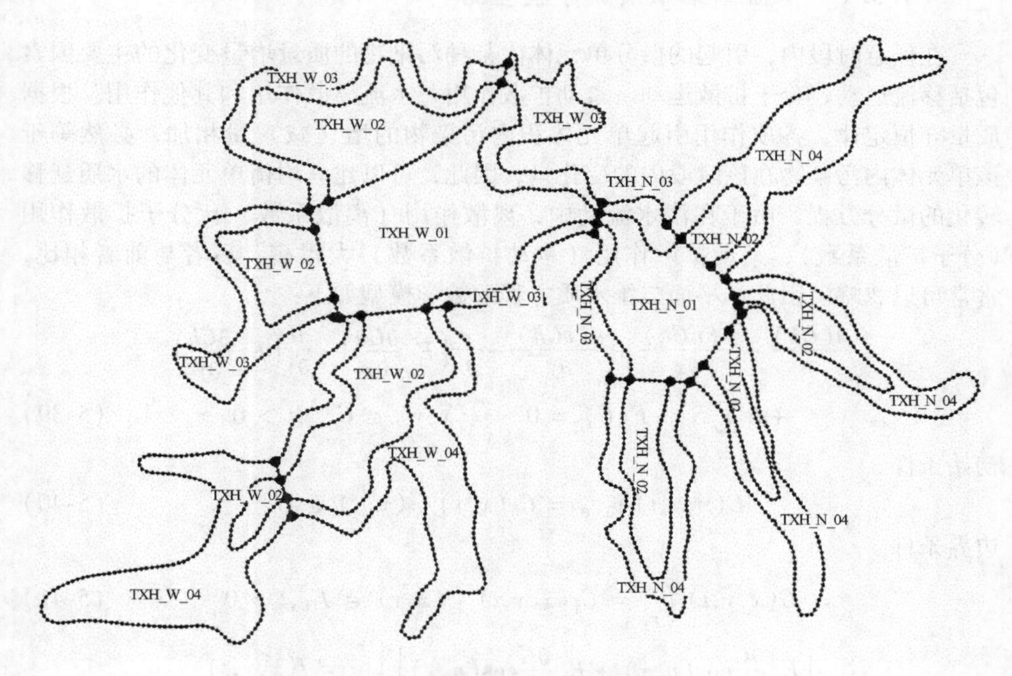

图 5-7　汤逊湖湖泊水域参数分区

表 5-1　汤逊湖各分区的描述

水域分区	分区描述
TXH_W_01	外汤湖心，1 个计算单元
TXH_W_02	外汤邻近湖心的水域，4 个计算单元
TXH_W_03	外汤沿岸带水域，4 个计算单元
TXH_W_04	外汤湖汊水域，2 个计算单元
TXH_N_01	内汤湖心，1 个计算单元
TXH_N_02	内汤湖汊的中心水域，4 个计算单元
TXH_N_03	内汤沿岸带水域，2 个计算单元
TXH_N_04	内汤湖汊沿岸带水域，4 个计算单元

5.4.3 汤逊湖水质数学模型

根据汤逊湖湖体的水污染特点，在水动力模型研究的基础上，以四个指标COD_{Mn}、NH_3-N、TN、TP为模拟对象，通过建立污染物输移扩散模型，研究湖区污染物分布规律，进行水质变化趋势模拟。

5.4.3.1 平面二维水质数学模型结构

在任意时段内，引起的微分单元体内某种污染物的质量增量变化的主要因素包括移流运动、分子扩散运动、紊动扩散作用、水流离散作用和其他作用。根据质量守恒定律，各项作用引起单元体积内污染物的增（减）量相加，必然等于该单元体内污染物在该时段内的变化量，因此，可以建立均衡单元体的水质迁移转化的微分方程。由于在浅水流动中，离散作用（离散系数）比分子扩散作用(分子扩散系数)、紊动扩散作用（紊动扩散系数）大得多，后者与前者相比，常常可以忽略。因此，平面二维水质方程的数学模型如下：

$$\frac{\partial(Ch)}{\partial t}+\frac{\partial(uCh)}{\partial x}+\frac{\partial(vCh)}{\partial y}-\frac{\partial}{\partial x}\left(E_x\frac{\partial Ch}{\partial x}\right)-\frac{\partial}{\partial y}\left(E_y\frac{\partial Ch}{\partial y}\right)$$
$$+h\sum S_i+F(C)=0\qquad(x,y)\in G,\quad t>0\tag{5-39}$$

初始条件

$$C(x,y,t)\big|_{t=0}=C_0(x,y)\quad(x,y)\in G\tag{5-40}$$

边界条件

$$C(x,y,t)\Big|_{\Gamma_1}=C_1(x,y,t)\quad(x,y)\in\Gamma_1,t>0\tag{5-41}$$

$$\left[E_x\frac{\partial C}{\partial x}\cos(n,x)+E_y\frac{\partial C}{\partial y}\cos(n,y)\right]\Bigg|_{\Gamma_2}=f(x,y,t)$$
$$(x,y)\in\Gamma_2,t>0\tag{5-42}$$

$$\left[\left(uC-E_x\frac{\partial C}{\partial x}\right)\cos(n,x)+\left(vC-E_y\frac{\partial C}{\partial y}\right)\cos(n,y)\right]\Bigg|_{\Gamma_3}=g(x,y,t)$$
$$(x,y)\in\Gamma_3,t>0\tag{5-43}$$

式中，$\Gamma_1\cup\Gamma_2\cup\Gamma_3=\Gamma$，$\Gamma$为求解区域$G$的边界，$\Gamma_1$、$\Gamma_2$与$\Gamma_3$不能同时为0；$C$为求解污染物的浓度（$g/m^3$，即mg/L）；$h$为水深（m）；$t$为时间（h）；$u$、$v$为$x$、$y$方向上的速度分量（m/s）；$E_x$、$E_y$为$x$、$y$方向上的离散系数（$m/s^2$）；$S_i$为源汇项［$g/(m^2\cdot s)$］；$F$（$C$）为反应项；$n$为矢量方向。

水质模型方程中包括的反应项主要反映污染物质在水体中十分复杂的生物、化学反应过程，影响因素较多。在汤逊湖水质模拟过程中，对三类主要的水质指标生化项处理如下。

有机污染指标 COD_{Mn} 在水体中的生化反应过程通常只考虑自净衰减过程，并表示为

$$F(C) = -K_c \cdot C \cdot h \tag{5-44}$$

式中，K_c 为 COD_{Mn} 的自净衰减系数，是温度 T 的函数，可表示为

$$K_c = K_{20} 1.047^{T-20} \tag{5-45}$$

式中，K_{20} 为温度在 20℃时的自净衰减系数。

TP、TN 在水体中的生化过程通常考虑底泥的释放及沉降、浮游植物的生长对 P 和 N 的吸收、死亡的浮游植物中所含 N、P 的返回等过程。汤逊湖水体中的浮游植物较少，其生长和死亡过程对水体中的 TP、TN 浓度影响不是很大，不考虑浮游植物对 N、P 的吸收和死亡的浮游植物所含 N、P 的返回过程，主要考虑底泥中 N、P 的释放过程。

$$F(\mathrm{TP}) = S_P - P_k \cdot C_{\mathrm{TP}} \cdot h \tag{5-46}$$

式中，S_P 为底泥释放磷速率［$g/(m^2 \cdot s)$］；P_k 为磷的沉降速率（L/s）。

$$F(\mathrm{TN}) = S_N - N_k \cdot C_{\mathrm{TN}} \cdot h \tag{5-47}$$

式中，S_N 为底泥释放氮速率［$g/(m^2 \cdot s)$］；N_k 为氮的沉降速率（L/s）。

5.4.3.2　水质数学模型参数分区

汤逊湖湖区水质模型涉及的参数较多，尤其是这些模型参数反映了污染物质在水体中十分复杂的变化过程，确定其参数分区难度较大。根据汤逊湖湖区 2007 年和 2008 年的 13 个水质监测站点的分布情况，结合湖泊水体水质参数的规律认识，将水质数学模型的参数分区与水动力模型计算分区一致。

水质模型涉及的参数有纵向和横向扩散系数、高锰酸钾指数综合衰减系数、NH_3-N 指标的综合衰减系数、水体温度、底泥释放 TN 速率、TN 沉降速率、底泥释放 TP 速率等。本书认为在湖泊水域的所有分区内各个参数都具有各向同性的特点。

5.5　汤逊湖水体纳污能力评估模型

5.5.1　汤逊湖污染指标的确定

根据 1991 ~ 2008 年的水质监测资料，相关部门对湖泊水体进行了 30 余项水质指标进行监测，整体过程显示汤逊湖湖泊水体中不达标的水质指标有 COD_{Mn}、NH_3-N、TN、TP、透明度、叶绿素 a、BOD_5 和挥发酚等指标。汤逊湖水体作为

武汉市的城市备用水源地，其目前的主要问题是呈现富营养化的特征。因此，采用 COD_{Mn}、NH_3-N、TN 和 TP 四个指标作为汤逊湖水域纳污能力计算的污染物表征指标。

5.5.2 汤逊湖纳污能力计算

汤逊湖多年平均的蓄水容积为3285万 m^3，湖泊水域面积为46.39km^2（包含湖边的鱼塘、藕塘等水域，其中大湖水面面积为32.85km^2）。汤逊湖平均水深为1.85m，属于典型的浅水湖泊。湖泊仅通过巡司河出流，再经陈家山闸（汤逊湖泵站）、解放闸与长江连通，湖泊水体的换水周期约为91天。因此，汤逊湖属于一个大型湖泊，污染物进入湖泊水体后属于非均匀混合状体，应采用非均匀混合模型计算水域纳污能力。根据汤逊湖二维水流与水质数学模型参数分区划分，将水域划分为22个不同的计算水域，分区计算水域的纳污能力。

在湖泊流域内污染负荷计算的基础上，假定进入湖泊的水量和湖泊蓄水水量作为湖泊的可纳污水量。进入湖泊的水量对污染物具有稀释作用，并且通过湖泊水流出流带走湖泊水体中的污染物。湖泊水体中的污染物在湖泊水体中的滞留时间内，污染物在水体中通过自净作用能改善水质状况。因此，湖泊水域纳污能力的计算需要充分考虑各项作用的贡献。

根据武汉市水功能区划，汤逊湖跨江夏区和洪山区，由于该湖为城市备用水源地，现状功能主要是调蓄，故划为保留区，现状水质为Ⅲ类，水质管理目标为Ⅲ类。将地表水水环境质量标准相应污染物指标的Ⅲ类水质标准值水质目标浓度值，其纳污能力计算是在模拟分区污染物指标浓度的基础上，计算各个分区水体的纳污能力。

$$M_i = \sum_{j=1}^{n} M_{ij} = \sum_{j=1}^{n} \frac{[(C_{sij} - C_{0ij}) \cdot V_j]}{10^3} \tag{5-48}$$

式中，M_i、M_{ij}为 i 类水质指标的湖泊水域总体、第 j 分区水域纳污能力（kg/d）；C_{sij}为第 j 分区 i 类水质指标的目标浓度（mg/L）；C_{0ij}为第 j 分区 i 类水质指标的模拟浓度（mg/L）；V_j 为第 j 分区水域水体体积（m^3）；n 为汤逊湖水域分区数（为22）。

第6章　汤逊湖流域污染负荷全方位评价技术

6.1　流域污染负荷的影响因素分析

汤逊湖流域污染负荷的主要影响因素主要包括四大类，一是自然与社会经济因子；二是污染物排放强度因子；三是产流与入湖系数因子；四是污染控制措施因子。具体如表6-1所示。

表6-1　流域污染负荷的主要影响因素分析

分类	自然与社会经济因子	污染物排放强度因子	产流与入湖系数因子	污染控制措施因子
点源	总人口 城镇化率	工业污水量规模 城镇人均产污量 工业废水污染物浓度	月变异系数 入湖率系数	污水集中处理 工业企业达标排放
面源	农村人口 畜禽养殖总数 农业化肥施用量 土地利用面积 降雨量	农村生活产污量 畜禽养殖污染排泄系数 农田化肥折纯系数与流失率系数 城镇径流污染物浓度	降雨产流系数 月变异系数 入湖率系数	削减率
内源	渔业饲料投放量	渔业饲料折纯系数	月变异系数 入湖率系数	控制部分地区的渔业养殖
外源	巡司河流域降雨量 巡司河流域土地利用面积	巡司河汛期入流浓度	月变异系数 入湖率系数	水功能区达标排放 设闸控制

6.1.1　流域自然与社会经济发展因素

6.1.1.1　总人口规模

2007年、2015年和2020年汤逊湖流域预测的不同地区的总人口变化情况如

表6-2所示。其中，洪山区人口主要依据《武汉统计年鉴》，并利用汇水面积比进行了修正；东湖新区主要依据两次托管人口的自然增长率确定，后者主要利用《武汉统计年鉴》武昌区数据进行计算；江夏各细分区内的人口主要来自《江夏区统计年鉴》，并依据汇水区与行政区面积比进行了修订。2020年各区域人口主要依据各区域的自然增长率与机械增长率设定，并考虑了江夏南车集团增加4000~5000人规模、新建院校5所约5万人以及流动人口（0.3%~0.4%）等因素。根据2007年和2020年人口，按年增长率计算得到2015年流域各分区的人口。

表6-2　2007年、2015年和2020年汤逊湖流域的总人口　（单位：万人）

地区		2007年	2015年	2020年
洪山		0.8	1.1	1.2
东湖新区		15.7	25.0	33.4
江夏	大桥	1.8	2.4	2.9
	纸坊	7.7	9.4	10.7
	郑店	0.7	1.0	1.2
	庙山	1.0	1.1	1.3
	五里界	0.5	0.7	0.8
	藏龙岛	2.1	2.8	3.4
合计		30.3	43.5	54.9

6.1.1.2　农村人口数与城镇化率

2007年、2015年和2020年汤逊湖流域不同地区的农村人口及城镇化率的变化如表6-3所示。2007年，洪山的城镇化率主要依据《武汉统计年鉴》中该区非农业人口与总人口比重确定；东湖新区的城镇化率设定为100%；江夏各细分区的城镇化率根据2007年《江夏区统计年鉴》中城镇人口与总人口之比确定。2015年和2020年城镇化率主要根据城镇人口（总人口减去农村人口）占总人口的比重计算。其中，2015年和2020年流域农村人口主要依据2006年各地区的农村人口总数以及年增长率反推计算。各细分区农村人口数增长率主要依据《农村饮用水规划》等相关资料确定，即纸坊和五里界地区农村人口增长率分别为-0.23%和-0.94%，其余地区农村人口增长率设定为前两个地区增长率的平均值，即-0.585%。

表 6-3 2007 年、2015 年和 2020 年汤逊湖流域的农村人口与城镇化率

地区		农村人口数（万人）			城镇化率（%）		
		2007 年	2015 年	2020 年	2007 年	2015 年	2020 年
洪山		0.2	0.2	0.2	77.8	83.3	90.5
东湖新区		0	0	0	100.0	100.0	100.0
江夏	大桥	1.2	1.2	1.1	29.4	50.8	83.4
	纸坊	1.3	1.3	1.3	83.1	86.4	90.9
	郑店	0.6	0.6	0.6	11.6	38.4	54.6
	庙山	1.0	0.9	0.9	1.8	20.0	91.0
	五里界	0.4	0.4	0.4	11.3	39.9	92.4
	藏龙岛	0.9	0.8	0.8	58.8	71.3	81.8
合计		5.6	5.4	5.3	81.5	87.6	93.1

6.1.1.3 畜禽养殖总数

汤逊湖流域散养的牲畜和家禽数如表 6-4 所示。其中，洪山区由于数据不可得，在此忽略不计。2007 年，其他区域的数据主要来自《江夏区统计年鉴》的存栏、出栏数，并利用汇水区与行政区比重系数进行了修正。2015 年和 2020 年，假定畜禽养殖规模相等，均等于 2006 年与 2007 年平均水平。

表 6-4 汤逊湖流域畜禽养殖总数

地区		牲畜（万头）		家禽（万只）	
		2007 年	2015 年和 2020 年	2007 年	2015 年和 2020 年
东湖新区		0.5	0.5	5.8	5.8
江夏	大桥	1.1	1.2	47.3	42.8
	纸坊	2.8	2.3	48.0	50.5
	郑店	2.1	1.7	41.3	43.5
	庙山	0.5	1.1	32.7	39.4
	五里界	0.2	0.3	9.6	12.7
	藏龙岛	0.3	0.4	12.1	12.0
合计		7.5	7.5	196.8	206.7

6.1.1.4 农田化肥施用量

根据区域种植结构与灌溉制度分析，汤逊湖流域农田化肥施用量如表 6-5 所示。其中，2007 年东湖新区、江夏区大桥、纸坊、庙山、五里界、藏龙岛等细分区氮肥、磷肥和复合肥的数据来自《江夏区统计年鉴》，并乘以汇水区与行政区的比重计算。洪山区的化肥用量主要依据《武汉统计年鉴》中洪山占武汉化

肥用量的比重确定。2015 年与 2020 年汤逊湖流域化肥施用量与 2007 年化肥施用规模保持相同。

表 6-5　汤逊湖流域各类化肥施用量　　（单位：t/a）

地区		氮肥	磷肥	复合肥
洪山		27.4	11.3	17.8
东湖新区		572.0	333.1	277.9
江夏	大桥	676.2	320.6	301.5
	纸坊	338.6	204.4	267.5
	郑店	348.8	303.8	428.3
	庙山	408.9	261.4	209.5
	五里界	535.9	542.0	46.0
	藏龙岛	426.9	432.7	95.5
合计		3334.7	2409.3	1644.0

6.1.1.5　土地利用的面积

借助 GIS 空间分析工具，计算得到汤逊湖流域周边的城乡、工矿与居民用地、林地、草地和未利用土地的面积如表 6-6 所示。另外，汤逊湖水面面积为 46.4km^2。根据 2000 年土地利用遥感信息，结合已有关于巡司河的资料和实地考察资料，取巡司河的汇流面积 28.9km^2，其中，77.9% 为城乡、工矿与居民用地，草地占 9.1%，未利用土地为 7.0%，水域和耕地各占 5.0% 和 1.0%。

表 6-6　汤逊湖流域不同土地利用的面积

地区		流域面积（km^2）	城乡、工矿与居民用地		林地面积（km^2）	草地面积（km^2）	未利用土地面积（km^2）
			面积（km^2）	比重（%）			
洪山		9.85	0.09	0.9	0	0	0
东湖新区		27.84	1.90	6.8	1.07	1.15	1.72
江夏	大桥	18.11	1.68	9.3	0.00	0.00	0.08
	纸坊	36.47	6.89	18.9	9.92	3.83	0.04
	郑店	19.28	0.77	4.0	4.87	1.70	0.19
	庙山	42.64	1.40	3.3	2.39	0.47	0.43
	五里界	16.21	0.61	3.7	0.47	0	0
	藏龙岛	23.59	0.04	0.2	0.56	0.06	0.27
合计		193.99	13.38	6.9	19.29	7.21	2.73

6.1.1.6　渔业饲料投放量

根据调研结果，汤逊湖流域主要以大湖拦网及网箱养殖（精养）为主，主要养殖四大家鱼及各特优品种。养殖的范围涉及的行政村有汤逊湖村、先进村、李桥村、新路村、板桥村，并经过牧三场。大湖养殖面积 2.7 万亩，占汤逊湖水面 32.85km^2 的 55.6%，各区域的湖泊淡水养殖面积及所占比重如表 6-7 所示。饵料主要是青草、颗粒饲料，年用量约 3000t。

表 6-7　汤逊湖流域淡水湖泊养殖面积

地区		淡水湖泊养殖面积（亩）	所占比重（%）
洪山		0	0
东湖新区		8 212.6	30.0
江夏	大桥	11 800.0 *	43.1
	纸坊	450.0 *	1.6
	郑店	723.4	2.6
	庙山	4 300.0 *	15.7
	五里界	1 366.4	5.0
	藏龙岛	524.1	1.9
合计		27 376.6	100.0

* 数据来源于江夏区水务局，江夏区围栏网养殖基本情况汇报，2009 年 3 月 1 日。

6.1.1.7　降雨量

2007 年汤逊湖流域的降雨量主要来自豹子澥、五里界和金口雨量站，汤逊湖流域不同地区分属的雨量站及月降雨量如表 6-8 所示，未来不同来水条件下的降雨量如表 6-9 所示。巡司河流域 2007 年降雨量采用洪山（豹子澥雨量站）的月监测数据。

6.1.2　流域污染物排放强度与浓度

6.1.2.1　工业污水量规模

汤逊湖流域现状工业污水量主要依据工业企业污染源调查数据计算得到。

表 6-8 2007 年汤逊湖流域不同地区的降雨量

（单位:mm）

地区		雨量站	1月	2月	3月	4月	5月	6月	7月	8月	9月	10月	11月	12月	合计
洪山/巡司河流域		A	72.4	115.7	117.3	55.5	184.7	82.3	140.3	49.2	10.5	31.1	38.6	26.1	923.7
东湖新区		A	70.3	126.6	134.6	101.8	182.3	102.0	143.5	102.6	21.7	32.1	42.4	32.4	1092.3
江夏	大桥	C	70.3	126.6	134.6	101.8	182.3	102.0	143.5	102.6	21.7	32.1	42.4	32.4	1092.3
	纸坊	C	70.3	126.6	134.6	101.8	182.3	102.0	143.5	102.6	21.7	32.1	42.4	32.4	1092.3
	郑店	C	70.3	126.6	134.6	101.8	182.3	102.0	143.5	102.6	21.7	32.1	42.4	32.4	1092.3
	庙山	A、B	73.6	119.6	121.2	77.9	168.6	74.7	127.4	61.4	11.8	32.8	41.5	28.0	938.5
	五里界	B	74.8	123.4	125.0	100.3	152.5	67.0	114.5	73.6	13.1	34.5	44.4	29.8	952.9
	藏龙岛	A、B	73.6	119.6	121.2	77.9	168.6	74.7	127.4	61.4	11.8	32.8	41.5	28.0	938.5
流域平均			71.9	123.1	127.9	89.9	175.5	88.3	135.5	82.0	16.7	32.4	41.9	30.2	1015.3

注:A. 豹子澥雨量站;B. 五里界雨量站;C. 金口雨量站。

表 6-9 汤逊湖流域不同来水频率条件下降雨量

（单位:mm）

条件	1月	2月	3月	4月	5月	6月	7月	8月	9月	10月	11月	12月	合计
1982 年($p=25\%$)	26.4	90.5	158.7	100.4	164.7	250.8	223.7	261.2	120.2	33.8	118.2	1.7	1550.3
1981 年($p=50\%$)	63.5	57.5	132.4	129.5	92.0	157.9	91.2	77.8	101.4	203.0	112.9	0.9	1220.0
1978 年($p=75\%$)	50.9	38.0	144.6	97.6	239.8	219.0	20.2	68.4	5.6	79.6	50.0	13.8	1027.5
1971 年($p=90\%$)	33.5	88.5	61.4	13.2	87.6	129.3	252.6	69.0	72.8	59.4	33.1	31.5	931.9
1968 年($p=95\%$)	37.1	22.7	52.0	121.8	81.9	178.9	107.9	10.3	50.2	67.7	33.8	130.0	894.3

注:纸坊站、豹子澥雨量站、五里界雨量站、金口雨量站的系列监测数据综合。

2015 年和 2020 年依据工业发展规模现状以及周边未来工业发展规划，确定汤逊湖流域工业废水的排放规模，如表 6-10 所示。

表 6-10　不同年份汤逊湖流域的工业污水量规模　（单位：万 m^3/a）

地区		2007 年	2015 年	2020 年
洪山		0	0	0
东湖新区		151.7	177.8	186.8
江夏	大桥	82.7	96.9	101.9
	纸坊	26.3	30.8	32.4
	郑店	6.6	7.7	8.1
	庙山	132.6	155.4	163.3
	五里界	52.4	61.4	64.5
	藏龙岛	37.9	44.4	46.7
合计		490.2	574.4	603.7

6.1.2.2　城镇人均产污量

通常，城市人均产污系数约为 COD 60 ~ 100g/（人·d），NH_3-N 为 4 ~ 8 g/（人·d），TN 为 7.7 ~ 28.7g/（人·d），TP 为 0.2 ~ 2.4g/（人·d）。参考当前研究（肖锦，2002）并结合汤逊湖流域的实际特点，确定汤逊湖流域不同地区城镇人均产 COD、NH_3-N、TN 和 TP，如表 6-11 所示。

表 6-11　汤逊湖流域人均产污量　［单位：g/（人·d）］

地区		COD	NH_3-N	TN	TP
洪山		37.9	4.9	5.7	0.1
东湖新区		90.0	8.0	10.7	0.8
江夏	大桥	75.0	6.0	8.0	1.4
	纸坊	75.0	6.0	8.0	1.0
	郑店	60.0	4.0	5.3	1.2
	庙山	75.0	6.0	8.0	1.4
	五里界	75.0	6.0	8.0	1.4
	藏龙岛	80.0	6.0	8.0	0.8

6.1.2.3　工业废水污染物浓度

工业废水的排放浓度，COD、NH_3-N 和 TP 主要依据汤逊湖周边现有企业和拟建企业污染物排放浓度加权平均确定，如表6-12所示。

表6-12 武汉市工业废水主要污染物现状排放浓度 （单位：mg/L）

年份	地区		COD	NH_3-N	TN	TP
2007	洪山		—	—	—	—
	东湖新区		355.7	70.9	82.6	4.0
	江夏	大桥	274.3	72.7	82.3	0.2
		纸坊	200.3	229.2	266.9	8.8
		郑店*	785.0	1.9	2.2	1.6
		庙山**	2717.0	34.4	39.9	1.8
		五里界	13.2	0.2	0.2	0.2
		藏龙岛	281.5	17.1	20.0	1.6

*超标企业如纸坊大桥猪场，COD监测结果为855mg/L；**超标企业如武汉小蜜蜂食品有限公司，COD监测结果为7816mg/L。

6.1.2.4 农村生活产污量

农村生活产污系数一般通过现场取样分析获得。受到时间、资金的限制，本研究中的农村生活产污染系数采用经验数据，即根据叶飞等（2006）的研究结果如表6-13所示。其中，由于该项研究中缺乏NH_3-N数据，按照TP产污量的2.5倍估算。

表6-13 汤逊湖流域农村产污系数 ［单位：kg/（人·a）］

种类	COD_{Cr}	NH_3-N	TN	TP
生活污水	5.84	0.26	0.58	0.15
粪尿	19.8	1.20	3.06	0.52

6.1.2.5 畜禽养殖污染排泄系数

畜禽养殖污染物排泄系数主要依据现有国内外的主要研究结果确定（赖斯云等，2004；付学功等，2007），如表6-14所示。

表6-14 畜禽养殖污染物排泄系数

［单位：t/（年·万头）或（t/（年·万只）］

畜禽分类	COD	NH_3-N	TN	TP
牲畜	97.8	8.5	30.000	12.0
家禽	5.0	1.0	2.336	0.1

6.1.2.6 农田化肥折纯系数与流失率系数

根据当前赖斯云等（2004）的研究，确定汤逊湖流域折纯系数如表 6-15 所示。由于 COD 和 NH_3-N 数据缺乏，按照 TN 的 0.6 倍和 0.75 倍计算。

表 6-15 汤逊湖流域各类化肥的折纯系数

项目	TN			TP		
	氮肥	磷肥	复合肥	氮肥	磷肥	复合肥
折纯系数	1	0	0.33	0	0.44	0.15
流失率系数	0.25			0.35		

6.1.2.7 渔业饲料折纯系数

依据黄文钰等（2002）的研究结果，TN 和 TP 的折纯系数（即质量分数，随饵料入湖的 N、P 的质量占总饵料质量的比重）分别为 3.29% 和 0.52%。根据黄德祥和张继凯（2003），COD 的折纯系数为 37.6%，NH_3-N 的折纯系数为 2.5%。

6.1.2.8 城镇径流污染物浓度

本节根据汤逊湖流域范围内的用地特点，于 2008 年 8 月开展了城镇降雨产流实验，对汤逊湖周边地区的城镇居民用地、农业用地、坡地汇流和农村居民用地等 10 个有代表性的区域进行采样，具体包括：①纸坊大街醉江月度假村口（城镇）；②江夏市民休闲活动中心复江道（城镇）；③复江道西港，雨污合流（城镇）；④纸坊港，雨污合流，纸坊污水处理厂橡胶坝，四季大道（城镇）；⑤金鞭港（江岸大桥地区雨污合流），文化路口（开发区农田混合）；⑥大桥港（文化路与华中师范大学汉口分校，混合）；⑦大桥镇武昌大道（城镇居民区）；⑧幸福港（五里界港）（坡地汇流）；⑨江岸大道庙山开发区（道路积水）；⑩东湖新区中冶南方工程公司（道路积水）。流域降雨产流面源实验的结果见表 3-10 所示。不同地区的降雨径流浓度均值如表 6-16 所示。依据国内外研究进展，结合汤逊湖流域的实际情况确定林地、草地、未利用土地径流以及雨水的水质浓度也如表 6-16 所示。

表 6-16　不同土地利用类型径流与雨水的水质浓度　（单位：mg/L）

分类	地区		COD	NH_3-N	TN	TP
城镇径流	洪山		13.55	5.220	6.4400	0.530
	东湖新区		12.10	1.230	2.6600	0.180
	江夏	大桥	22.00	7.395	7.0500	0.430
		纸坊	14.70	8.435	9.5625	0.995
		郑店	7.90	5.120	11.5000	0.360
		庙山	11.30	1.120	1.7500	0.130
		五里界	5.30	0.600	1.3100	0.130
		藏龙岛	13.55	5.220	6.4400	0.530
林地径流*			1.40	1.300	1.6000	1.000
草地径流*			1.40	1.800	2.1000	1.200
未利用土地径流*			1.40	1.500	1.6000	1.000
雨水**			31.90	2.000	2.5000	0.088

*参考孟伟（2008）确定；**参考叶闽等（2006）确定。

6.1.2.9　巡司河汛期入流浓度

依据巡司河治理研究课题组（2006）《巡司河污染现状及治理措施分析》报告，2007 年源头断面的主要污染物浓度主要取监测结果。根据《巡司河污染现状及治理措施分析》研究报告，2015 年，巡司河全河符合《地表水环境质量标准（GB3838—2002）》中Ⅴ类水质要求，即一般农业用水区要求；2020 年，全河符合《地表水环境质量标准》中Ⅳ类水质要求，即人体非直接接触景观娱乐用水区要求，具体浓度见表 6-17。

表 6-17　巡司河源头断面的入流浓度　（单位：mg/L）

年份	COD_{Mn}	COD	NH_3-N	TN	TP
2007	7.46	46.9	2.599	4.55	0.155
2015	15.00	40.0	2.000	2.00	0.400
2020	10.00	30.0	1.500	1.50	0.300

6.1.3　产流与入湖系数

6.1.3.1　降雨产流系数

根据我国 2000 年土地利用遥感信息解译图，将陆地土地类型分为五大类，分别为耕地，林地，草地，城乡、工矿与居住用地、未利用土地，分别统计不同土地利用类型的面积。参照深圳市土地利用变化与降雨产流关系的成果，结合湖北省暴雨径流查算图表的取值，耕地、林地、草地、水域、城乡工矿与居住用地、未利用土地的降雨产流系数分别为 0.50、0.31、0.29、1.0、0.61 和 0.42。各个区域不同的土地利用类型面积比乘以相应的降雨产流系数并加和，即得到不同地区的综合产流系数（表 6-18）。

表 6-18　流域不同土地利用类型的面积比例（%）与综合产流系数

流域	地区		耕地（%）	林地（%）	草地（%）	水域（%）	城乡、工矿与居民用地（%）	未利用土地（%）	综合产流系数
汤逊湖流域	洪山		93.7	0	0	5.4	0.9	0	0.5282
	东湖新区		78.4	3.8	4.1	0.6	6.8	6.2	0.4895
	江夏	大桥	86.6	0	0	3.7	9.3	0.4	0.5285
		纸坊	39.4	27.3	10.5	3.7	19	0.1	0.4654
		郑店	58.3	25.4	8.8	2.5	4	1	0.4493
		庙山	87.5	5.6	1.1	1.5	3.3	1	0.5012
		五里界	93.3	2.9	0	0	3.7	0	0.4986
		藏龙岛	96	2.4	0.2	0.1	0.2	1.1	0.4947
巡司河流域			1.0	0	9.1	5.0	77.9	7.0	0.586

6.1.3.2　月变异系数

城镇生活和工业废水污染物月变异系数（$YA1_m$ 和 $YA2_m$）参照当前的实验与研究的成果，将武汉市 33 个排污口分成 6 大类（即大专院校、机关、旅馆、生活小区、工业企业和其他）如表 6-19 和表 6-20 所示。内源月变异系数（$YC1_m$）主要根据饵料投放的时间（5～10 月），按经验的比例确定，如表 6-21 所示。外源的月变异系数（$YD1_m$）为汛期的 5～9 月为 1，其余月份为 0。

表 6-19　不同类别排污口入湖量的个数及月变异系数

分类	排口数	1 月（%）	2 月（%）	3 月（%）	4 月（%）	5 月（%）	6 月（%）	7 月（%）	8 月（%）	9 月（%）	10 月（%）	11 月（%）	12 月（%）
大专院校*	8	8.2	7.8	8.1	8.4	9.0	9.5	7.0	6.9	9.1	8.8	8.6	8.6
机关*	3	8.0	7.9	8.4	8.4	8.4	8.5	8.9	8.9	8.6	8.4	7.8	7.8
旅馆*	4	6.6	6.1	7.6	9.0	9.0	8.3	8.1	8.2	9.8	9.8	9.5	8.0

续表

分类	排口数	1月（%）	2月（%）	3月（%）	4月（%）	5月（%）	6月（%）	7月（%）	8月（%）	9月（%）	10月（%）	11月（%）	12月（%）
生活小区**	5	8.2	7.9	8.3	8.2	8.3	8.4	8.5	8.7	8.5	8.4	8.3	8.2
工业企业***	4	7.3	6.9	7.7	7.3	6.5	7.3	11.0	10.2	10.6	8.8	8.0	8.4
其他****	9	8.3	8.3	8.3	8.3	8.3	8.3	8.3	8.3	8.3	8.3	8.3	8.3

*依据陈新加（2002）确定；**依据姚远等（2006）确定；***依据李田等（2001）确定；****依据专家调查确定。

表6-20　点源污染负荷入湖量的月变异系数　（单位：%）

指标	1月	2月	3月	4月	5月	6月	7月	8月	9月	10月	11月	12月
COD	7.97	7.81	8.09	8.00	7.77	8.06	9.13	8.88	9.15	8.52	8.26	8.37
NH_3-N	8.26	8.19	8.28	8.30	8.34	8.42	8.29	8.26	8.52	8.41	8.36	8.36
TN	8.26	8.19	8.28	8.30	8.34	8.42	8.29	8.26	8.52	8.41	8.36	8.36
TP	8.29	8.25	8.30	8.32	8.34	8.38	8.32	8.30	8.44	8.38	8.35	8.35

表6-21　渔业养殖污染物入湖量的月差异系数　（单位：%）

项目	5月	6月	7月	8月	9月	10月	合计
$YC1_m$	10.07	14.39	21.58	21.58	17.99	14.39	100

6.1.3.3　入湖率系数

并非所有污染源排放的污染物直接进入水体，入湖率系数则被用来表征污染物的入湖量特征。①汤逊湖周边点源入湖系数主要依据监测数据统计结果与估算的排放量之比计算得到。其中，对于不超标和缺乏监测数据的排污口，水质浓度主要按照污染物排放标准进行计算，由于TN浓度缺乏，其值取NH_3-N的1.33倍计算。②参考国内外研究的最新进展，结合汤逊湖流域的实际情况，确定：农村生活污水及固体废弃物污染物入湖系数取12%；畜禽养殖污水中污染物入湖系数取2.5%；化肥农药使用污染物入湖系数取7%（其中NH_3-N入湖系数取3%）；考虑到流域雨水管网的日益完善，城镇地表径流污染物入湖系数取80%；林地、草地、未利用土地径流入湖系数取7%。③渔业饲料除沉积于底泥、鱼体吸收外，进入水体的COD和NH_3-N的比重取60%、20%，TN和TP分别为67%和37%。

6.1.4 污染控制措施

当前汤逊湖流域的污水处理率在72%，流域未来水污染控制情景的特征如表6-22所示。其中，2015年和2020年污水收集率将分别达85%和90%。流域内两大主要污水处理厂尾水排放的标准主要依照《城镇污水处理厂污染物排放标准（GB18918—2002)》确定，即2015年采用一级B标准，2020年采用一级A标准，具体浓度如表6-23所示，COD、NH_3-N、TN和TP的削减率分别设定为80%、70%、60%和60%。

表6-22 未来流域水污染控制情景的特征

项目	污染源	2015年	2020年
情景设定	点源	污水集中处理率为30% 工业废水超标排放	污水集中处理率为30% 工业废水超标排放
	面源	不变	不变
	内源	不变	不变
	外源	水质达Ⅴ类	水质达Ⅳ类

表6-23 汤逊湖流域污水处理厂状况

分类	年份	指标	汤逊湖污水处理厂	纸坊污水处理厂
处理水量（万m^3/d）	2007	—	3	3.5
	2015	—	5	3.5
	2020	—	10 ***	7 ***
尾水标准 *（mg/L）	2015	COD	60	60
		NH_3-N **	8（15）	8（15）
		TN	20	20
		TP	1.0	1.0
	2020	COD	50	50
		NH_3-N **	5（8）	5（8）
		TN	15	15
		TP	0.5	0.5

* 依据《城镇污水处理厂污染物排放标准（GB18918—2002)》确定，2015年采用一级B标准，2020年采用一级A标准；** 本行中括号外数值为水温＞12℃时的控制指标，括号内数值为水温≤12℃时的控制指标；*** 依据《武汉市周边城镇污水处理及再生利用规划》确定。

6.2 流域现状与未来水平年入湖污染负荷分析

6.2.1 入湖总量与结构及其流域对比

6.2.1.1 入湖总量与结构

汤逊湖流域的污染物入湖总量如表6-24所示。2007年COD_{Mn}、COD、NH_3-N、TN和TP污染物入湖量分别为1275.0t/a、4249.9t/a、478.6t/a、775.1t/a和102.1t/a。基准情景下，2015年和2020年污染物入湖量相对于2007年污染物入湖量明显增加，在90%来水频率条件下，2015年和2020年污染物入湖量分别是2007年污染物入湖量的1.0~1.3、1.2~1.4倍。2020年相对于2015年污染负荷入湖量有所增加，高出20%左右。未来随着来水频率的增加，降雨量逐渐减少，污染物总入湖量明显减少，例如，基准情景下2020年90%来水频率相对于25%来水频率条件下COD/COD_{Mn}、NH_3-N、TN和TP污染物的入湖量分别减少了6.7%、7.5%、10.5%和27.3%。

表6-24 基准情景下汤逊湖流域污染物入湖总量 (单位：t/a)

条件		COD_{Mn}	COD	NH_3-N	TN	TP
2007年		1275.0	4249.9	478.6	775.1	102.1
2015年	$p=25\%$	1595.2	5317.5	591.0	957.5	148.2
	$p=50\%$	1455.0	4849.9	549.7	877.0	121.6
	$p=75\%$	1439.1	4796.8	533.7	841.0	108.3
	$p=90\%$	1439.7	4799.0	527.2	824.5	102.0
	$p=95\%$	1398.3	4661.0	519.1	811.1	98.0
2020年	$p=25\%$	1890.9	6303.0	782.6	1221.8	162.0
	$p=50\%$	1780.0	5933.3	746.1	1146.5	137.0
	$p=75\%$	1764.8	5882.6	730.3	1110.6	124.1
	$p=90\%$	1763.6	5878.7	723.5	1093.9	117.8
	$p=95\%$	1731.9	5773.0	717.0	1082.2	114.3

从污染物的不同来源看，点源、面源、内源和外源的结构如表6-25所示。从当前以及未来一段时期看，点源是汤逊湖流域的主要污染来源，2015年和2020年基准情景时各种来水条件下点源贡献COD入湖量的62.9%~79.1%，NH_3-N入湖量的70.4%~86.4%，TN入湖量的58.3%~77.2%，是上述三种污染物的主要来

源。基准情景下，随着流域人口的增加与经济的发展，点源所占比重呈现明显增加趋势，例如，90% 来水频率条件下，点源对 COD、NH_3-N、TN 和 TP 入湖量的贡献率 2015 年相对于 2007 年增加了 4.6% ~7.2%；2020 年贡献率相对于 2007 年增加了 6.7% ~12.5%。面源在 90% 来水频率条件下、基准情景时对 TP 的贡献率 2015 年和 2020 年分别为 64.2% 和 53.8%，是 TP 的主要来源。从整体上看，内源和外源对污染物入湖量的贡献率较小，通常不足 15%，但也不容忽视。

表 6-25　基准情景下汤逊湖流域污染物入湖总量的来源结构

条件		来源	入湖量（t/a）					入湖贡献率（%）			
			COD_{Mn}	COD	NH_3-N	TN	TP	COD*	NH_3-N	TN	TP
2007 年		点源	829.9	2766.5	349.7	468.6	20.9	65.1	73.1	60.5	20.5
		面源	130.9	436.4	93.5	204.5	74.2	10.3	19.5	26.4	72.7
		内源	202.9	676.2	14.8	66.1	5.8	15.9	3.1	8.5	5.6
		外源	111.3	370.9	20.6	36.0	1.2	8.7	4.3	4.6	1.2
2015 年	$p=25\%$	点源	1003.6	3345.2	415.9	558.2	26.6	62.9	70.4	58.3	18.0
		面源	181.4	604.7	134.4	298.7	108.9	11.4	22.7	31.2	73.5
		内源	202.9	676.2	14.8	66.1	5.8	12.7	2.5	6.9	3.9
		外源	207.4	691.4	25.9	34.6	6.9	13.0	4.4	3.6	4.7
	$p=50\%$	点源	1003.6	3345.2	415.9	558.2	26.6	69.0	75.7	63.6	21.9
		面源	142.8	476.1	105.8	235.2	85.7	9.8	19.2	26.8	70.5
		内源	202.9	676.2	14.8	66.1	5.8	13.9	2.7	7.5	4.7
		外源	105.7	352.5	13.2	17.6	3.5	7.3	2.4	2.0	2.9
	$p=75\%$	点源	1003.6	3345.2	415.9	558.2	26.6	69.7	77.9	66.4	24.6
		面源	120.3	400.9	89.0	198.0	72.2	8.4	16.7	23.5	66.6
		内源	202.9	676.2	14.8	66.1	5.8	14.1	2.8	7.9	5.3
		外源	112.4	374.6	14.0	18.7	3.7	7.8	2.6	2.2	3.5
	$p=90\%$	点源	1003.6	3345.2	415.9	558.2	26.6	69.7	78.9	67.7	26.1
		面源	109.1	363.5	81.0	179.5	65.4	7.6	15.4	21.8	64.2
		内源	202.9	676.2	14.8	66.1	5.8	14.1	2.8	8.0	5.6
		外源	124.2	414.1	15.5	20.7	4.1	8.6	2.9	2.5	4.1
	$p=95\%$	点源	1003.6	3345.2	415.9	558.2	26.6	71.8	80.1	68.8	27.2
		面源	104.7	348.9	77.5	172.3	62.7	7.5	14.9	21.2	64.0
		内源	202.9	676.2	14.8	66.1	5.8	14.5	2.8	8.1	5.9
		外源	87.2	290.8	10.9	14.5	2.9	6.2	2.1	1.8	3.0

续表

条件		来源	入湖量（t/a）					入湖贡献率（%）			
			COD_{Mn}	COD	NH_3-N	TN	TP	COD*	NH_3-N	TN	TP
2020 年	$p=25\%$	点源	1369.8	4565.9	619.6	835.4	45.5	72.4	79.2	68.4	28.1
		面源	162.7	542.4	130.9	294.4	105.5	8.6	16.7	24.1	65.1
		内源	202.9	676.2	14.8	66.1	5.8	10.7	1.9	5.4	3.6
		外源	155.6	518.5	17.3	25.9	5.2	8.2	2.2	2.1	3.2
	$p=50\%$	点源	1369.8	4565.9	619.6	835.4	45.5	77.0	83.0	72.9	33.2
		面源	128.1	426.9	103.0	231.8	83.1	7.2	13.8	20.2	60.6
		内源	202.9	676.2	14.8	66.1	5.8	11.4	2.0	5.8	4.2
		外源	79.3	264.4	8.8	13.2	2.7	4.5	1.2	1.2	1.9
	$p=75\%$	点源	1369.8	4565.9	619.6	835.4	45.5	77.6	84.8	75.2	36.7
		面源	107.9	359.5	86.6	195.1	70.0	6.1	11.9	17.6	56.4
		内源	202.9	676.2	14.8	66.1	5.8	11.5	2.0	5.9	4.6
		外源	84.3	281.0	9.4	14.0	2.8	4.8	1.3	1.3	2.3
	$p=90\%$	点源	1369.8	4565.9	619.6	835.4	45.5	77.7	85.6	76.4	38.7
		面源	97.8	326.1	78.8	176.9	63.4	5.5	10.9	16.2	53.8
		内源	202.9	676.2	14.8	66.1	5.8	11.5	2.0	6.0	4.9
		外源	93.2	310.6	10.4	15.5	3.1	5.3	1.4	1.4	2.6
	$p=95\%$	点源	1369.8	4565.9	619.6	835.4	45.5	79.1	86.4	77.2	39.8
		面源	93.9	312.9	75.4	169.8	60.9	5.4	10.5	15.7	53.2
		内源	202.9	676.2	14.8	66.1	5.8	11.7	2.1	6.1	5.0
		外源	65.4	218.1	7.3	10.9	2.2	3.8	1.0	1.0	1.9

* COD_{Mn} 贡献率与 COD 相同。

从空间分布看，各地区污染物入湖量如表 6-26 所示，污染物入湖量最大的地区是东湖新区和庙山，其次为大桥和纸坊，是流域污染源控制的重点区域。就不同的月份看，流域污染负荷入湖量在汛期较大，如表 6-27 所示，5～8 月入湖量占到全年入湖量的 33.9%～55.4%，入湖量峰值多出现在 6～7 月。随着汛期降雨量的增加，面源、内源和外源的主要污染物入湖量明显增加，是污染物总入湖量峰值出现的重要原因。

6.2.1.2 入湖总量与其他流域的对比

2007 年汤逊湖与 2005 年太湖流域（综合治理区）污染物入湖量的对比如表 6-28 所示。汤逊湖流域相当于太湖流域而言，人口总量为太湖流域的 0.67%，

表 6-26　基准情景下汤逊湖流域污染物入湖总量的地区结构

条件		地区		入湖量(t/a)					贡献率(%)			
				COD_{Mn}	COD	NH_3-N	TN	TP	COD*	NH_3-N	TN	TP
2007 年		洪山		121.9	406.5	25.7	43.3	1.8	9.6	5.4	5.6	1.8
		东湖高新		308.3	1027.6	195.7	290.8	23.5	24.2	40.9	37.5	23.0
		江夏	大桥	151.6	505.2	51.8	103.4	15.0	11.9	10.8	13.3	14.6
			纸坊	162.3	541.2	145.1	203.5	20.5	12.7	30.3	26.3	20.1
			郑店	36.9	123.1	11.2	32.9	13.1	2.9	2.3	4.2	12.9
			庙山	412.9	1376.3	26.9	51.9	9.1	32.4	5.6	6.7	8.9
			五里界	20.5	68.3	5.9	19.2	9.6	1.6	1.2	2.5	9.4
			藏龙岛	60.5	201.8	16.4	30.3	9.6	4.7	3.3	3.9	9.3
		合计		1274.9	4250.0	478.7	775.3	102.2	100.0	100.0	100.0	100.0
2015 年	$p=25\%$	洪山		220.9	736.2	32.4	44.0	7.8	13.8	5.5	4.6	5.3
		东湖高新		356.8	1189.2	233.1	347.0	29.5	22.4	39.4	36.2	19.9
		江夏	大桥	177.4	591.3	66.7	130.3	20.4	11.1	11.3	13.6	13.7
			纸坊	190.6	635.4	174.8	245.2	26.1	11.9	29.6	25.6	17.6
			郑店	46.1	153.7	15.1	43.6	17.7	2.9	2.5	4.6	11.9
			庙山	492.0	1640.0	36.6	73.3	15.6	30.8	6.2	7.7	10.5
			五里界	32.6	108.6	9.6	30.3	15.9	2.2	1.7	3.2	10.7
			藏龙岛	78.9	263.1	22.6	43.9	15.2	4.9	3.8	4.6	10.4
		合计		1595.3	5317.5	590.9	957.6	148.2	100.0	100.0	100.0	100.0

续表

条件		地区		入湖量(t/a)					贡献率(%)			
				COD_{Mn}	COD	NH_3-N	TN	TP	COD*	NH_3-N	TN	TP
2015年	$p=50\%$	洪山		118.6	395.2	19.5	26.6	4.2	8.1	3.5	3.0	3.5
		东湖高新		353.8	1179.2	230.8	339.7	26.9	24.3	42.0	38.7	22.2
		江夏	大桥	170.1	566.9	61.7	119.2	16.9	11.7	11.2	13.6	13.9
			纸坊	178.8	595.9	162.6	226.5	21.5	12.3	29.6	25.8	17.7
			郑店	41.1	137.1	12.1	34.9	14.1	2.8	2.2	4.0	11.6
			庙山	486.7	1622.4	34.2	66.5	12.8	33.5	6.2	7.6	10.6
			五里界	30.1	100.3	7.9	24.8	12.7	2.1	1.5	2.9	10.5
			藏龙岛	75.9	252.9	20.9	38.9	12.3	5.2	3.8	4.4	10.1
		合计		1455.1	4849.9	549.7	877.1	121.4	100.0	100.0	100.0	100.0
	$p=75\%$	洪山		124.8	416.1	20.1	27.4	4.4	8.7	3.8	3.3	4.0
		东湖高新		352.0	1173.5	229.5	335.5	25.4	24.5	43.0	39.9	23.5
		江夏	大桥	165.8	552.5	58.8	112.7	14.9	11.5	11.0	13.4	13.8
			纸坊	171.8	572.8	155.5	215.5	19.0	11.9	29.1	25.6	17.5
			郑店	38.2	127.5	10.3	29.8	11.9	2.7	1.9	3.5	11.0
			庙山	483.6	1612.1	32.8	62.5	11.2	33.6	6.1	7.4	10.4
			五里界	28.7	95.5	6.8	21.5	10.8	2.0	1.4	2.6	10.0
			藏龙岛	74.1	246.9	20.0	36.0	10.7	5.1	3.7	4.3	9.8
		合计		1439.0	4796.9	533.8	840.9	108.3	100.0	100.0	100.0	100.0

续表

条件		地区		入湖量(t/a)					贡献率(%)			
				COD_{Mn}	COD	NH_3-N	TN	TP	COD*	NH_3-N	TN	TP
2015年	p=90%	洪山		136.5	455.1	21.6	29.2	4.7	9.5	4.1	3.5	4.6
		东湖高新		351.2	1170.5	228.8	333.4	24.7	24.4	43.4	40.4	24.2
		江夏	大桥	163.6	545.4	57.3	109.5	13.9	11.4	10.9	13.3	13.7
			纸坊	168.4	561.3	152.0	210.1	17.7	11.7	28.8	25.5	17.3
			郑店	36.8	122.7	9.4	27.3	10.9	2.6	1.8	3.3	10.7
			庙山	482.1	1607.0	32.1	60.5	10.4	33.5	6.1	7.3	10.2
			五里界	27.9	93.0	6.4	19.9	9.9	1.8	1.2	2.4	9.7
			藏龙岛	73.2	243.9	19.5	34.6	9.8	5.1	3.7	4.3	9.6
		合计		1439.7	4798.9	527.1	824.5	102.0	100.0	100.0	100.0	100.0
	p=95%	洪山		99.4	331.5	16.9	23.0	3.4	7.1	3.3	2.8	3.5
		东湖高新		350.8	1169.4	228.6	332.6	24.4	25.1	44.0	41.0	24.9
		江夏	大桥	162.8	542.6	56.8	108.2	13.5	11.6	10.9	13.3	13.8
			纸坊	167.0	556.8	150.6	208.0	17.1	11.9	29.0	25.6	17.5
			郑店	36.2	120.8	9.1	26.3	10.5	2.6	1.8	3.2	10.7
			庙山	481.5	1605.0	31.8	59.8	10.1	34.4	6.1	7.4	10.3
			五里界	27.6	92.1	6.1	19.3	9.5	2.0	1.2	2.4	9.7
			藏龙岛	72.8	242.7	19.3	34.0	9.5	5.3	3.7	4.3	9.6
		合计		1398.1	4660.9	519.2	811.2	98.0	100.0	100.0	100.0	100.0

续表

条件		地区		入湖量(t/a)					贡献率(%)			
				COD_{Mn}	COD	NH_3-N	TN	TP	COD*	NH_3-N	TN	TP
2020年	$p=25\%$	洪山		173.3	577.8	26.1	38.4	6.0	9.2	3.3	3.1	3.7
		东湖高新		530.9	1769.8	367.6	528.3	39.5	28.1	47.0	43.2	24.4
		江夏	大桥	212.2	707.4	79.3	149.5	21.7	11.2	10.1	12.2	13.4
			纸坊	226.2	754.0	207.8	289.2	27.2	12.0	26.5	23.7	16.8
			郑店	52.2	174.1	16.0	44.6	18.5	2.8	2.0	3.7	11.4
			庙山	533.6	1778.5	44.8	86.0	16.9	28.2	5.7	7.0	10.4
			五里界	49.9	166.5	10.3	31.2	16.4	2.6	1.5	2.6	10.1
			藏龙岛	112.5	374.9	30.7	54.6	15.9	5.9	3.9	4.5	9.8
		合计		1890.8	6303.0	782.6	1221.8	162.1	100.0	100.0	100.0	100.0
	$p=50\%$	洪山		96.5	321.8	17.4	25.3	3.4	5.4	2.3	2.2	2.4
		东湖高新		527.9	1759.8	365.3	521.0	36.9	29.7	49.0	45.4	26.9
		江夏	大桥	206.1	687.0	74.5	138.7	18.5	11.6	10.0	12.1	13.5
			纸坊	214.7	715.7	195.6	270.5	22.7	12.1	26.2	23.6	16.5
			郑店	47.1	157.2	13.0	35.9	14.9	2.6	1.7	3.1	10.9
			庙山	529.9	1766.3	42.7	79.6	14.5	29.8	5.7	6.9	10.6
			五里界	48.2	160.6	8.7	25.9	13.3	2.6	1.2	2.4	9.7
			藏龙岛	109.5	365.0	29.0	49.7	13.0	6.2	3.9	4.3	9.5
		合计		1779.9	5933.4	746.2	1146.6	137.2	100.0	100.0	100.0	100.0

续表

条件		地区		入湖量(t/a)					贡献率(%)			
				COD_{Mn}	COD	NH_3-N	TN	TP	COD*	NH_3-N	TN	TP
2020年	p=75%	洪山		101.2	337.4	17.8	25.8	3.4	5.7	2.4	2.3	2.8
		东湖高新		526.2	1754.0	364.0	516.8	35.4	29.8	49.8	46.5	28.5
		江夏	大桥	202.5	675.0	71.7	132.4	16.5	11.5	9.8	11.9	13.3
			纸坊	208.0	693.3	188.6	259.6	20.1	11.8	25.8	23.4	16.2
			郑店	44.2	147.3	11.2	30.8	12.8	2.5	1.5	2.8	10.3
			庙山	527.8	1759.2	41.4	75.8	13.0	29.9	5.7	6.8	10.5
			五里界	47.1	157.2	7.7	22.7	11.5	2.7	1.1	2.1	9.3
			藏龙岛	107.8	359.3	28.0	46.8	11.3	6.1	3.9	4.2	9.1
		合计		1764.8	5882.7	730.4	1110.7	124.0	100.0	100.0	100.0	100.0
	p=90%	洪山		110.0	366.6	18.7	27.1	3.7	6.2	2.6	2.5	3.1
		东湖高新		525.3	1751.1	363.3	514.7	34.6	29.8	50.2	47.1	29.4
		江夏	大桥	200.7	669.0	70.3	129.2	15.6	11.4	9.7	11.8	13.3
			纸坊	204.7	682.2	185.1	254.2	18.8	11.6	25.6	23.2	16.0
			郑店	42.7	142.4	10.4	28.3	11.7	2.4	1.4	2.6	9.9
			庙山	526.7	1755.7	40.9	73.9	12.3	29.9	5.6	6.8	10.4
			五里界	46.6	155.4	7.3	21.1	10.6	2.6	1.1	1.9	9.0
			藏龙岛	106.9	356.4	27.5	45.3	10.5	6.1	3.8	4.1	8.9
		合计		1763.6	5878.7	723.5	1093.8	117.8	100.0	100.0	100.0	100.0

续表

条件		地区		入湖量(t/a)					贡献率(%)			
				COD_{Mn}	COD	NH_3-N	TN	TP	COD*	NH_3-N	TN	TP
2020 年	$p=95\%$	洪山		82.1	273.8	15.6	22.4	2.8	4.7	2.2	2.1	2.4
		东湖高新		525.0	1749.9	363.1	513.9	34.3	30.3	50.6	47.5	30.0
		江夏	大桥	200.0	666.7	69.7	128.0	15.3	11.5	9.7	11.8	13.3
			纸坊	203.4	677.9	183.6	252.1	18.3	11.7	25.6	23.3	16.0
			郑店	42.1	140.4	10.0	27.3	11.3	2.4	1.4	2.5	9.9
			庙山	526.3	1754.3	40.6	73.2	12.0	30.4	5.7	6.8	10.5
			五里界	46.4	154.8	7.0	20.5	10.3	2.8	1.0	1.9	9.0
			藏龙岛	106.6	355.2	27.3	44.8	10.2	6.2	3.8	4.1	8.9
		合计		1731.9	5773.0	716.9	1082.2	114.5	100.0	100.0	100.0	100.0

* COD_{Mn}贡献率与 COD 相同。

表 6-27　汤逊湖流域污染物入湖总量的月份结构　　（单位:t/a）

情景	条件		指标	1 月	2 月	3 月	4 月	5 月	6 月	7 月	8 月	9 月	10 月	11 月	12 月	合计
—	2007 年		COD_{Mn}	74.4	79.5	83.1	77.6	149.8	126.6	172.1	142.1	118.7	104.2	73.6	73.3	1275.0
			COD	247.9	265.2	276.9	258.8	499.2	421.9	573.8	473.7	395.7	347.3	245.2	244.5	4250.1
			NH_3-N	35.3	39.8	40.6	37.7	54.6	43.6	50.6	42.6	34.5	34.4	33.0	32.0	478.7
			TN	52.7	62.9	64.4	57.8	94.5	73.6	90.7	74.7	56.1	55.1	47.5	45.2	775.2
			TP	6.9	10.6	11.0	8.6	15.4	9.3	13.1	9.5	4.1	4.9	4.8	4.0	102.2
基准情景	2015 年	$p=25\%$	COD_{Mn}	82.3	87.9	99.3	91.1	149.5	189.4	209.3	218.3	168.5	118.9	96.4	84.2	1595.1
			COD	274.2	293.2	330.9	303.8	498.4	631.3	697.8	727.8	561.7	396.5	321.4	280.6	5317.6
			NH_3-N	36.7	42.1	48.3	43.3	54.7	65.2	62.7	66.8	51.4	40.0	45.0	34.9	591.1
			TN	51.3	63.4	76.9	65.7	90.6	113.3	111.2	119.5	86.4	62.9	69.4	46.9	957.5
			TP	4.1	8.5	13.4	9.3	15.5	22.4	20.7	23.6	12.5	5.4	10.5	2.3	148.2

续表

情景	条件		指标	1月	2月	3月	4月	5月	6月	7月	8月	9月	10月	11月	12月	合计
基准情景	2015年	$p=50\%$	COD_{Mn}	86.6	84.1	96.2	94.5	126.3	159.6	166.9	159.6	162.5	138.7	95.8	84.1	1454.9
			COD	288.7	280.3	320.6	315.1	420.9	532.1	556.4	532.1	541.6	462.5	319.4	280.3	4850.0
			NH_3-N	39.9	39.2	46.0	45.8	46.5	54.8	47.9	46.3	49.3	54.7	44.6	34.8	549.8
			TN	58.5	57.0	71.8	71.3	74.2	92.2	81.1	78.0	82.2	95.5	68.4	46.8	877.0
			TP	6.7	6.3	11.5	11.3	9.9	15.2	10.5	9.5	11.1	17.3	10.2	2.3	121.8
		$p=75\%$	COD_{Mn}	85.1	81.8	97.6	90.8	173.6	179.2	144.2	156.6	131.8	124.3	88.4	85.6	1439.0
			COD	283.8	272.7	325.3	302.6	578.6	597.3	480.6	522.0	439.4	414.4	294.8	285.3	4796.8
			NH_3-N	38.9	37.5	47.0	43.0	63.1	61.7	39.8	45.2	38.5	44.0	39.1	35.9	533.7
			TN	56.1	53.2	74.1	65.2	107.7	106.1	65.1	75.9	60.4	71.8	56.3	49.3	841.2
			TP	5.8	4.9	12.4	9.1	21.3	19.9	5.0	8.7	3.7	8.7	5.7	3.2	108.4
		$p=90\%$	COD_{Mn}	83.1	87.7	87.9	80.9	124.8	150.5	218.6	156.8	153.3	122.0	86.5	87.7	1439.8
			COD	277.0	292.4	292.9	269.7	416.1	501.6	728.7	522.6	511.1	406.5	288.2	292.2	4799.0
			NH_3-N	37.4	42.0	39.8	35.7	46.1	51.6	65.9	45.3	46.1	42.2	37.6	37.5	527.2
			TN	52.7	63.0	58.1	48.9	73.1	85.8	117.7	76.0	75.7	67.9	53.0	52.7	824.6
			TP	4.6	8.4	6.5	3.1	9.5	13.0	22.9	8.8	8.9	7.2	4.5	4.4	101.8
		$p=95\%$	COD_{Mn}	83.5	80.0	86.8	93.6	123.0	166.4	172.2	138.0	146.1	122.9	86.5	99.2	1398.2
			COD	278.4	266.7	289.2	312.1	410.0	554.6	574.2	460.0	487.0	409.7	288.5	330.7	4661.1
			NH_3-N	37.6	36.2	39.0	45.1	45.4	57.2	49.7	38.7	43.6	42.9	37.7	46.0	519.1
			TN	53.3	50.3	56.3	69.8	71.8	97.0	84.9	62.7	70.5	69.5	53.2	71.7	811.0
			TP	4.8	3.8	5.9	10.8	9.1	16.8	11.8	4.2	7.1	7.8	4.6	11.3	98.0

续表

情景	条件		指标	1月	2月	3月	4月	5月	6月	7月	8月	9月	10月	11月	12月	合计
基准情景	2020年	$p=25\%$	COD_{Mn}	110.8	115.1	126.8	118.9	167.0	202.8	229.5	235.1	195.1	149.8	125.1	114.8	1890.8
			COD	369.4	383.6	422.6	396.3	556.8	675.9	765.2	783.7	650.3	499.5	417.1	382.7	6303.1
			NH_3-N	53.5	58.7	64.8	60.0	69.9	79.7	77.2	80.8	67.3	57.1	61.8	51.9	782.7
			TN	74.2	86.0	99.4	88.5	111.9	133.8	131.6	139.5	108.5	86.1	92.3	70.1	1221.9
			TP	5.6	9.9	14.6	10.6	16.4	23.0	21.4	24.2	13.7	7.0	11.9	3.9	162.2
		$p=50\%$	COD_{Mn}	114.7	111.6	124.0	121.9	148.3	178.9	195.4	187.9	190.2	167.6	124.6	114.7	1779.8
			COD	382.4	372.1	413.4	406.5	494.5	596.2	651.5	626.3	634.2	558.7	415.3	382.4	5933.5
			NH_3-N	56.6	55.9	62.6	62.4	62.5	70.3	63.7	62.3	65.5	71.3	61.3	51.8	746.2
			TN	81.2	79.7	94.4	94.0	96.3	113.8	103.1	100.0	104.5	118.3	91.3	69.9	1146.5
			TP	8.1	7.7	12.8	12.6	11.1	16.2	11.7	10.7	12.3	18.5	11.5	3.9	137.1
		$p=75\%$	COD_{Mn}	113.4	109.6	125.3	118.6	186.4	194.6	177.2	185.5	165.6	154.7	118.0	116.1	1765.0
			COD	378.0	365.3	417.6	395.2	621.3	648.6	590.6	618.2	552.0	515.5	393.2	387.0	5882.5
			NH_3-N	55.6	54.2	63.6	59.7	77.5	76.4	56.5	61.3	55.7	60.9	56.1	52.9	730.4
			TN	78.9	75.9	96.7	88.0	128.1	127.0	87.8	98.0	83.9	94.8	79.4	72.4	1110.9
			TP	7.3	6.4	13.6	10.4	22.0	20.7	6.5	10.0	5.3	10.1	7.2	4.7	124.2
		$p=90\%$	COD_{Mn}	111.6	114.9	116.6	109.7	147.2	171.5	237.0	185.6	182.9	152.5	116.2	118.0	1763.7
			COD	371.9	382.9	388.5	365.7	490.7	571.7	790.0	618.7	609.7	508.5	387.3	393.2	5878.8
			NH_3-N	54.1	58.5	56.6	52.6	62.1	67.4	80.1	61.4	62.6	59.2	54.6	54.4	723.6
			TN	75.5	85.6	80.9	71.9	95.3	107.6	137.8	98.1	98.4	91.0	76.1	75.7	1093.9
			TP	6.0	9.8	8.0	4.7	10.8	14.1	23.5	10.1	10.2	8.7	6.0	5.9	117.8

续表

情景	条件		指标	1月	2月	3月	4月	5月	6月	7月	8月	9月	10月	11月	12月	合计
基准情景	2020年	$p=95\%$	COD_{Mn}	112.0	108.0	115.6	121.1	145.7	184.3	199.7	170.5	177.1	153.4	116.3	128.3	1732
			COD	373.2	359.9	385.2	403.7	485.8	614.2	665.8	568.4	590.2	511.3	387.5	427.6	5772.8
			NH_3-N	54.4	52.9	55.7	61.7	61.5	72.4	65.4	55.4	60.3	59.9	54.7	62.7	717.0
			TN	76.2	73.1	79.1	92.6	94.1	118.3	106.7	85.4	93.5	92.6	76.3	94.5	1078.8
			TP	6.3	5.3	7.3	12.1	10.4	17.7	12.9	5.8	8.6	9.3	6.1	12.6	114.4

表6-28 汤逊湖与太湖流域污染物入湖量的对比

分类		COD (t/a)	NH_3-N (t/a)	TN (t/a)	TP (t/a)	流域面积 (km^2)	人口 (万人)	水面面积 (km^2)	水面率 (%)	单位面积污染负荷 [t/(km^2·a)]				单位人口污染负荷 [t/(万人·a)]			
										COD	NH_3-N	TN	TP	COD	NH_3-N	TN	TP
太湖流域*（2005年）	点源	466 298	51 912	68 900	3 363	36 895	4 533	5 551	15.1	12.6	1.4	1.9	0.1	102.9	11.5	15.2	0.7
	面源	384 023	39 876	72 687	6 986.6					10.4	1.1	2.0	0.2	84.7	8.8	16.0	1.5
	合计	850 321	91 788	141 587	10 349.6					23.0	2.5	3.9	0.3	187.6	20.3	31.2	2.2
汤逊湖流域（2007年）	点源	2 766.5	349.7	468.6	20.9	240.4	30.3	46.4	19.3	11.5	1.5	1.9	0.1	91.3	11.5	15.5	0.7
	面源	436.4	93.5	204.5	74.2					1.8	0.4	0.9	0.3	14.4	3.1	6.7	2.4
	合计	3 202.9	443.2	673.1	95.1					13.3	1.9	2.8	0.4	105.7	14.6	22.2	3.1

*资料来源于国家发展和改革委员会等，2008。

流域面积占太湖流域的0.65%，水面面积占太湖流域的0.84%，主要污染物COD、NH_3-N、TN和TP入湖量相对于太湖流域污染物入湖量的比重为0.38%、0.48%、0.48%和0.92%，比例基本协调，整体上看，汤逊湖流域由于自身特点，TP污染负荷相对于其他污染指标偏高。汤逊湖流域单位面积COD、NH_3-N、TN、TP入湖量分别为13.3t/（km^2·a）、1.8t/（km^2·a）、2.8t/（km^2·a）和0.4t/（km^2·a），单位人口四大污染物入湖量分别为105.7t/（万人·a）、14.6t/（万人·a）、22.2t/（万人·a）和3.1 t/（万人·a）。COD、NH_3-N，TN单位面积入湖量分别是太湖流域该指标的0.58、0.74和0.73倍，单位人口入湖量分别是太湖流域该指标的0.56倍、0.72倍和0.71倍，TP单位面积与单位人口入湖量分别是太湖流域该指标的1.41倍和1.38倍。从整体上看，在人类活动影响下，汤逊湖流域污染负荷的入湖强度较大。

6.2.1.3 入湖总量与排放量的对比

汤逊湖流域污染物入湖量与排放量的对比如表6-29所示。其中，污染物的排放量等于产生量减去削减量（如污染处理厂削减量和外源达标污染治理等）。结果表明，基准情景下，汤逊湖流域的COD、NH_3-N、TN和TP污染物入湖量在各种来水条件下平均占排放量的25.9%~38.1%、20.5%~33.5%、15.7%~25.9%和7.2%~9.5%（四种污染物平均为22.0%）。

表6-29 污染物排放总量与入湖量的对比

分类	条件		基准情景			
			COD	NH_3-N	TN	TP
排放量（t/a）	2007年		15 121.1	2 071.9	4 332.0	1 413.1
	2015年	$p=25\%$	20 559.7	2 879.9	6 116.5	2 049.9
		$p=50\%$	17 118.7	2 385.7	4 973.6	1 621.7
		$p=75\%$	15 333.0	2 105.9	4 318.2	1 374.4
		$p=90\%$	14 474.6	1 968.1	3 994.3	1 251.7
		$p=95\%$	13 998.0	1 908.6	3 859.8	1 202.0
	2020年	$p=25\%$	21 393.2	3 096.1	6 418.4	2 044.7
		$p=50\%$	18 147.7	2 612.5	5 287.4	1 623.2
		$p=75\%$	16 421.0	2 336.1	4 636.2	1 379.1
		$p=90\%$	15 584.7	2 199.5	4 314.0	1 258.1
		$p=25\%$	15 150.6	2 142.3	4 182.0	1 209.4

续表

分类	条件		基准情景			
			COD	NH_3-N	TN	TP
入湖量占排放量比重（%）	2007年		28.1	23.1	17.9	7.2
	2015年	$p=25\%$	25.9	20.5	15.7	7.2
		$p=50\%$	28.3	23.0	17.6	7.5
		$p=75\%$	31.3	25.3	19.5	7.9
		$p=90\%$	33.2	26.8	20.6	8.1
		$p=95\%$	33.3	27.2	21.0	8.2
	2020年	$p=25\%$	29.5	25.3	19.0	7.9
		$p=50\%$	32.7	28.6	21.7	8.4
		$p=75\%$	35.8	31.3	24.0	9.0
		$p=90\%$	37.7	32.9	25.4	9.4
		$p=25\%$	38.1	33.5	25.9	9.5

6.2.2　点源总量与结构

汤逊湖流域点源污染物入湖量的结果如表6-30所示。2007年COD、NH_3-N、TN和TP点源污染物入湖量分别为2766.5t/a、349.7t/a、468.6t/a和20.9t/a。基准情景下，2015和2020年点源主要污染物入湖量相对于2007年入湖量呈现缓慢上升的趋势。基准情景下，2015年各种来水条件下点源四种主要污染物入湖量是2007年的1.2～1.3倍，相应地，2020年入湖量为2007年的1.7～2.2倍。

表6-30　基准情景下汤逊湖流域点源入湖量结构

年份	来源	入湖量（t/a）				贡献率（%）			
		COD	NH_3-N	TN	TP	COD	NH_3-N	TN	TP
2007	城镇生活	1118.3	238.6	321.3	15.6	40.4	68.2	68.6	74.7
	工业废水	1648.2	111.1	147.3	5.3	59.6	31.8	31.4	25.3
	合计	2766.5	349.7	468.6	20.9	100.0	100.0	100.0	100.0
2015	城镇生活	1413.9	285.7	385.4	20.4	42.3	68.7	69.1	76.7
	工业废水	1931.3	130.2	172.7	6.2	57.7	31.3	30.9	23.3
	合计	3345.2	415.9	558.1	26.6	100.0	100.0	100.0	100.0

续表

年份	来源	入湖量（t/a）				贡献率（%）			
		COD	NH_3-N	TN	TP	COD	NH_3-N	TN	TP
2020	城镇生活	2536.2	482.6	653.8	39.0	55.5	77.9	78.3	85.6
	工业废水	2029.7	137.0	181.6	6.5	44.5	22.1	21.7	14.4
	合计	4565.9	619.6	835.4	45.5	100.0	100.0	100.0	100.0

就不同污染物来源看，2007 年城镇生活对总点源 COD 入湖量的贡献率为 40.4%，对 NH_3-N、TN 和 TP 入湖量的贡献率为 68.2% ~74.7%。基准情景下，未来城镇生活污染物比重略微增长，2015 年和 2020 年城镇生活四种污染物对点源 COD 入湖量的贡献率为分别为 42.3% 和 55.5%，对 NH_3-N、TN 和 TP 入湖量的贡献率为 68.7% ~76.7% 和 77.9% ~85.6%。从整体上看，城镇生活是 NH_3-N、TN 和 TP 点源入湖量的重要来源，工业废水是 COD 点源入湖量的主要来源。

就不同地区看，如表 6-31 所示，在汤逊湖流域内的七片区域和基准情景下，东湖新区，2015 年和 2020 年集中了点源 COD、NH_3-N、TN 和 TP 污染物入湖量的 28.1% ~58.7% 和 33.3% ~56.9%；江夏区的庙山（COD 入湖量 2015 年和 2020 年集中了该流域点源入湖量的 43.4% 和 35.4%，主要是由于工业企业超标排放所致，如武汉小蜜蜂食品有限公司）和纸坊。就不同的月份看，点源入湖量在 5 ~9 月的波动相对较大，如表 6-32 所示。

表 6-31　汤逊湖流域点源污染物入湖量的地区结构

年份	地区		基准情景							
			入湖量（t/a）				贡献率（%）			
			COD	NH_3-N	TN	TP	COD	NH_3-N	TN	TP
2007	洪山		29.2	4.4	5.9	0.1	1.1	1.3	1.3	0.6
	东湖新区		791.5	183.6	247.0	13.2	28.6	52.5	52.7	63.0
	江夏	大桥	126.1	28.5	38.0	1.0	4.6	8.1	8.1	4.6
		纸坊	387.5	103.6	138.0	4.3	14.0	29.6	29.4	20.4
		郑店	41.6	0.1	0.4	0.1	1.5	0	0.1	0.6
		庙山	1223.9	18.2	24.3	1.1	44.2	5.2	5.2	5.2
		五里界	10.2	0.1	0.3	0.1	0.4	0.1	0.1	0.6
		藏龙岛	156.5	11.2	14.9	1.1	5.6	3.2	3.1	5.0
	合计		2766.5	349.7	468.6	21.0	100.0	100.0	100.0	100.0

续表

年份	地区		基准情景							
			入湖量（t/a）				贡献率（%）			
			COD	NH_3-N	TN	TP	COD	NH_3-N	TN	TP
2015	洪山		35.2	5.3	7.1	0.1	1.1	1.3	1.3	0.5
	东湖新区		939.3	217.9	293.1	15.6	28.1	52.4	52.5	58.7
	江夏	大桥	184.5	36.8	49.7	1.8	5.5	8.9	8.9	6.8
		纸坊	438.8	117.3	156.3	4.8	13.1	28.2	28.0	18.0
		郑店	58.4	0.6	1.0	0.6	1.7	0.1	0.2	2.3
		庙山	1450.9	22.9	30.9	1.8	43.4	5.5	5.5	6.6
		五里界	35.8	0.6	1.0	0.5	1.1	0.1	0.2	1.7
		藏龙岛	202.2	14.4	19.2	1.4	6.0	3.5	3.4	5.4
	合计		3345.1	415.8	558.3	26.6	100.0	100.0	100.0	100.0
2020	洪山		51.0	7.7	10.3	0.2	1.1	1.2	1.2	0.4
	东湖新区		1519.8	352.4	474.4	25.6	33.3	56.9	56.8	56.2
	江夏	大桥	319.4	50.4	70.2	4.1	7.0	8.1	8.4	9.0
		纸坊	563.2	150.6	200.6	6.2	12.3	24.3	24.0	13.5
		郑店	76.9	1.4	1.9	1.3	1.7	0.2	0.2	2.9
		庙山	1615.0	32.5	45.3	4.4	35.4	5.3	5.4	9.8
		五里界	104.9	1.9	2.7	1.6	2.3	0.4	0.4	3.4
		藏龙岛	315.6	22.5	30.1	2.2	6.9	3.6	3.6	4.8
	合计		4565.8	619.4	835.5	45.6	100.0	100.0	100.0	100.0

6.2.3 面源总量与结构

计算结果表明，2007年流域面源COD、NH_3-N、TN和TP污染物入湖量分别为436.4t/a、93.5t/a、204.5t/a和74.2t/a。汤逊湖流域面源污染物入湖量在很大程度上受到降雨量的影响。基准情景时90%来水条件下，2015年和2020年COD、NH_3-N、TN和TP面源入湖量分别是2007年的0.83～0.88倍和0.75～0.87倍。相同来水条件下面源入湖量的细微差异，由于农村人口的减少带来农村生活污染负荷减少所致。随着未来年份降雨量的增加，面源污染明显增大，如基准情景下25%来水条件下约是90%来水条件下面源四种主要污染物入湖量的1.66倍。

表 6-32　汤逊湖流域点源污染物入湖量的月份结构　（单位：t/a）

情景	年份	指标	1月	2月	3月	4月	5月	6月	7月	8月	9月	10月	11月	12月	合计
—	2007	COD	218.3	213.3	222.4	218.8	210.5	220.2	258.9	250.6	257.8	236.5	227.6	231.5	2766.4
		NH_3-N	29.0	28.8	29.0	29.1	29.2	29.4	29.0	28.9	29.6	29.4	29.3	29.2	349.9
		TN	38.8	38.6	38.9	39.0	39.1	39.4	38.8	38.7	39.7	39.4	39.2	39.1	468.7
		TP	1.7	1.7	1.7	1.7	1.8	1.8	1.7	1.7	1.8	1.8	1.8	1.8	21.0
基准情景	2015	COD	263.9	257.9	268.9	264.6	254.5	266.3	313.1	303.1	311.7	286.0	275.3	280.0	3345.3
		NH_3-N	34.4	34.2	34.5	34.6	34.7	35.0	34.4	34.4	35.2	34.9	34.8	34.7	415.8
		TN	46.2	45.9	46.3	46.4	46.6	46.9	46.2	46.1	47.3	46.9	46.7	46.6	558.1
		TP	2.2	2.2	2.2	2.2	2.2	2.2	2.2	2.2	2.2	2.2	2.2	2.2	26.4
	2020	COD	360.2	352.0	367.1	361.1	347.4	363.4	427.3	413.6	425.5	390.4	375.7	382.1	4565.8
		NH_3-N	51.3	51.0	51.4	51.5	51.7	52.1	51.3	51.2	52.5	52.1	51.8	51.7	619.6
		TN	69.2	68.8	69.3	69.4	69.8	70.3	69.2	69.0	70.8	70.2	69.9	69.8	835.7
		TP	3.8	3.8	3.8	3.8	3.8	3.8	3.8	3.8	3.9	3.8	3.8	3.8	45.7

就污染物入湖量的不同来源看，农田径流、畜禽养殖和城镇径流是流域面源污染的主要来源。例如，基准情景下90%来水条件下，2015年和2020年TN面源入湖量的51.3%和52.1%、TP面源入湖量的66.5%和68.6%来自农田径流方面，NH_3-N面源入湖量的44.7%和45.9%来自城镇径流方面，COD面源入湖量的29.7%和33.1%来自畜禽养殖方面，如表6-33所示。

表6-33 不同年份汤逊湖流域面源污染物入湖量的总量与来源

条件		来源	基准情景							
			入湖量（t/a）				贡献率（%）			
			COD	NH_3-N	TN	TP	COD	NH_3-N	TN	TP
2007年		农村生活	140.1	8.0	9.7	7.4	32.1	8.6	4.7	10.0
		畜禽养殖	123.3	12.1	39.8	13.9	28.2	12.9	19.4	18.8
		农田径流	61.3	29.5	102.2	47.8	14.1	31.6	50.0	64.4
		城镇径流	98.7	42.2	50.7	4.4	22.6	45.1	24.8	6.0
		其他径流	12.9	1.7	2.1	0.7	3.0	1.8	1.1	0.8
		合计	436.3	93.5	204.5	74.2	100.0	100.0	100.0	100.0
2015年	$p=25\%$	农村生活	171.3	9.7	11.9	9.0	28.3	7.2	4.0	8.3
		畜禽养殖	179.5	17.7	58.1	20.1	29.7	13.2	19.4	18.4
		农田径流	91.9	44.3	153.3	72.3	15.2	32.9	51.3	66.4
		城镇径流	142.3	60.1	72.4	6.4	23.5	44.7	24.2	5.9
		其他径流	19.7	2.6	3.1	1.1	3.3	2.0	1.1	1.0
		合计	604.7	134.4	298.8	108.9	100.0	100.0	100.0	100.0
	$p=50\%$	农村生活	134.8	7.7	9.3	7.1	28.3	7.3	4.0	8.3
		畜禽养殖	141.3	14.0	45.7	15.8	29.7	13.2	19.4	18.4
		农田径流	72.4	34.8	120.6	56.9	15.2	32.9	51.3	66.5
		城镇径流	112.0	47.3	57.0	5.1	23.5	44.7	24.2	5.9
		其他径流	15.6	2.1	2.5	0.8	3.3	1.9	1.1	0.9
		合计	476.1	105.9	235.1	85.7	100.0	100.0	100.0	100.0
	$p=75\%$	农村生活	113.5	6.5	7.9	5.9	28.3	7.3	4.0	8.2
		畜禽养殖	119.0	11.8	38.5	13.3	29.7	13.2	19.4	18.5
		农田径流	61.0	29.3	101.5	48.0	15.2	32.9	51.3	66.4
		城镇径流	94.3	39.8	48.0	4.2	23.5	44.7	24.3	5.9
		其他径流	13.1	1.7	2.1	0.7	3.3	1.9	1.0	1.0
		合计	400.9	89.1	198.0	72.1	100.0	100.0	100.0	100.0

续表

条件		来源	基准情景							
			入湖量（t/a）				贡献率（%）			
			COD	NH_3-N	TN	TP	COD	NH_3-N	TN	TP
2015 年	$p=90\%$	农村生活	103.0	5.9	7.1	5.5	28.3	7.3	4.0	8.3
		畜禽养殖	107.8	10.7	34.9	12.1	29.7	13.2	19.5	18.4
		农田径流	55.3	26.6	92.1	43.5	15.2	32.9	51.3	66.5
		城镇径流	85.6	36.2	43.5	3.8	23.5	44.7	24.2	5.8
		其他径流	11.9	1.6	1.9	0.6	3.3	1.9	1.0	0.9
		合计	363.6	81.0	179.5	65.5	100.0	100.0	100.0	100.0
	$p=95\%$	农村生活	98.8	5.7	6.9	5.1	28.3	7.3	4.0	8.2
		畜禽养殖	103.5	10.2	33.5	11.6	29.7	13.2	19.4	18.5
		农田径流	53.1	25.5	88.4	41.7	15.2	32.9	51.3	66.6
		城镇径流	82.1	34.6	41.7	3.7	23.5	44.7	24.2	5.8
		其他径流	11.4	1.5	1.8	0.6	3.3	1.9	1.1	0.9
		合计	348.9	77.5	172.3	62.7	100.0	100.0	100.0	100.0
2020 年	$p=25\%$	农村生活	108.9	6.3	7.5	5.7	20.1	4.8	2.6	5.4
		畜禽养殖	179.5	17.7	58.1	20.1	33.1	13.5	19.7	19.0
		农田径流	91.9	44.3	153.3	72.3	17.0	33.8	52.1	68.5
		城镇径流	142.3	60.1	72.4	6.4	26.2	45.9	24.6	6.1
		其他径流	19.7	2.6	3.1	1.1	3.6	2.0	1.0	1.0
		合计	542.3	131.0	294.4	105.6	100.0	100.0	100.0	100.0
	$p=50\%$	农村生活	85.7	4.9	5.9	4.5	20.1	4.7	2.6	5.4
		畜禽养殖	141.3	14.0	45.7	15.8	33.1	13.5	19.7	19.0
		农田径流	72.4	34.8	120.6	56.9	17.0	33.8	52.0	68.5
		城镇径流	112.0	47.3	57.0	5.1	26.2	45.9	24.6	6.1
		其他径流	15.6	2.1	2.5	0.8	3.6	2.1	1.1	1.0
		合计	427.0	103.1	231.7	83.1	100.0	100.0	100.0	100.0
	$p=75\%$	农村生活	72.2	4.1	5.0	3.8	20.1	4.7	2.6	5.4
		畜禽养殖	119.0	11.8	38.5	13.3	33.1	13.6	19.7	19.0
		农田径流	61.0	29.3	101.5	48.0	17.0	33.9	52.0	68.5
		城镇径流	94.3	39.8	48.0	4.2	26.2	45.9	24.6	6.1
		其他径流	13.1	1.7	2.1	0.7	3.6	1.9	1.1	1.0
		合计	359.6	86.7	195.1	70.0	100.0	100.0	100.0	100.0

续表

条件		来源	基准情景							
			入湖量（t/a）				贡献率（%）			
			COD	NH_3-N	TN	TP	COD	NH_3-N	TN	TP
2020 年	$p=90\%$	农村生活	65.5	3.7	4.5	3.4	20.1	4.7	2.6	5.4
		畜禽养殖	107.8	10.7	34.9	12.1	33.1	13.6	19.7	19.0
		农田径流	55.3	26.6	92.1	43.5	17.0	33.8	52.1	68.6
		城镇径流	85.6	36.2	43.5	3.8	26.2	45.9	24.6	6.0
		其他径流	11.9	1.6	1.9	0.6	3.6	2.0	1.0	1.0
		合计	326.1	78.8	176.9	63.4	100.0	100.0	100.0	100.0
	$p=95\%$	农村生活	62.8	3.6	4.3	3.3	20.1	4.7	2.6	5.4
		畜禽养殖	103.5	10.2	33.5	11.6	33.1	13.5	19.7	19.0
		农田径流	53.1	25.5	88.4	41.7	17.0	33.9	52.1	68.6
		城镇径流	82.1	34.6	41.7	3.7	26.2	45.9	24.6	6.0
		其他径流	11.4	1.5	1.8	0.6	3.6	2.0	1.0	1.0
		合计	312.9	75.4	169.7	60.9	100.0	100.0	100.0	100.0

就污染物入湖量的空间分布看，纸坊、大桥、郑店和庙山对面源污染物入湖量的贡献率较大，如表 6-34 所示。

表 6-34　不同年份汤逊湖流域面源污染物入湖量的地区结构

条件	地区		基准情景							
			入湖量（t/a）				贡献率（%）			
			COD	NH_3-N	TN	TP	COD	NH_3-N	TN	TP
2007 年	洪山		6.4	0.8	1.4	0.5	1.5	0.8	0.7	0.6
	东湖新区		33.0	7.6	24.0	8.6	7.6	8.1	11.7	11.6
	江夏	大桥	87.4	16.9	36.9	11.5	20.0	18.1	18.1	15.5
		纸坊	142.8	41.2	64.4	16.1	32.7	44.1	31.5	21.7
		郑店	63.9	10.6	30.9	12.9	14.6	11.4	15.1	17.3
		庙山	46.1	6.4	17.2	7.1	10.6	6.8	8.4	9.6
		五里界	24.3	5.0	15.6	9.2	5.6	5.4	7.6	12.4
		藏龙岛	32.4	4.9	14.1	8.4	7.4	5.3	6.9	11.3
	合计		436.3	93.4	204.5	74.3	100.0	100.0	100.0	100.0

续表

条件		地区		基准情景							
				入湖量（t/a）				贡献率（%）			
				COD	NH_3-N	TN	TP	COD	NH_3-N	TN	TP
2015 年	$p=25\%$	洪山		9.6	1.2	2.3	0.7	1.6	0.9	0.8	0.7
		东湖新区		46.9	10.8	34.0	12.2	7.8	8.0	11.4	11.2
		江夏	大桥	115.1	23.5	52.1	16.1	19.0	17.5	17.4	14.7
			纸坊	185.8	57.3	87.9	21.2	30.7	42.6	29.4	19.5
			郑店	77.7	14.1	40.9	16.9	12.8	10.5	13.7	15.6
			庙山	82.8	11.4	32.1	12.9	13.7	8.5	10.7	11.8
			五里界	38.9	8.3	26.0	15.2	6.5	6.2	8.7	13.9
			藏龙岛	48.0	7.9	23.4	13.7	7.9	5.8	7.9	12.6
		合计		604.8	134.5	298.7	108.9	100.0	100.0	100.0	100.0
	$p=50\%$	洪山		7.6	0.9	1.9	0.6	1.6	0.9	0.8	0.7
		东湖新区		36.9	8.5	26.8	9.6	7.7	8.0	11.4	11.2
		江夏	大桥	90.6	18.5	41.0	12.6	19.0	17.5	17.4	14.7
			纸坊	146.2	45.1	69.2	16.7	30.7	42.6	29.4	19.4
			郑店	61.1	11.1	32.2	13.4	12.8	10.5	13.7	15.6
			庙山	65.2	9.0	25.2	10.2	13.7	8.5	10.7	11.9
			五里界	30.6	6.5	20.5	11.9	6.6	6.2	8.7	13.9
			藏龙岛	37.8	6.2	18.4	10.8	7.9	5.8	7.9	12.6
		合计		476.0	105.8	235.2	85.8	100.0	100.0	100.0	100.0
	$p=75\%$	洪山		6.4	0.8	1.5	0.5	1.6	0.8	0.8	0.7
		东湖新区		31.1	7.1	22.6	8.1	7.8	8.0	11.4	11.2
		江夏	大桥	76.3	15.6	34.5	10.6	19.0	17.5	17.4	14.7
			纸坊	123.1	37.9	58.2	14.1	30.7	42.6	29.4	19.5
			郑店	51.4	9.3	27.1	11.2	12.8	10.4	13.7	15.5
			庙山	54.9	7.6	21.3	8.6	13.7	8.5	10.7	11.9
			五里界	25.8	5.5	17.2	10.1	6.3	6.3	8.8	14.0
			藏龙岛	31.8	5.3	15.5	9.1	7.9	5.9	7.8	12.5
		合计		400.8	89.1	197.9	72.3	100.0	100.0	100.0	100.0

续表

条件		地区		基准情景							
				入湖量（t/a）				贡献率（%）			
				COD	NH_3-N	TN	TP	COD	NH_3-N	TN	TP
2015年	$p=90\%$	洪山		5.8	0.7	1.4	0.5	1.6	0.9	0.8	0.7
		东湖新区		28.2	6.5	20.5	7.3	7.7	8.0	11.4	11.2
		江夏	大桥	69.2	14.1	31.3	9.6	19.0	17.4	17.4	14.7
			纸坊	111.7	34.4	52.8	12.8	30.7	42.5	29.4	19.5
			郑店	46.7	8.5	24.6	10.1	12.8	10.4	13.7	15.5
			庙山	49.8	6.9	19.3	7.7	13.7	8.5	10.7	11.8
			五里界	23.4	5.0	15.6	9.1	6.5	6.4	8.7	14.0
			藏龙岛	28.8	4.8	14.1	8.2	7.9	5.9	7.9	12.6
		合计		363.6	80.9	179.6	65.4	100.0	100.0	100.0	100.0
	$p=95\%$	洪山		5.5	0.7	1.3	0.4	1.6	0.9	0.8	0.6
		东湖新区		27.0	6.2	19.6	7.0	7.7	8.0	11.4	11.2
		江夏	大桥	66.4	13.6	30.0	9.2	19.0	17.5	17.4	14.7
			纸坊	107.2	33.0	50.7	12.2	30.7	42.6	29.4	19.5
			郑店	44.8	8.1	23.6	9.8	12.8	10.5	13.7	15.6
			庙山	47.8	6.6	18.5	7.4	13.7	8.5	10.7	11.8
			五里界	22.5	4.8	15.0	8.8	6.6	6.1	8.7	14.0
			藏龙岛	27.6	4.6	13.5	7.9	7.9	5.9	7.9	12.6
		合计		348.8	77.6	172.2	62.7	100.0	100.0	100.0	100.0
2020年	$p=25\%$	洪山		8.3	1.1	2.2	0.7	1.5	0.9	0.8	0.6
		东湖新区		46.9	10.8	34.0	12.2	8.6	8.2	11.6	11.5
		江夏	大桥	96.3	22.5	50.8	15.1	17.7	17.2	17.2	14.3
			纸坊	180.0	56.9	87.5	20.9	33.2	43.5	29.7	19.8
			郑店	79.6	14.2	41.0	17.0	14.7	10.9	13.9	16.1
			庙山	57.3	10.0	30.3	11.5	10.6	7.6	10.3	10.9
			五里界	27.7	7.7	25.2	14.6	5.1	5.7	8.6	13.9
			藏龙岛	46.4	7.9	23.3	13.6	8.6	6.0	7.9	12.9
		合计		542.5	131.1	294.3	105.6	100.0	100.0	100.0	100.0

续表

条件		地区		基准情景							
				入湖量（t/a）				贡献率（%）			
				COD	NH_3-N	TN	TP	COD	NH_3-N	TN	TP
2020年	$p=50\%$	洪山		6.5	0.9	1.8	0.5	1.5	0.8	0.8	0.6
		东湖新区		36.9	8.5	26.8	9.6	8.6	8.2	11.6	11.5
		江夏	大桥	75.8	17.7	40.0	11.9	17.8	17.1	17.2	14.3
			纸坊	141.6	44.8	68.9	16.4	33.2	43.5	29.7	19.8
			郑店	62.6	11.2	32.3	13.4	14.7	10.8	13.9	16.1
			庙山	45.1	7.8	23.9	9.1	10.6	7.6	10.3	11.0
			五里界	21.8	6.0	19.9	11.5	5.1	5.9	8.6	13.8
			藏龙岛	36.6	6.2	18.4	10.7	8.5	6.1	7.9	12.9
		合计		426.9	103.1	232.0	83.1	100.0	100.0	100.0	100.0
	$p=75\%$	洪山		5.5	0.7	1.5	0.4	1.5	0.8	0.8	0.6
		东湖新区		31.1	7.1	22.6	8.1	8.6	8.2	11.6	11.5
		江夏	大桥	63.8	14.8	33.7	9.9	17.7	17.1	17.3	14.2
			纸坊	119.3	37.7	57.9	13.9	33.2	43.6	29.7	19.9
			郑店	52.7	9.4	27.2	11.3	14.7	10.8	14.0	16.1
			庙山	38.0	6.6	20.1	7.7	10.6	7.6	10.3	11.0
			五里界	18.4	5.1	16.7	9.7	5.1	5.9	8.8	13.8
			藏龙岛	30.8	5.2	15.4	9.1	8.6	6.0	7.9	12.9
		合计		359.6	86.6	195.1	70.1	100.0	100.0	100.0	100.0
	$p=90\%$	洪山		5.0	0.7	1.3	0.4	1.5	0.9	0.8	0.6
		东湖新区		28.2	6.5	20.5	7.3	8.6	8.2	11.6	11.5
		江夏	大桥	57.9	13.5	30.5	9.0	17.7	17.1	17.2	14.2
			纸坊	108.2	34.2	52.6	12.6	33.2	43.4	29.7	19.9
			郑店	47.9	8.5	24.7	10.2	14.7	10.8	14.0	16.1
			庙山	34.4	6.0	18.2	6.9	10.6	7.7	10.3	10.9
			五里界	16.6	4.6	15.2	8.8	5.1	5.9	8.6	13.9
			藏龙岛	27.9	4.7	14.0	8.2	8.6	6.0	7.8	12.9
		合计		326.1	78.7	177.0	63.4	100.0	100.0	100.0	100.0

续表

条件		地区		基准情景							
				入湖量（t/a）				贡献率（%）			
				COD	NH_3-N	TN	TP	COD	NH_3-N	TN	TP
2020年	$p=95\%$	洪山		4.8	0.7	1.3	0.4	1.5	0.9	0.7	0.6
		东湖新区		27.0	6.2	19.6	7.0	8.6	8.2	11.6	11.5
		江夏	大桥	55.6	12.9	29.2	8.6	17.8	17.1	17.2	14.2
			纸坊	103.8	32.8	50.5	12.1	33.2	43.5	29.7	19.8
			郑店	45.9	8.2	23.7	9.8	14.7	10.9	13.9	16.2
			庙山	33.1	5.8	17.5	6.7	10.6	7.7	10.3	10.9
			五里界	16.0	4.4	14.6	8.4	5.1	5.8	8.7	13.9
			藏龙岛	26.7	4.5	13.5	7.9	8.5	5.9	7.9	12.9
		合计		312.9	75.5	169.9	60.9	100.0	100.0	100.0	100.0

就不同的月份看，随着降雨量的增加，汤逊湖流域面源污染物入湖量在5～8月较大，平均占49.1%，非汛期污染物入湖量较小，见表6-35。

6.2.4　内源总量与结构

汤逊湖主要内源污染物的入湖量如表6-36所示。2007年流域内源（主要是渔业养殖方面）COD、NH_3-N、TN和TP污染物入湖量分别为676.2t/a、14.8t/a、66.1t/a和5.8 t/a。就不同地区看，基准情景下，2007年以及2015和2020年各种来水条件下大桥、东湖新区所占比重较大，四种主要污染物分别为43.1%～43.4%和29.9%～30.1%；就不同的月份看，主要集中在7～8月，占内源年总量的43.2%左右，如表6-37所示。

6.2.5　外源总量与结构

汤逊湖流域外通过巡司河入流的主要污染量的计算结果如表6-38所示。2007年流域外源COD、NH_3-N、TN和TP污染物入湖量分别为370.9t/a、20.6t/a、5.9t/a和1.2 t/a。在来水频率条件相同时，巡司河年污染物入湖量主要受到未来水质管理目标的影响。基准情景时90%来水频率条件下，2020年入湖量是2015年入湖量的66.6%～75.1%。对于特定的2015年或2020年，由于水质管理目标相同，巡司河年入湖量主要受到5～9月降雨量的影响。由于25%来水条件下5～9月降雨量最大，巡司河年污染物入湖量最大；95%条件下5～9月降雨量最小，年污染物入湖量也最小。

表 6-35　不同年份汤逊湖流域污染物入湖量的月份结构　（单位:t/a）

情景	条件		指标	1月	2月	3月	4月	5月	6月	7月	8月	9月	10月	11月	12月	合计
—	2007年		COD	29.6	51.9	54.5	39.9	73.9	39.1	57.5	38.1	7.9	13.5	17.6	13.0	436.5
			NH_3-N	6.3	11.0	11.6	8.7	15.8	8.5	12.3	8.3	1.7	2.9	3.7	2.8	93.6
			TN	13.9	24.3	25.5	18.9	34.5	18.3	26.9	18.0	3.7	6.3	8.3	6.1	204.7
			TP	5.2	8.9	9.3	6.9	12.5	6.5	9.7	6.4	1.3	2.3	3.0	2.2	74.2
基准情景	2015年	$p=25\%$	COD	10.3	35.3	61.9	39.2	64.2	97.8	87.3	101.9	46.9	13.2	46.1	0.6	604.7
			NH_3-N	2.3	7.9	13.8	8.7	14.3	21.8	19.4	22.7	10.4	3.0	10.2	0.1	134.6
			TN	5.1	17.4	30.6	19.3	31.8	48.3	43.1	50.3	23.2	6.5	22.8	0.3	298.7
			TP	1.9	6.4	11.2	7.1	11.6	17.6	15.7	18.4	8.4	2.4	8.3	0.1	109.1
		$p=50\%$	COD	24.8	22.5	51.7	50.5	35.9	61.6	35.6	30.4	39.6	79.2	44.1	0.4	476.3
			NH_3-N	5.5	5.0	11.5	11.2	8.0	13.7	7.9	6.8	8.8	17.6	9.8	0.1	105.9
			TN	12.2	11.1	25.5	25.0	17.7	30.4	17.6	15.0	19.6	39.1	21.8	0.2	235.2
			TP	4.4	4.1	9.3	9.1	6.5	11.1	6.4	5.5	7.1	14.3	7.9	0.1	85.8
		$p=75\%$	COD	19.9	14.9	56.4	38.1	93.6	85.4	7.9	26.7	2.2	31.1	19.5	5.4	401.1
			NH_3-N	4.4	3.3	12.5	8.5	20.7	19.0	1.7	5.9	0.5	6.9	4.4	1.2	89.0
			TN	9.8	7.3	27.9	18.8	46.2	42.2	3.9	13.2	1.1	15.4	9.6	2.6	198.0
			TP	3.6	2.7	10.2	6.9	16.8	15.4	1.4	4.8	0.4	5.6	3.5	0.9	72.2
		$p=90\%$	COD	13.1	34.5	24.0	5.1	34.2	50.4	98.6	26.9	28.4	23.2	12.9	12.3	363.6
			NH_3-N	2.9	7.7	5.4	1.1	7.6	11.2	21.9	6.0	6.4	5.2	2.9	2.7	81.0
			TN	6.4	17.1	11.8	2.5	16.9	24.9	48.7	13.3	14.1	11.5	6.4	6.0	179.6
			TP	2.4	6.2	4.3	0.9	6.2	9.1	17.8	4.8	5.1	4.2	2.3	2.2	65.5
		$p=95\%$	COD	14.5	8.9	20.3	47.5	31.9	69.8	42.1	4.1	19.6	26.4	13.2	50.7	349.0
			NH_3-N	3.2	2.0	4.5	10.5	7.1	15.5	9.4	0.9	4.4	5.9	3.0	11.3	77.7
			TN	7.1	4.4	10.0	23.5	15.8	34.5	20.8	2.0	9.7	13.1	6.5	25.1	172.5
			TP	2.6	1.6	3.7	8.5	5.8	12.5	7.6	0.7	3.5	4.8	2.4	9.1	62.8

续表

情景	条件		指标	1月	2月	3月	4月	5月	6月	7月	8月	9月	10月	11月	12月	合计
基准情景	2020年	$p=25\%$	COD	9.2	31.6	55.5	35.2	57.6	87.8	78.3	91.4	42.1	11.8	41.4	0.5	542.4
			NH_3-N	2.2	7.7	13.4	8.5	13.9	21.2	18.9	22.0	10.1	2.9	10.0	0.1	130.9
			TN	5.0	17.2	30.1	19.1	31.3	47.6	42.5	49.6	22.8	6.4	22.4	0.3	294.3
			TP	1.8	6.2	10.8	6.8	11.2	17.1	15.3	17.8	8.2	2.3	8.1	0.1	105.7
		$p=50\%$	COD	22.2	20.1	46.3	45.3	32.2	55.2	31.9	27.2	35.5	71.0	39.5	0.3	426.7
			NH_3-N	5.4	4.9	11.2	10.9	7.8	13.3	7.7	6.6	8.6	17.1	9.5	0.1	103.1
			TN	12.1	10.9	25.2	24.6	17.5	30.0	17.3	14.8	19.3	38.6	21.4	0.2	231.9
			TP	4.3	3.9	9.0	8.8	6.3	10.7	6.2	5.3	6.9	13.8	7.7	0.1	83.0
		$p=75\%$	COD	17.8	13.3	50.6	34.1	83.9	76.6	7.1	23.9	2.0	27.9	17.5	4.8	359.5
			NH_3-N	4.3	3.2	12.2	8.2	20.2	18.5	1.7	5.8	0.4	6.7	4.3	1.2	86.7
			TN	9.7	7.2	27.5	18.5	45.6	41.6	3.8	13.0	1.0	15.1	9.5	2.6	195.1
			TP	3.5	2.6	9.8	6.7	16.4	14.9	1.4	4.7	0.4	5.4	3.4	0.9	70.1
		$p=90\%$	COD	11.7	30.9	21.5	4.6	30.6	45.2	88.4	24.1	25.5	20.8	11.6	11.0	325.9
			NH_3-N	2.8	7.5	5.2	1.1	7.4	10.9	21.3	5.9	6.2	5.0	2.8	2.7	78.8
			TN	6.3	16.8	11.7	2.5	16.6	24.6	48.0	13.1	13.9	11.3	6.3	6.0	177.1
			TP	2.3	6.0	4.2	0.9	6.0	8.8	17.2	4.7	5.0	4.1	2.2	2.1	63.5
		$p=95\%$	COD	13.0	7.9	18.2	42.6	28.6	62.6	37.7	3.7	17.6	23.7	11.8	45.5	312.9
			NH_3-N	3.1	1.9	4.4	10.3	6.9	15.1	9.1	0.9	4.3	5.7	2.9	11.0	75.6
			TN	7.0	4.3	9.9	23.1	15.5	34.0	20.5	1.9	9.5	12.9	6.4	24.7	169.7
			TP	2.5	1.6	3.6	8.3	5.6	12.2	7.4	0.7	3.4	4.6	2.3	8.8	61

表 6-36　不同年份汤逊湖流域污染物内源入湖量的地区结构

情景/年份		地区		入湖量（t/a）				贡献率（%）			
				COD	NH_3-N	TN	TP	COD	NH_3-N	TN	TP
2007 年		洪山		0	0	0	0	0	0	0	0
		东湖新区		203.1	4.5	19.8	1.7	30.0	30.1	30.0	29.9
		江夏	大桥	291.7	6.4	28.5	2.5	43.1	43.2	43.1	43.4
			纸坊	10.8	0.2	1.1	0.1	1.6	1.5	1.6	1.6
			郑店	17.6	0.4	1.7	0.2	2.6	2.6	2.6	2.6
			庙山	106.3	2.3	10.4	0.9	15.7	15.6	15.7	15.8
			五里界	33.8	0.7	3.3	0.3	5.0	5.0	5.0	4.9
			藏龙岛	12.9	0.3	1.3	0.1	2.0	2.0	2.0	1.8
		合计		676.2	14.8	66.1	5.8	100.0	100.0	100.0	100.0
基准情景	2015 年/2020 年	洪山		0	0	0	0	0	0	0	0
		东湖新区		203.1	4.5	19.8	1.7	30.0	30.1	30.0	29.9
		江夏	大桥	291.7	6.4	28.5	2.5	43.1	43.2	43.1	43.4
			纸坊	10.8	0.2	1.1	0.1	1.6	1.5	1.6	1.6
			郑店	17.6	0.4	1.7	0.2	2.6	2.6	2.6	2.6
			庙山	106.3	2.3	10.4	0.9	15.7	15.6	15.7	15.8
			五里界	33.8	0.7	3.3	0.3	5.0	5.0	5.0	4.9
			藏龙岛	12.9	0.3	1.3	0.1	2.0	2.0	2.0	1.8
		合计		676.2	14.8	66.1	5.8	100.0	100.0	100.0	100.0

表 6-37　不同年份汤逊湖流域污染物内源入湖量的月份结构　（单位：t/a）

情景	年份	指标	5 月	6 月	7 月	8 月	9 月	10 月	合计
—	2007	COD	68.08	97.3	145.92	145.92	121.65	97.3	676.17
		NH_3-N	1.48	2.13	3.19	3.19	2.66	2.13	14.78
		TN	6.66	9.5	14.25	14.25	11.89	9.5	66.05
		TP	0.58	0.83	1.24	1.24	1.04	0.83	5.76
基准情景	2015/2020	COD	68.1	97.3	145.9	145.9	121.7	97.3	676.2
		NH_3-N	1.5	2.1	3.2	3.2	2.7	2.1	14.8
		TN	6.7	9.5	14.3	14.3	11.9	9.5	66.2
		TP	0.6	0.8	1.2	1.2	1.0	0.8	5.6

表 6-38 不同年份汤逊湖流域外通过巡司河入流的污染物入湖量的总量与结构（洪山）

（单位：t/a）

条件		指标	基准情景					
			5月	6月	7月	8月	9月	合计
2007 年		COD	146.7	65.4	111.4	39.1	8.3	370.9
		NH_3-N	8.1	3.6	6.2	2.2	0.5	20.6
		TN	14.2	6.3	10.8	3.8	0.8	35.9
		TP	0.5	0.2	0.4	0.1	0	1.2
2015 年	$p=25\%$	COD	111.6	169.9	151.5	176.9	81.4	691.3
		NH_3-N	4.2	6.4	5.7	6.6	3.1	26.0
		TN	5.6	8.5	7.6	8.9	4.1	34.7
		TP	1.1	1.7	1.5	1.8	0.8	6.9
	$p=50\%$	COD	62.3	107.0	61.8	52.7	68.7	352.5
		NH_3-N	2.3	4.0	2.3	2.0	2.6	13.2
		TN	3.1	5.4	3.1	2.6	3.4	17.6
		TP	0.6	1.1	0.6	0.5	0.7	3.5
	$p=75\%$	COD	162.4	148.4	13.7	46.3	3.8	374.6
		NH_3-N	6.1	5.6	0.5	1.7	0.1	14.0
		TN	8.1	7.4	0.7	2.3	0.2	18.7
		TP	1.6	1.5	0.1	0.5	0	3.7
	$p=90\%$	COD	59.3	87.6	171.1	46.7	49.3	414.0
		NH_3-N	2.2	3.3	6.4	1.8	1.9	15.6
		TN	3.0	4.4	8.6	2.3	2.5	20.8
		TP	0.6	0.9	1.7	0.5	0.5	4.2
	$p=95\%$	COD	55.5	121.2	73.1	7.0	34.0	290.8
		NH_3-N	2.1	4.5	2.7	0.3	1.3	10.9
		TN	2.8	6.1	3.7	0.4	1.7	14.7
		TP	0.6	1.2	0.7	0.1	0.3	2.9
2020 年	$p=25\%$	COD	83.7	127.4	113.7	132.7	61.1	518.6
		NH_3-N	2.8	4.3	3.8	4.4	2.0	17.3
		TN	4.2	6.4	5.7	6.6	3.1	26
		TP	0.8	1.3	1.1	1.3	0.6	5.1
	$p=50\%$	COD	46.7	80.2	46.3	39.5	51.5	264.2
		NH_3-N	1.6	2.7	1.5	1.3	1.7	8.8
		TN	2.3	4.0	2.3	2.0	2.6	13.2
		TP	0.5	0.8	0.5	0.4	0.5	2.7

续表

条件		指标	基准情景					
			5月	6月	7月	8月	9月	合计
2020年	$p=75\%$	COD	121.8	111.3	10.3	34.8	2.9	281.1
		NH_3-N	4.1	3.7	0.3	1.2	0.1	9.4
		TN	6.1	5.6	0.5	1.7	0.1	14.0
		TP	1.2	1.1	0.1	0.4	0.0	2.8
	$p=90\%$	COD	44.5	65.7	128.3	35.1	37.0	310.6
		NH_3-N	1.5	2.2	4.3	1.2	1.2	10.4
		TN	2.2	3.3	6.4	1.8	1.9	15.6
		TP	0.5	0.7	1.3	0.4	0.4	3.3
	$p=95\%$	COD	41.6	90.9	54.8	5.2	25.5	218.0
		NH_3-N	1.4	3.0	1.8	0.2	0.9	7.3
		TN	2.1	4.5	2.7	0.3	1.3	10.9
		TP	0.4	0.9	0.6	0.1	0.3	2.3

6.3 流域污染负荷的不确定性分析

6.3.1 不确定性分析方法

污染负荷计算过程中存在很大的不确定性，通常，污染源计算的不确定性来自污染过程本身的不确定性、模型对于污染物过程刻画的不确定性。不确定性分析主要基于统计分析方法。本书利用 HSY 算法对参数进行识别和灵敏度分析。该方法主要基于某种形式的判定准则来识别模型参数的分布，当随机样本数足够大时，得到可接受和不可接受的模型参数数组，它们的统计特性描述了系统的行为特征，通过分析累计概率分布函数和概率密度函数特征来识别敏感性参数。

本节在污染负荷计算的基础上，以 TN 为例对点源和面源进行不确定分析，具体计算过程如下。

1）基于 2007 年汤逊湖 TN 污染负荷入湖量的监测数据，以其上下 10% 的范围作为可接受的控制函数，具体选取控制目标如下：

$$Z=\frac{\sum_{i=1}^{n}(u_{\mathrm{obv},i}-u_{\mathrm{sim},i})^2}{\sum_{i=1}^{n}u_{\mathrm{obv},i}{}^2}, Z<0.1 \tag{6-1}$$

$$\mathrm{BIAS} = \frac{\sum_{i=1}^{n}(u_{\mathrm{obv},i} - u_{\mathrm{sim},i})}{\sum_{i=1}^{n} u_{\mathrm{obv},i}} \times 100\%, \ -10\% < \mathrm{BIAS} < 10\% \tag{6-2}$$

式中，$u_{\mathrm{obv},i}$ 为监测值；$u_{\mathrm{sim},i}$ 为模拟值；n 为总评价参数。

2）模型参数在初始确定的范围内，利用 Monte Carlo 方法进行随机取样，判断取样参数是否被接受，并进行分别存储。

3）通过 Kolmogorov-Smirnov（K-S）检验法和 Morris 筛选法，考察模型可接受与不可接受参数概率分布的相对差异，识别参数的灵敏性。

其中，Morris 筛选法是另一种识别参数敏感性的一种方法。敏感性参数识别对流域污染控制管理非常重要，可以识别出主要参数并进行相应控制。

$$S = \sum_{i=0}^{n-1} \frac{|Y_{i+1} - Y_i|/Y_0}{|P_{i+1} - P_i|/100} \Big/ n \tag{6-3}$$

式中，S 为灵敏度识别因子；Y 为模型运行输出值；Y_0 为计算结果初始值；P 为模型运算参数值相对于率定后参数变化百分率。$|S| \geqslant 1$，为高敏感；$0.2 \leqslant |S| < 1$，为敏感；$0.05 \leqslant |S| < 0.2$，为中等敏感；$0 \leqslant |S| < 0.05$，为不灵敏。

6.3.2　基于 HSY 算法的参数不确定范围识别

本节在污染负荷计算的基础上，以 TN 为例对点源和面源进行不确定分析。汤逊湖流域点源和面源 TN 污染指标计算中参数的不确定性如表 6-39 所示，数据主要来自调查、实验以及监测手段，研究案例分布在中国（如长江流域、黑河流域）、日本（如富士川流域）、英国（如 Glen、Windrush 和 Slapton 流域）等。

表 6-39　污染负荷计算参数的不确定性范围及其依据

编号	参数符号	参数含义	参数单位	参数范围	参考文献
1	Sw_w	城镇人口产污系数	$t/(cap \cdot 10^4 \cdot a)$	7.7～28.7	蔡明等，2004；刘瑞民等，2008
2	$Cw_{w,k}$	农村人口产污系数	$t/(cap \cdot 10^4 \cdot a)$	5.8～21.4	蔡明等，2004；叶飞等，2006；郭怀成等，2007
3	$Bw_{w,1\sim2}$	牲畜产污系数	$t/(10^4 \cdot a)$	15.0～114.0	蔡明等，2004；郭怀成等，2007；梁斌等，2003；刘瑞民等，2003
4	$Bw_{w,3}$	家禽产污系数	$t/(10^4 \cdot a)$	0.4～2.3	蔡明等，2004；郭怀成等，2007；梁斌等，2003；郭怀成等，2003

续表

编号	参数符号	参数含义	参数单位	参数范围	参考文献
5	E_6	农田产污系数	kg/(km^2·a)	1200~8500	蔡明等，2004；刘瑞民等，2008；Nandish et al.，1996；李怀恩和庄咏涛，2003；李根和毛锋，2008
6	E_7	森林产污系数	kg/(km^2·a)	190~1300	刘瑞民等，2008；Johnes，1996；Nandish et al.，1996；李怀恩和庄咏涛，2003；李根和毛锋，2008
7	E_8	草地产污系数	kg/(km^2·a)	320~1000	刘瑞民等，2008；Johnes，1996；Nandish et al.，1996；李根和毛锋，2008
8	E_9	城镇产污系数	kg/(km^2·a)	1100~1600	蔡明等，2004；刘瑞民等，2008；李怀恩和庄咏涛，2003
9	E_{10}	未利用土地产污系数	kg/(km^2·a)	800~1500	蔡明等，2004；刘瑞民等，2008；李怀恩和庄咏涛，2003
10	RB4	非点源污染入湖系数	—	0.07~0.28	蔡明等，2004
11	$WTT_{i,w,t,m}$	城镇污水处理率	—	0~0.8	调研数据

在给定的范围内选取10 000组参数进行模型，共有761组相应参数符合条件。组1为761组通过检验的参数，组2为未通过参数组。图6-1给出了所有可接受参数的分布情况。可以看出，城镇人口产污系数，农田产污系数，非点源污染入湖系数和城镇污水处理率的峰值明显，较易识别，其他参数分布接近均匀分布。通过模型模拟，点源污染占总污染量的24%~91%，平均为64%，所占比例的分布如图6-2所示。点源负荷为汤逊湖主要污染负荷，也是进行污染控制的重点。

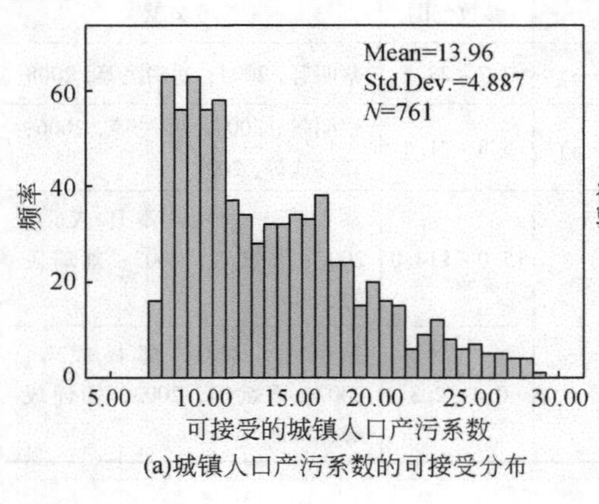

(a)城镇人口产污系数的可接受分布

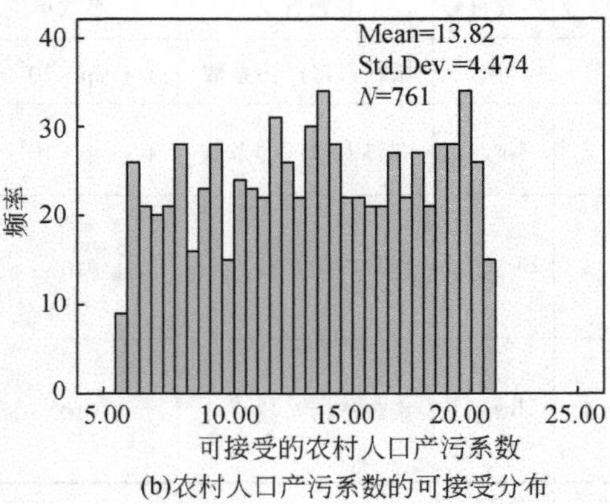

(b)农村人口产污系数的可接受分布

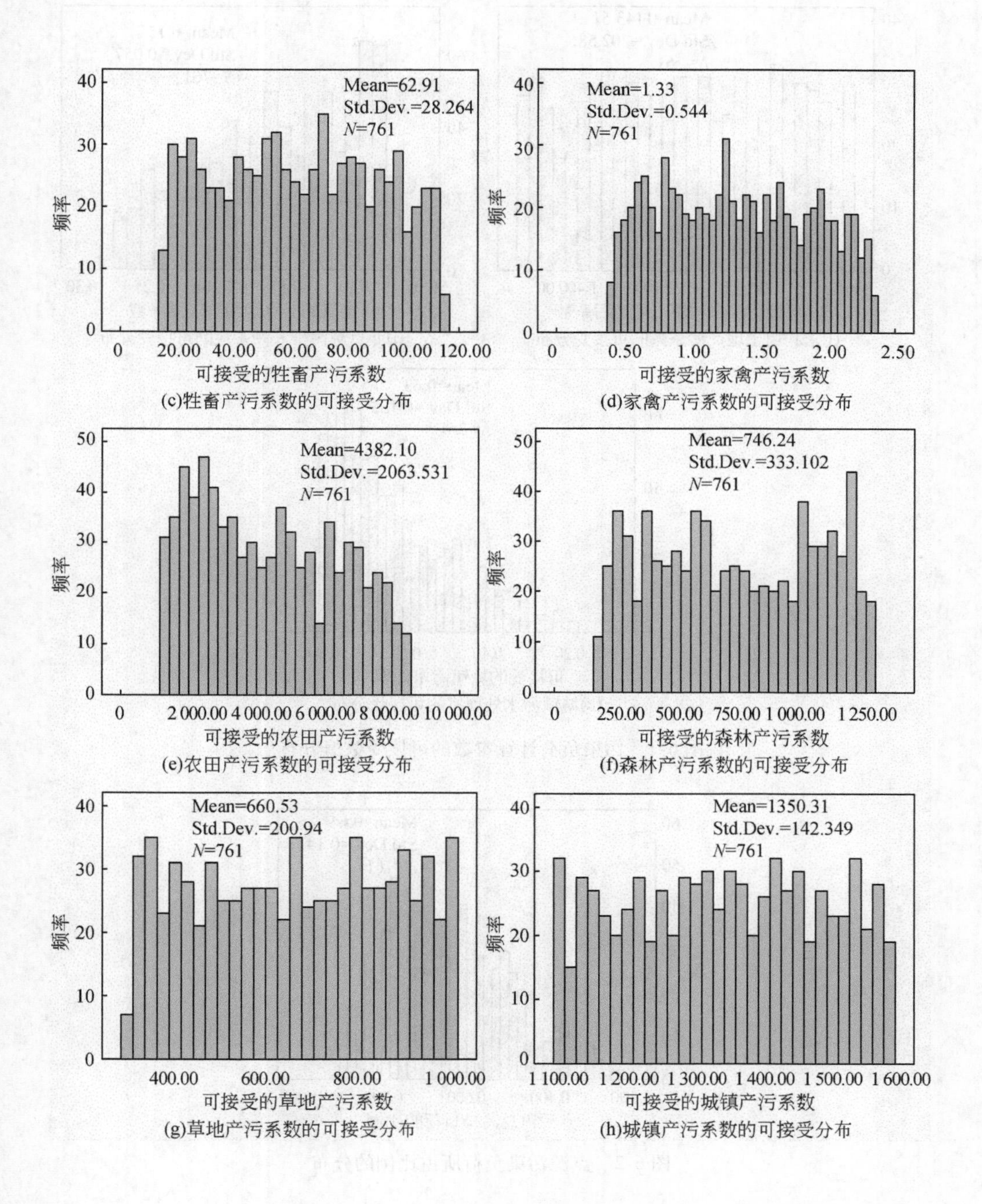

(c)牲畜产污系数的可接受分布

(d)家禽产污系数的可接受分布

(e)农田产污系数的可接受分布

(f)森林产污系数的可接受分布

(g)草地产污系数的可接受分布

(h)城镇产污系数的可接受分布

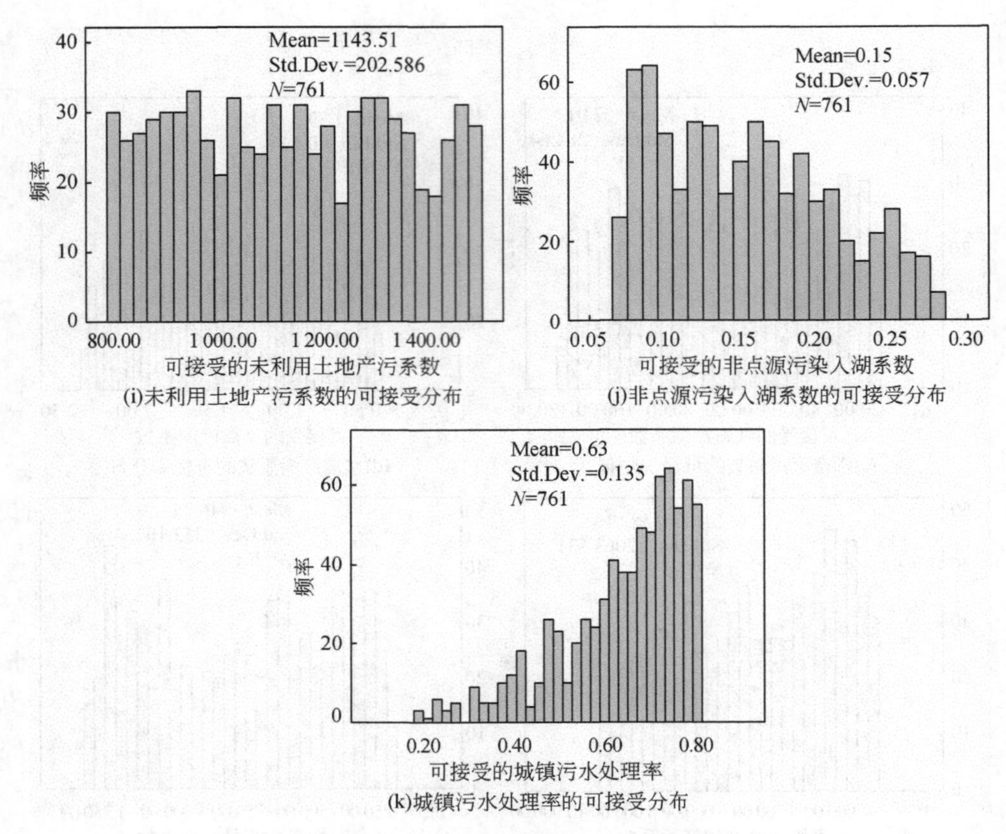

(i)未利用土地产污系数的可接受分布

(j)非点源污染入湖系数的可接受分布

(k)城镇污水处理率的可接受分布

图 6-1　污染负荷计算参数的可接受数值分布

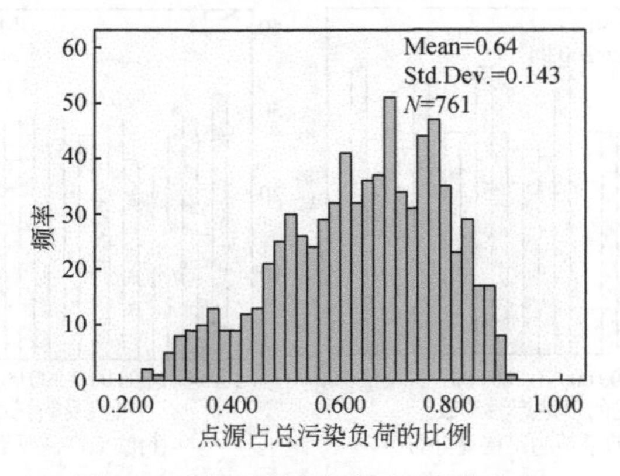

图 6-2　点源污染负荷所占比例的分布

6.3.3 不确定条件下主要参数灵敏度分析

K-S 值可以显示组 1 和组 2 的分布距离。结果如表所示，城市污水处理率，城镇人口产污系数的 K-S 值较高，属于高度敏感参数；农田产污系数 K-S 值为 2.949；森林产污系数与家禽产污系数高于 1.0；其余参数的敏感性较差，如表 6-40所示。图 6-3 为 Morris 筛选法计算得到的不确定参数的敏感因子。可以看出，两种方法计算结果基本一致。流域综合管理措施设计可以参照以上结果进行。需要重视生活污水处理，如建立污水处理厂并提高污水处理技术。非点源污染可以通过控制土壤侵蚀和建立湖滨缓冲带等措施控制。畜禽养殖以及农业污染也需要考虑，如控制畜禽养殖数量，调整农业种植结构优化施肥技术等措施。

表 6-40 参数的 K-S 距离值

参数	$Cw_{w,k}$	$Bw_{w,1\sim2}$	$Bw_{w,3}$	E_6
K-S 距离	0.854	0.872	1.413	2.949
参数	E_7	E_8	E_9	E_{10}
K-S 距离	1.181	0.764	0.512	0.675
参数	Sw_w	RB4	$WTT_{i,w,t,m}$	—
K-S 距离	8.947	4.644	13.458	—

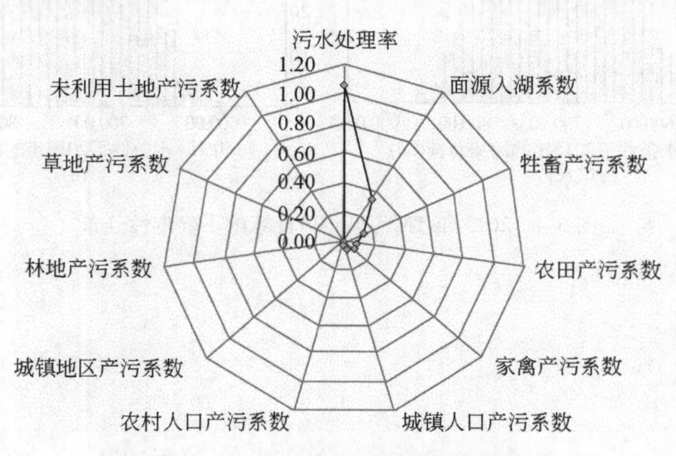

图 6-3 Morris 筛选法的参数敏感性特征

6.3.4 未来结果的不确定性范围

在不同来水条件下，2015 年在汤逊湖流域点源和面源 TN 污染负荷入湖量的分布如图 6-4 所示。从中可以看出，在 95%，75%，50% 降水条件下 TN 污染负荷的平均入湖量在 747.7t/a，676.0t/a，696.0t/a，729.9 t/a，峰值分别在 750 ~ 775t/a；650 ~ 700t/a；680 ~ 710t/a；740 ~ 760 t/a。

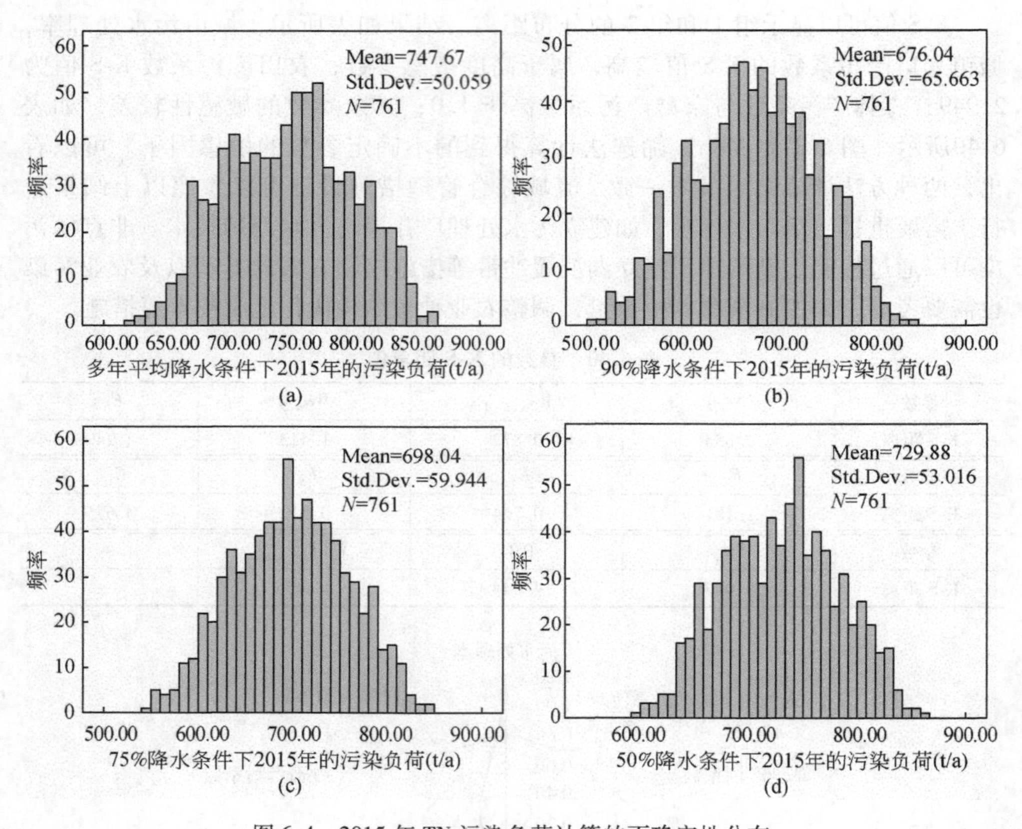

图 6-4 2015 年 TN 污染负荷计算的不确定性分布

第7章 汤逊湖水体水力水质模拟计算

7.1 湖泊流域水量平衡模拟

7.1.1 湖泊水位变化过程

根据汤逊湖青龙咀2000～2007年的水位记录情况，以记录的汤逊湖水位、面积和容积表（表7-1）中记录的数据作为插值点，以湖泊水面面积、容积与水位之间关系函数作为插值函数，可以通过插值计算得到2000～2007年汤逊湖各月各旬的水面面积和水体容积，2006～2007年具体结果见附表1，附表2。图7-1～图7-3给出了2004～2007年青龙咀的记录水位、水面面积和水体容积的变化过程。从图7-1中可以看出，汤逊湖水位呈现波浪式变化，平均水位在19.5m左右。相应的，湖泊水面面积和湖泊水体容积变化过程表现出同样的变化特点。

表7-1 汤逊湖湖泊水位、面积和容积对应关系表

水位（m）	17	17.5	18	18.5	19	20	20.5	21
面积（km^2）	0.9	11.9	19.4	25.8	31.1	35.1	36.6	37.9
容积（万m^3）	0	268	1 043	2 169	3 589	6 897	8 690	10 552

根据汤逊湖的调度规则，排涝初期，汤逊湖仅收集汇水范围内的雨水，巡司河（青菱河北）雨水全部通过青菱河、汤逊湖泵站排入长江；排涝中期，巡司河（青菱河北）过水流量超过汤逊湖抽排能力之后，开启闸门，部分雨水通过巡司河（青菱河南）入汤逊湖调蓄；排涝后期，巡司河（青菱河北）过水流量低于汤逊湖抽排能力，汤逊湖调蓄雨水通过巡司河（青菱河南）入青菱河、汤逊湖泵站排入长江。因此，在汛期，由于外江水位雍高，陈家山闸和解放闸需要关闸，防止外江水抬高湖泊水位，而停止自排。同时，为避免湖区水位过高造成淹没，需要利用汤逊湖泵站往长江抽排湖水。从图7-1～图7-3中可以看出，湖泊年内汛期水位都雍高，这主要是由于汤逊湖区域降雨产流量大且自流排水受阻。在汛期，湖泊的最高水位、最大湖面面积和最大湖体容积分别为20.45m、36.5km^2和0.851亿m^3，如图7-1～图7-3所示。

在非汛期，汤逊湖湖泊的排水压力不大，而且汇水范围内的产水量不大。因此，这段时期湖泊调度主要是自流排水，湖泊的水位高于外江水位。湖泊水体通过解放闸和陈家山闸自流出湖，从而保持湖泊水量更新与平衡。除枯水年外，非汛期水位变化比较稳定，都在19.0～19.5m之间。一般情况下，年内1～4月水位在不断波动，呈现下降的趋势，以应对汛期调蓄，10～12月的水位也呈现下降的趋势。

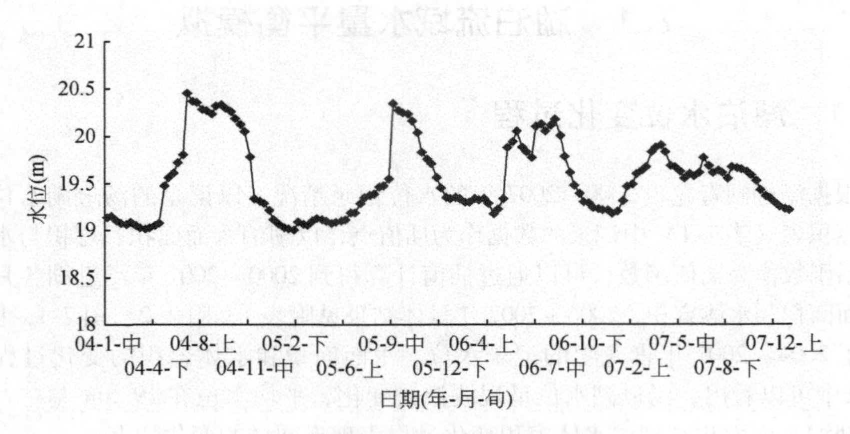

图7-1　汤逊湖湖泊水位系列变化图

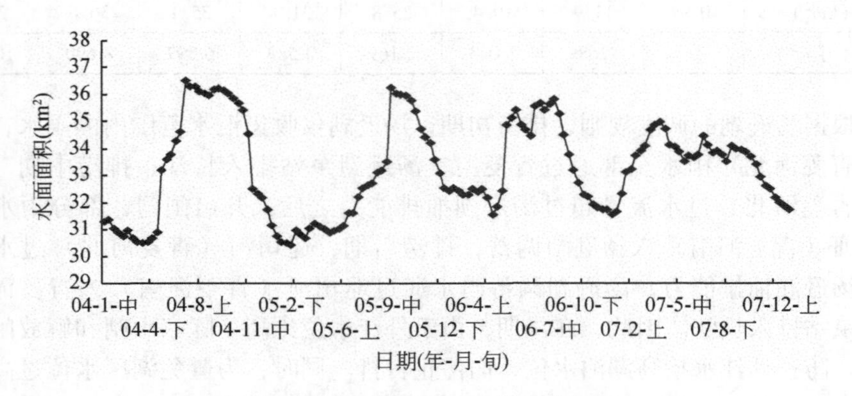

图7-2　汤逊湖湖泊水面面积系列变化图

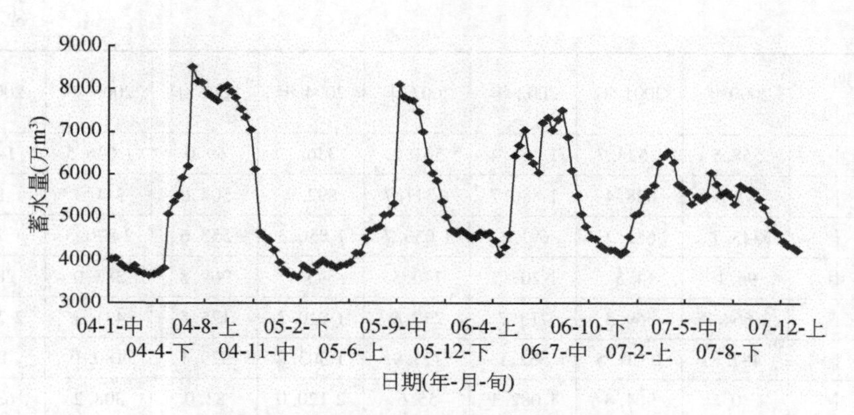

图7-3　汤逊湖湖泊蓄水量系列变化图

7.1.2　湖泊吞吐水量过程

7.1.2.1　入流模拟

（1）湖区降雨产流计算分析

依据江夏区五里界、豹子澥和金口县站2000～2007年旬降雨量统计资料，计算得到汤逊湖地区的降雨产流值，将14个单元的产流结果汇总，得到整个汤逊湖汇流区域内2000～2007年各月各旬的产流值。其结果如表7-2所示。

表7-2　汤逊湖地区降雨产流计算　　（单位：万 m^3）

日期（月－旬）	2000年	2001年	2002年	2003年	2004年	2005年	2006年	2007年
1－上	993.0	1 022.1	70.3	0	603.6	0	172.9	395.3
1－中	194.9	91.1	473.9	0	142.0	9.3	582.2	518.0
1－下	749.0	679.5	103.3	551.7	1.4	442.8	7.3	135.2
2－上	85.3	23.4	0	86.8	3.7	524.3	359.8	413.1
2－中	574.5	810.4	343.2	538.9	77.4	1 461.7	562.2	754.8
2－下	51.0	112.9	811.9	1 222.9	844.1	10.5	492.9	633.7
3－上	155.2	9.0	1 589.8	394.0	0	0	70.5	719.3
3－中	182.6	231.3	318.9	1 263.7	505.6	340.8	291.4	688.4
3－下	289.6	479.7	539.4	1 667.2	240.0	313.6	11.5	468.7
4－上	6.2	366.2	1 595.0	836.1	504.3	953.2	320.5	25.8

续表

日期（月－旬）	2000 年	2001 年	2002 年	2003 年	2004 年	2005 年	2006 年	2007 年
4－中	558.5	1 524.7	1 008.4	541.2	336.1	69.0	1 036.5	148.3
4－下	37.2	828.4	1 880.7	1 311.7	892.9	504.0	341.3	1 163.9
5－上	343.7	682.7	691.1	1 056.7	1 856.3	553.6	2 870.3	1.6
5－中	96.1	4.5	1 203.1	740.5	345.7	909.8	383.0	286.0
5－下	2 664.8	569.3	713.7	237.6	1 010.3	125.5	431.4	2 273.9
6－上	487.8	1 131.5	562.1	127.9	1 303.8	539.1	180.1	12.5
6－中	0	904.8	1 082.1	55.6	2 120.0	83.0	308.2	636.3
6－下	1 070.3	112.3	933.2	3 112.8	2 620.5	1 433.3	285.9	654.5
7－上	16.3	50.8	1 057.7	3 727.7	303.7	443.5	2 625.3	722.7
7－中	423.1	262.9	260.7	10.3	2 453.8	429.3	254.4	676.6
7－下	16.4	545.1	3 248.8	23.6	451.7	149.9	197.4	581.5
8－上	330.7	1 157.9	0	100.8	854.4	485.9	1 008.3	387.2
8－中	834.9	530.6	1 722.4	516.0	839.2	184.1	367.6	216.5
8－下	17.8	58.9	240.1	1.7	842.1	935.4	117.4	627.7
9－上	213.6	0	256.7	366.2	248.6	2 703.3	49.0	181.5
9－中	0	0	223.5	204.6	287.1	34.6	2.0	55.1
9－下	1 877.6	72.4	28.3	0	27.6	60.2	470.2	16.0
10－上	384.7	520.6	6.1	324.1	14.0	21.8	14.6	0
10－中	621.1	78.6	1 013.2	320.1	0	106.8	246.2	27.3
10－下	707.2	433.0	113.2	0	4.6	42.5	485.3	446.7
11－上	10.2	354.8	10.7	445.9	227.0	1 636.3	0.5	0
11－中	387.6	0	983.3	394.5	842.2	295.0	484.2	614.3
11－下	500.3	239.7	0.9	91.3	4.2	1.4	371.9	0
12－上	118.8	737.3	508.4	391.0	0	6.1	155.3	88.0
12－中	423.2	252.1	1 497.9	0	62.5	5.0	0	142.1
12－下	0	1.2	75.5	17.0	461.2	41.4	133.0	213.8
合计	15 423.2	14 879.7	25 167.5	20 680.1	21 331.6	15 856.0	15 690.5	14 926.3

(2) 污水排放计算分析

根据汤逊湖周边地区排污调查资料统计分析，计算汤逊湖流域不同区域的污水排放量。此外，流域内还有汤逊湖污水处理厂尾水 3 万 m^3/d。根据《武汉市城市排水专项规划》，分散排入沟渠、湖泊及鱼塘的少量污水，按照排污口实际监测量与汤逊湖污水处理厂处理量的20%进行估算。假设年内污水排放过程均匀，2000~2007年汤逊湖各月各旬的污水入湖量为44.1万m^3/旬。

（3）巡司河汛期入流分析

巡司河在汛期产汇流将汇入汤逊湖内，汛期为同年的5~9月，2000~2007年的入流结果见表7-3（2006~2007年详见附表1，附表2）。

表7-3 巡司河汛期入流水量（单位：万m^3）

日期（月-旬）	2000年	2001年	2002年	2003年	2004年	2005年	2006年	2007年
5-上	36.6	81.5	71.6	126.2	243.5	83.5	378.5	0
5-中	8.0	0.3	138.5	95.0	37.3	113.0	53.9	30.5
5-下	362.2	72.5	82.1	28.1	146.0	19.0	62.8	282.0
6-上	26.9	175.1	70.1	15.9	168.0	64.0	24.6	0.8
6-中	0	67.9	128.4	11.0	263.8	11.5	22.2	94.0
6-下	87.4	12.2	135.3	356.8	327.0	204.1	50.6	85.4
7-上	2.7	3.0	28.8	377.0	37.6	73.8	191.2	95.7
7-中	102.8	2.2	29.1	0.8	300.8	33.2	18.8	82.1
7-下	0	73.2	427.9	0.3	19.6	18.0	17.1	69.4
8-上	26.4	139.4	0	2.5	74.2	86.2	139.2	49.1
8-中	58.6	92.0	212.9	36.9	48.8	28.8	28.8	20.3
8-下	0.8	3.0	23.0	0.3	104.1	115.0	1.5	116.0
9-上	14.2	0	21.5	68.6	8.3	311.8	5.4	30.5
9-中	0	0	25.7	9.7	48.8	0	0.2	9.3
9-下	198.5	7.3	5.1	0	6.6	8.0	56.4	0
合计	925.1	729.6	1400.0	1129.1	1834.4	1169.9	1051.2	965.1

（4）灌溉退水量

汤逊湖流域灌溉面积为2万亩，根据汤逊湖的灌溉定额、退水系数、需水量计算不同来水频率条件下的灌溉退水量。退水量是灌溉取水量在灌溉过程中消耗后退入湖中的水量。因此，为了表示灌溉取水量、耗水量和退水量之间的水平衡关系，直接采用灌溉耗水量作为湖泊水平衡的支出项。2006~2007年的灌溉耗水量结果详见附表1、附表2。

7.1.2.2 出流模拟

（1）汤逊湖泵站提水过程

由前面各节分析计算得出除泵站和闸排水之外的所有入流和出流项。而泵站和闸分别在汛期和非汛期排水，因此，可以根据汤逊湖湖泊的水位、面积和容积来推求汛期汤逊湖泵站的排水量计算。泵站 2007 年月均排水量为 1612.9 万 m^3，2006～2007 年各月各旬的排水量推求计算结果见附表 1、附表 2。

（2）灌溉取水过程

汤逊湖流域灌溉面积为 2 万亩，根据汤逊湖的灌溉定额、种植面积、需水量计算不同来水频率条件下的灌溉取水量。为了表示灌溉取水量、耗水量和退水量之间的水平衡关系，直接采用灌溉耗水量作为湖泊水平衡的支出项。2006～2007 年的灌溉耗水量计算结果见附表 1，附表 2。

（3）水面蒸发过程

根据江夏区气象资料，可以知道汤逊湖地区在 2000～2007 年的各月各旬的气温、日照时数、气压、相对湿度、水汽压、风速、总云量和低云量。利用这些参数，依照以上的计算公式和计算过程得到汤逊湖蒸发水量。2007 年月均蒸发水量为 201.1 万 m^3，2006～2007 年汤逊湖各旬蒸发水量详见附表 1，附表 2。

（4）陈家山与解放闸排水过程

由前面各节分析计算得出了除泵站和闸排水之外的所有入流和出流项。而泵站和闸分别在汛期和非汛期排水，因此，可以根据汤逊湖湖泊的水位、面积和容积来推求非汛期陈家山闸与解放闸的排水量计算。陈家山闸和解放闸 2007 年月均水量为 1101.4 万 m^3，2006～2007 年各月各旬的排水量推求计算结果详见附表 1，附表 2。

7.2 汤逊湖平面二维水动力模拟

7.2.1 湖泊边界概化

汤逊湖是一个在闸、泵调节作用下与长江单向连通的半封闭湖泊，汇水区域大，湖泊岸线较长，湖底坡度平缓（图 7-4，见彩图）。湖泊平面二维网格剖分如图 7-5 所示，共有 17 569 个节点和 8230 个网格单元。湖泊岸线两侧共有 33 处调查排污口、湖泊流域内主要通过 7 处湖港入流，以及通过巡司河与长江连接口，水文特性比较复杂。尽管进出湖流入口位置比较清楚，但是水流入湖过程比较复杂，尤其是污水排放口的排放规律性不强，无法还原真实的入湖过程。同时，汤逊湖流域正在规划实施南截污工程与北截污工程，排污口污水排放入湖的过程也将改变，根据截污工程规划，对排污口进行了关闭处理，共 5 个入湖口，分别是金鞭港、纸坊港、五里界港、红旗港和湖北经济管理干部学院南湖校区排口（含洪山汇流区）；1 个出湖口，即巡司河出流。截污工程实施前后的湖泊水体边界概化如图 7-6 和图 7-7 所示。

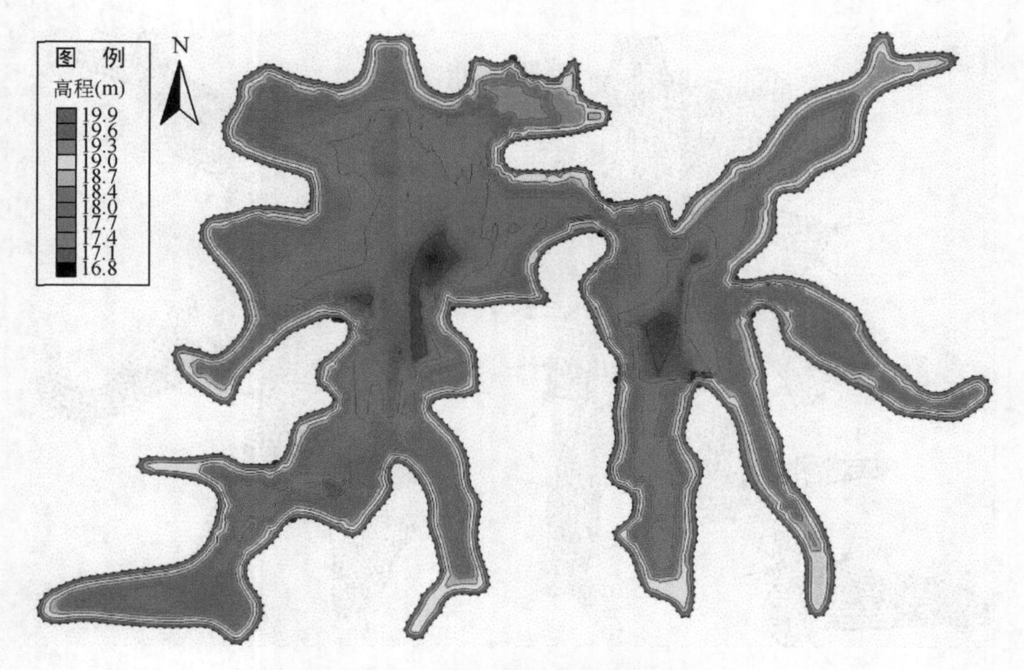

图 7-4　汤逊湖湖底地形高程图

图 7-5　汤逊湖三角形网格剖分与节点示意图

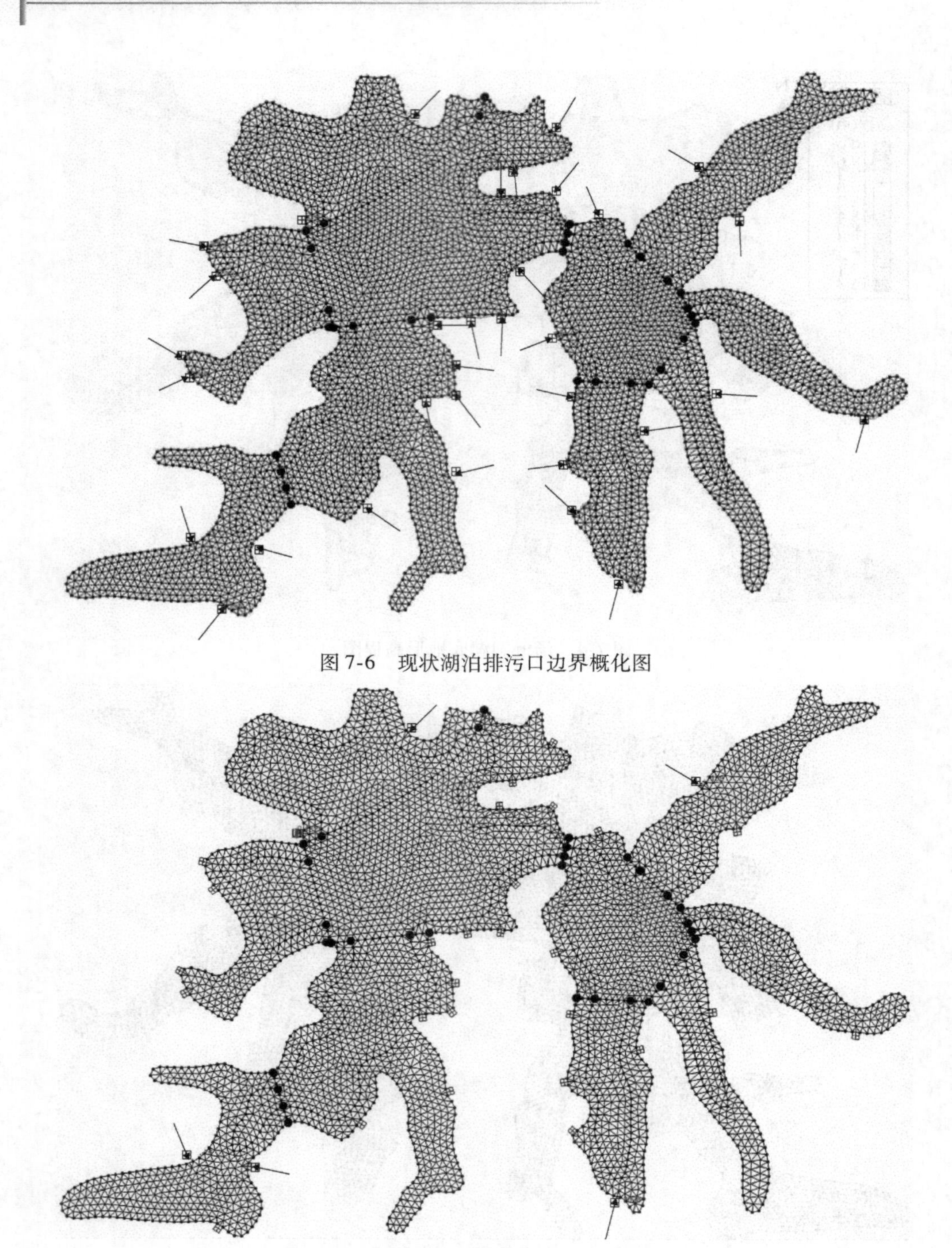

图 7-6　现状湖泊排污口边界概化图

图 7-7　截污规划后湖泊排污口边界概化图

7.2.2 模型的率定与验证

7.2.2.1　水流参数率定

二维水流数学模型中需要率定的参数包括湖底糙率、涡流系数和湖面风应力系数。由于汤逊湖水面开阔，需要布置很多测点才能监测到湖流流态；另外，湖泊水流运动速度很小，用常规的水流监测方法难以保证流速监测的精度，因此，至今汤逊湖还没有足够的流态监测资料。尽管如此，在汤逊湖局部点有些水流实测资料，而且，通过对湖泊水动力的大量研究，对湖泊流态和流速量级已经形成一些总体的经验性认识，可为本模型参数的率定与验证提供基础。大量数值试验结果和现场经验表明，汤逊湖湖流流态主要受湖面风场的影响，其次是进出水流的影响，湖泊水位对流态影响最小。

鉴于目前人们对汤逊湖湖流流态的认识是基于对一些典型水文过程作用下发生的，主要受湖面风场的影响。因此，在水流模型验证开发中，重点以典型水文过程作用下湖面风场特征来进行湖流模型验证计算。由于风应力项是风速的函数，其计算采用经验公式，量级一般是 10^{-6}；主要率定不同水域分区的糙率和涡黏系数，如表 7-4 所示。

表 7-4　汤逊湖各分区的参数值

水域分区	糙率（$m^{\frac{1}{2}}\cdot s$）	涡黏系数 Pascal-sec	备注
TXH_W_01	0.015	25	外汤湖心，1 个计算分区
TXH_W_02	0.025	25	外汤邻近湖心的水域，4 个计算分区
TXH_W_03	0.03	25	外汤沿岸带水域，4 个计算分区
TXH_W_04	0.035	25	外汤湖汊水域，2 个计算分区
TXH_N_01	0.015	25	内汤湖心，1 个计算分区
TXH_N_02	0.025	25	内汤湖汊的中心水域，4 个计算分区
TXH_N_03	0.03	25	内汤沿岸带水域，2 个计算分区
TXH_N_04	0.035	25	内汤湖汊沿岸带水域，4 个计算分区

注：认为湖泊水体内涡黏系数各向同性。

将2007年不同月份各旬的风况资料与相应月份的吞吐流资料和湖泊水位资料组合，通过模型计算结果表明，在河湖自然连通条件下，汤逊湖水流主要受湖面风场的影响，不同月份风向发生变化会影响湖泊水体环流形态；在泵站出流条件下，汤逊湖水流主要受泵站出流的影响。从现场考察、湖泊水流规律认识和部分区域监测值来看，汤逊湖湖泊水体流场分布合理。

7.2.2.2 水动力模型验证

汤逊湖流域属亚热带湿润季风气候，四季分明，气候温和，热量充足，雨量丰富，雨热同季。年平均气温16.8℃，全年主导风向为东北风，年平均风速为1.5m/s，最大风速15.7m/s。其中，冬季受东北季风控制；春季是冬夏季风过渡期；夏季受东南和西南季风控制；秋季是夏季风向冬季风过渡季节。

汤逊湖水动力模拟既要考虑吞吐流，又需要考虑风场产生风生流的影响。水动力模型中的边界条件，也是湖泊水流最主要的影响因素，包括湖泊出入湖水量、湖面风场和湖泊水位。

(1) 湖泊入湖水量

2007年汤逊湖流域内各分区降水产流入湖的旬变化过程与巡司河与湖泊水体交换的旬变换过程见附表2所示。

(2) 湖区风场资料

以2000~2007年的气象资料武汉市气象站等实测风场资料为基础，分析2007年汤逊湖湖区风场特点，如表7-5所示。

表7-5 汤逊湖流域逐月平均风速与风向

项目	1月	2月	3月	4月	5月	6月	7月	8月	9月	10月	11月	12月
风速 (m/s)	2	2.9	2.5	2.4	2.8	2.3	3.1	2.2	2.3	1.8	1.5	1.6
风向	NE	NE	NW	ESE	ESE	SE	SE	SE	SE	NNW	NNW	NE

(3) 汤逊湖水位

统计2007年汤逊湖实测水位旬变化过程如图7-1所示。

数值模拟不同季节和风场条件下湖流流态、风速量级与汤逊湖局部实测流态资料和以往认识十分一致，表明建立的汤逊湖二维水流模型能较好地反映汤逊湖湖区水流运动规律。模拟得到汤逊湖2007年4月、7月、10月、1月四个代表月份的湖流流场分别见图7-8~图7-11所示。

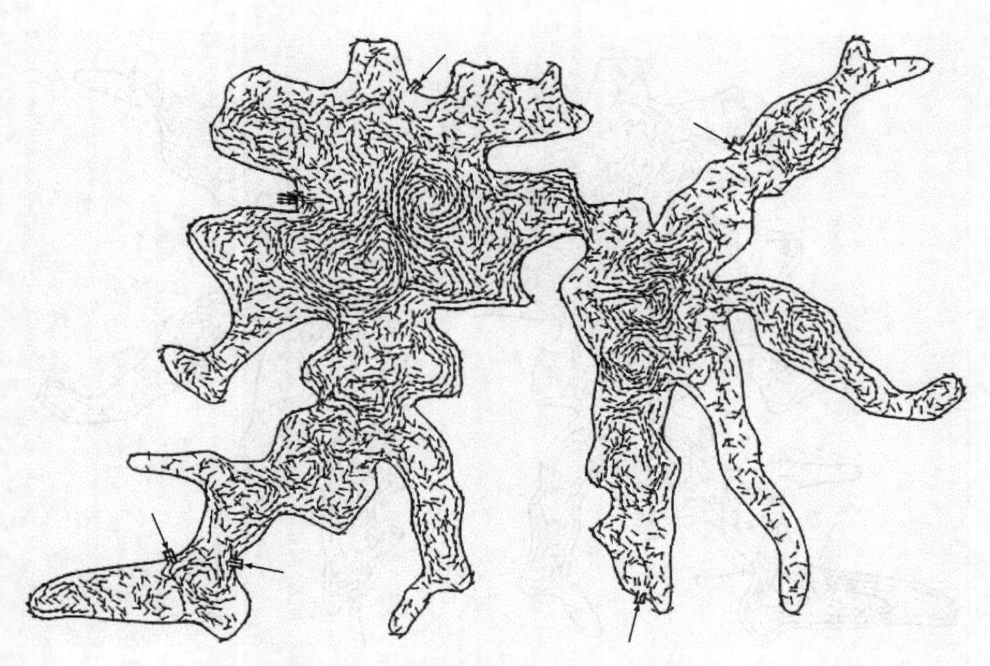

图 7-8　2007 年 4 月在吞吐流和偏东南风应力作用下汤逊湖流场示意图（春季）

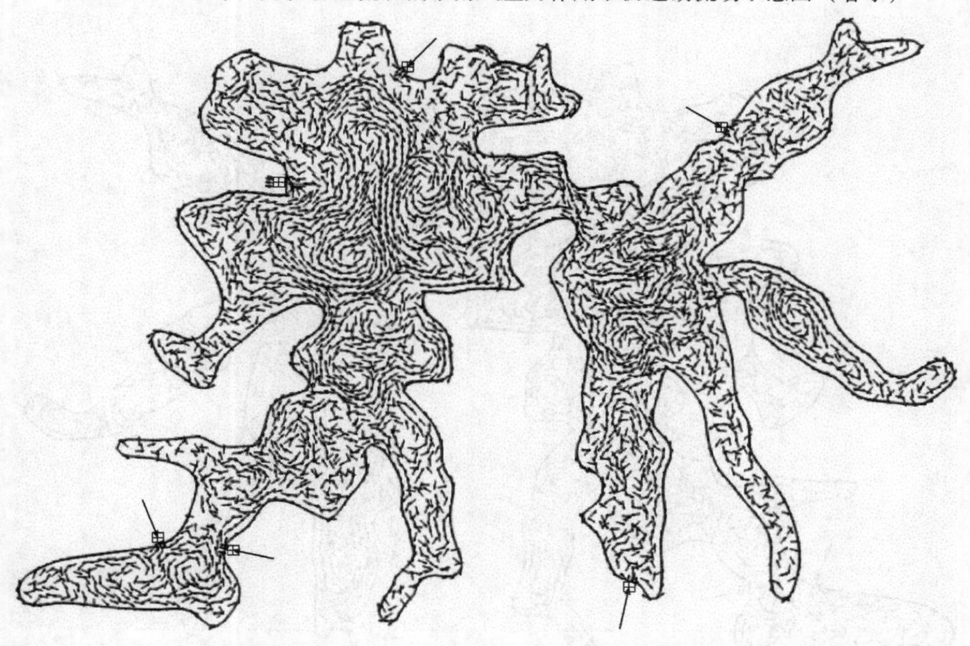

图 7-9　2007 年 7 月在吞吐流和东南风应力作用下汤逊湖流场示意图（夏季）

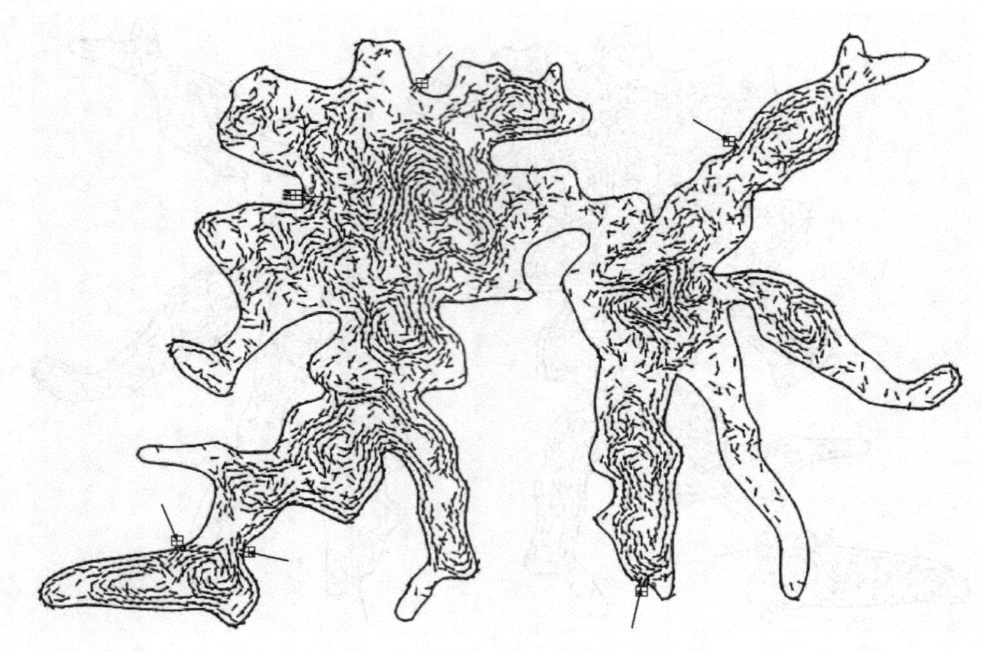

图 7-10　2007 年 10 月在吞吐流和西北风应力作用下汤逊湖流场示意图（秋季）

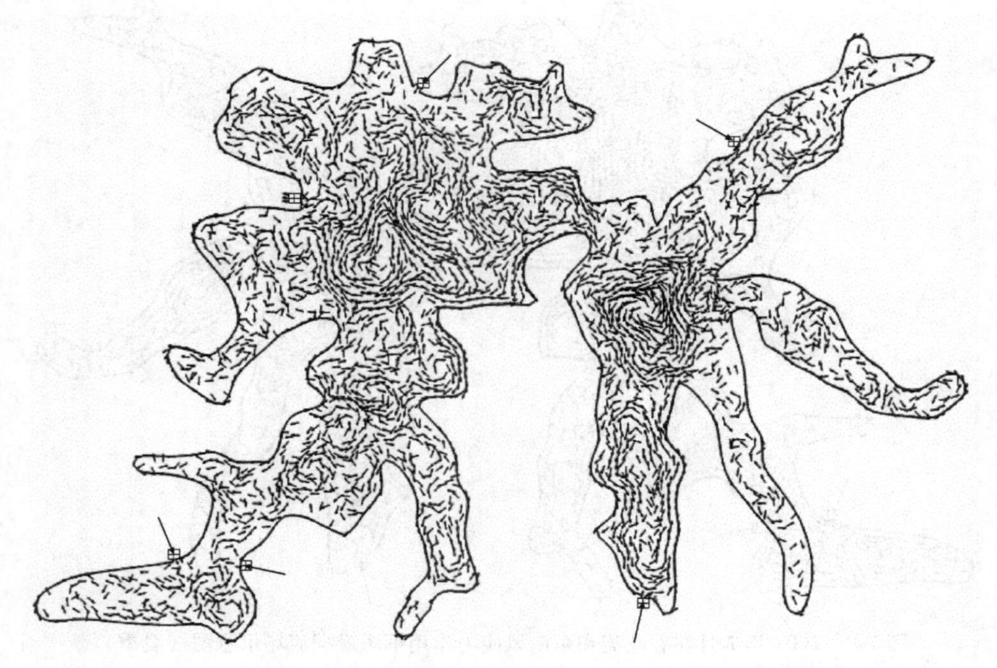

图 7-11　2007 年 1 月在吞吐流和东北风应力作用下汤逊湖流场示意图（冬季）

7.2.3 未来水平年水流模拟分析

风场基本一致，在不同的降水频率下，湖泊吞吐水量有所不同，但流场与现状年基本一致，流速在0～0.06m/s的范围，湖泊水体平均流速约为0.015m/s。

7.3 汤逊湖平面二维水质模拟

7.3.1 模型的率定与验证

汤逊湖湖区涉及的参数比较多，尤其是这些模型参数反映了污染物指标在水体中十分复杂的变化过程，模型参数率定难度较大。

汤逊湖在不同的湖区设置了13个水质监测站点，有2005～2008年每两月进行一次水质监测的数据、2006～2007年入湖巡司河各断面监测数据的年均值数据和多次从降雨产流形成的入湖水流采样获取相应的水质指标浓度值。这些资料基本上能反映入湖污染负荷量，以及对应于入湖污染负荷条件下汤逊湖水体的水质状况。本节利用2006年和2007年两年配套的湖区月平均入湖污染源资料和汤逊湖实测浓度资料以及相应的水文气象资料，对模型进行参数率定和验证。其中，2007年资料用以模型参数率定，2006年资料用以模型验证。

7.3.1.1 水质参数率定

以水动力学模型计算得到的湖泊水体流态（流速与水位）作为湖泊水体浓度场计算的基础。再考虑2007年污染负荷输入量，利用水质模型进行浓度场计算。2006年与2007年两年污染负荷量如表7-6所示。利用2007年资料率定得到的模型参数值如表7-7所示。假定汤逊湖水体这些水质参数各向同性，因此在湖泊各个计算分区上参数具有同一性。其中，TN、TP的沉降速率的测定相当困难，一般采用统计方法间接地推求得到（Dieter，1974）。在本书中，我们根据太湖、滇池等的研究成果分别取为0.009/d、0.008/d。

表7-6　2006年和2007年汤逊湖各污染指标入湖污染负荷量　（单位：t/a）

月份	2006年				2007年			
	COD_{Mn}	NH_3-N	TN	TP	COD_{Mn}	NH_3-N	TN	TP
1	71.49	44.66	65.01	7.31	74.367	35.25	52.67	6.88
2	77.74	45.78	75.04	11.04	79.548	39.81	62.87	10.62

续表

月份	2006 年				2007 年			
	COD_{Mn}	NH_3-N	TN	TP	COD_{Mn}	NH_3-N	TN	TP
3	79.04	39.54	76.70	9.62	83.064	40.61	64.38	11.04
4	74.87	47.22	70.29	7.69	77.625	37.72	57.83	8.63
5	149.74	59.48	107.16	13.27	149.751	54.55	94.5	15.35
6	124.09	53.38	86.37	9.77	126.57	43.62	73.54	9.32
7	157.12	56.01	102.67	13.50	172.14	50.59	90.73	13.06
8	129.43	51.65	86.63	9.89	142.11	42.58	74.73	9.45
9	124.85	44.13	68.80	4.32	118.71	34.47	56.12	4.11
10	112.86	43.95	67.69	4.15	104.181	34.37	55.12	4.92
11	84.27	42.49	59.93	3.64	73.560	32.97	47.45	4.78
12	78.66	41.53	57.70	3.25	73.344	31.99	45.19	3.97

表 7-7　汤逊湖水质模型参数率定结果

参数 / 月份	纵向和横向扩散系数范围 (m^2/s)	COD_{Mn}综合衰减系数 (1/d)	NH_3-N 综合衰减系数 (1/d)	底泥释放 TN 速率 [g/(m^2·d)]	TN 衰减速率 (1/d)	底泥释放 TP 速率 [g/(m^2·d)]	TP 衰减速率 (1/d)
1	1～3	0.006	0.12	0.05	0.048	0.05	0.120
2	1～3	0.000 48	0.096	0.05	0.048	0.05	0.122
3	1～3	0.000 24	0.06	0.045	0.038	0.04	0.096
4	1～3	0.000 24	0.096	0.05	0.048	0.03	0.072
5	1～3	0.002 4	0.168	0.055	0.084	0.049	0.120
6	1～3	0.002 4	0.12	0.045	0.060	0.021	0.048
7	1～3	0.002 4	0.084	0.06	0.050	0.025	0.060
8	1～3	0.001 2	0.072	0.05	0.048	0.038	0.036
9	1～3	0.001 2	0.06	0.04	0.036	0.02	0.005
10	1～3	0.002 4	0.048	0.035	0.029	0.03	0.006
11	1～3	0.002 4	0.048	0.035	0.029	0.03	0.006
12	1～3	0.002 4	0.06	0.035	0.034	0.05	0.007

注：表中 COD_{Mn}综合衰减系数实为20℃水温时率定值，需要考虑温度修正。

7.3.1.2　水质模型验证

根据2007年率定得到的模型参数值，利用2006年汤逊湖水动力模型模拟的湖泊水体流态和相应的水质监测资料，进行汤逊湖2006年COD_{Mn}、NH_3-N、TN、TP的月变化过程计算，并与内、外汤逊湖湖心两个水质监测点实测浓度的年内月变化过程进行对比验证。内、外汤逊湖湖心测点计算浓度值与实测浓度月平均值的误差如表7-8与表7-9所示，代表性测点计算得到2006年月变化过程与实测结果的比较见图7-12和图7-13。

表7-8 内汤逊湖水质模型监测站点验证平均误差

项目	指标	1月	3月	5月	7月	9月	11月	年均值
绝对误差（%）	COD_{Mn}	6.5	13.2	9.4	2.0	18.9	26.2	10.6
	NH_3-N	24.9	49.8	12.4	46.6	11.2	17.6	27.4
	TN	16.4	42.1	7.5	25.1	18.6	28.8	16.4
	TP	21.4	28.6	33.7	16.9	20.1	34.3	31.6
相对误差（mg/L）	COD_{Mn}	0.32	0.73	0.40	0.10	1.16	1.65	0.57
	NH_3-N	0.05	0.14	0.03	0.08	0.03	0.09	0.08
	TN	0.11	0.34	0.06	0.15	0.18	0.27	0.13
	TP	0.01	0.02	0.02	0.01	0.02	0.04	0.02

表7-9 外汤逊湖水质模型监测站点验证误差分析

项目	指标	1月	3月	5月	7月	9月	11月	年均值
相对误差（%）	COD_{Mn}	9.63	16.56	4.60	44.05	21.04	29.41	20.88
	NH_3-N	16.15	37.77	18.43	38.26	2.97	26.97	23.43
	TN	14.65	29.59	11.50	17.20	22.27	27.95	20.53
	TP	9.72	31.14	22.81	7.65	120.27	15.97	34.59
绝对误差（mg/L）	COD_{Mn}	0.489	0.957	0.203	1.489	1.334	1.932	1.067
	NH_3-N	0.035	0.086	0.048	0.074	0.010	0.079	0.055
	TN	0.098	0.204	0.094	0.108	0.221	0.215	0.157
	TP	0.004	0.013	0.011	0.006	0.048	0.017	0.017

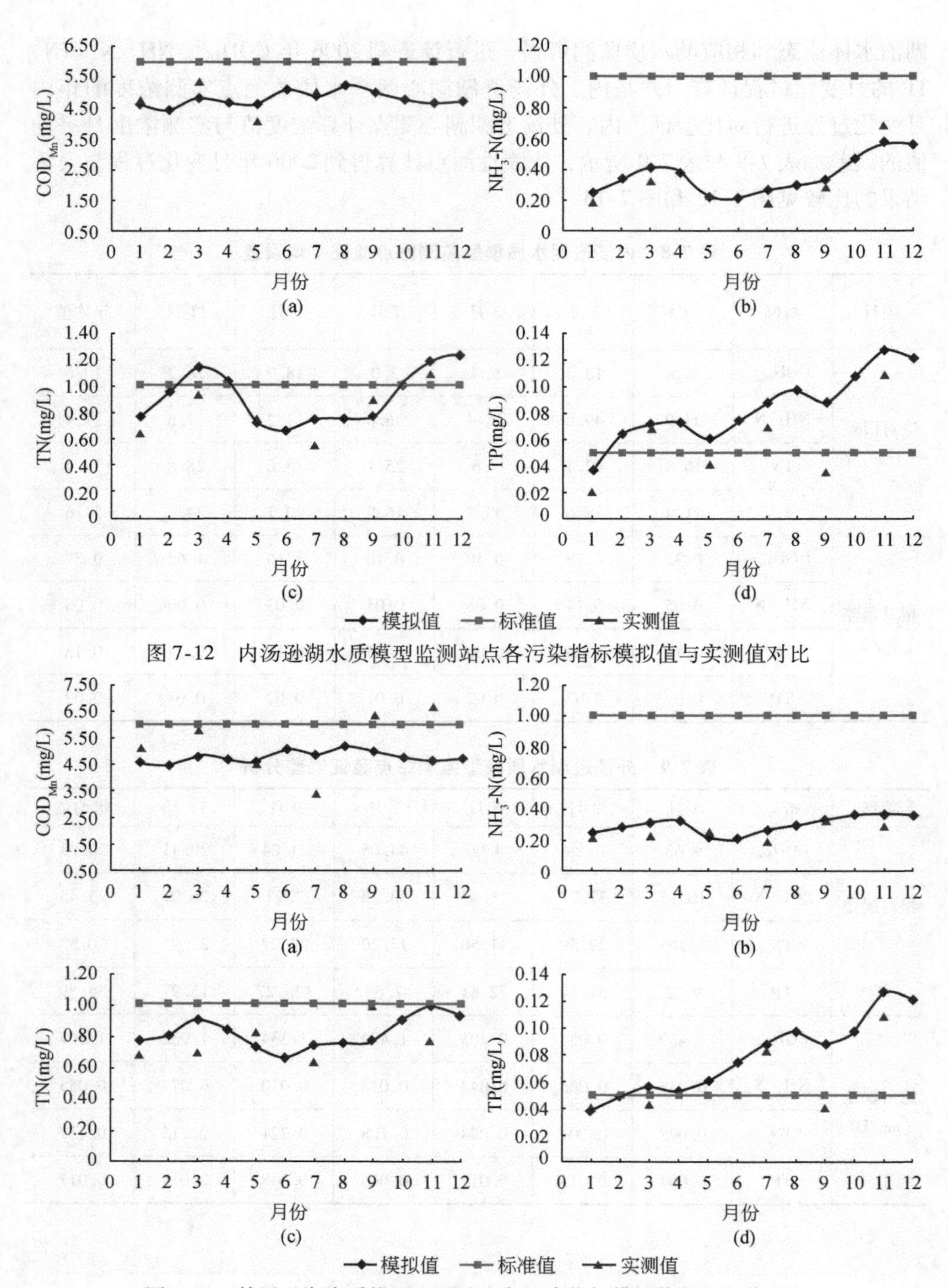

图 7-12　内汤逊湖水质模型监测站点各污染指标模拟值与实测值对比

图 7-13　外汤逊湖水质模型监测站点各污染指标模拟值与实测值对比

利用模型计算得到四项水质指标 COD_{Mn}、NH_3-N、TN、TP 浓度与实测浓度比较结果表明，数值模拟四项水质指标浓度的平均误差控制在 10% ~40% 的范围，而且模拟计算的汤逊湖 COD_{Mn}、NH_3-N、TN、TP 浓度的年内月变化趋势与实测值基本一致。这表明建立的水质模型具有良好的模拟精度。

7.3.2　未来水平年水质模拟

7.3.2.1　未来水平年浓度场模拟

根据上节中率定的参数，本次计算分析了 2015 年与 2020 年分别在 75% 和 90% 频率下的入湖水流过程与污染物负荷入湖过程作用下，各个污染指标在不同季节的浓度场变化，限于篇幅，结合汤逊湖流域水环境特点，超标最严重的指标是 TP，污染最严重的季节是夏季，因此，本节仅给出 90% 降水频率下 2015 年 TP 的浓度场在各个季节的变化（图 7-14 ~ 图 7-17，见彩图），以及 90% 降水频率下 2020 年夏季各个污染物指标的浓度场变化（图 7-18 ~ 图 7-21，见彩图）。

图 7-14　90% 降水频率下 2015 年汤逊湖水体中 TP_春季浓度场

图 7-15　90% 降水频率下 2015 年汤逊湖水体中 TP_夏季浓度场

图 7-16　90% 降水频率下 2015 年汤逊湖水体中 TP_秋季浓度场

图 7-17　90% 降水频率下 2015 年汤逊湖水体中 TP_冬季浓度场

可以看出，截污导流工程规划后的排污口布置情况下 2015 年 TP 在不同季节的浓度场分布状态。其中，春季和冬季 TP 浓度状况较好，除了排污口湖汊港以外，水质基本属于Ⅱ类水质标准，内外湖心区域优于Ⅱ类标准要求；但夏季和秋季水域纳污能力利用比较充分，在内、外汤湖心区(TXH_W_01 和 TXH_N_01)都出现达到 0.05mg/L 的极值，在排污口湖汊港区域的计算分区 TP 浓度达到 0.5mg/L，如金鞭港和纸坊港的 TXH_W_04 和 TXH_W_02，五里界港的 TXH_N_04 区域。

由图 7-18 ~ 图 7-21 可知，截污导流工程规划后的排污口布置情况下 2020 年 COD_{Mn}、NH_3-N、TN 和 TP 在夏季的浓度场分布状态。其中，COD_{Mn}、NH_3-N 和 TN 的状况较好，湖泊大部分区域水质优于Ⅱ类水标准，只有排污口湖汊港的局部区域浓度超标；而 TP 和 2015 年夏季浓度场相似，在内、外汤湖心区的浓度上略微偏好一些，但是在排污口湖汊港区域的计算分区 TP 浓度仍然超过Ⅴ类水水质标准值。

总体看来，湖岸带水体水质有所改善，污染区域主要集中在金鞭港、纸坊港、五里界港和红旗港。其中，金鞭港和纸坊港相距较近，存在排污口污染浓度叠加的情况，局部区域出现Ⅴ类水质。但备用水源保护区水质得到了较好的保证。

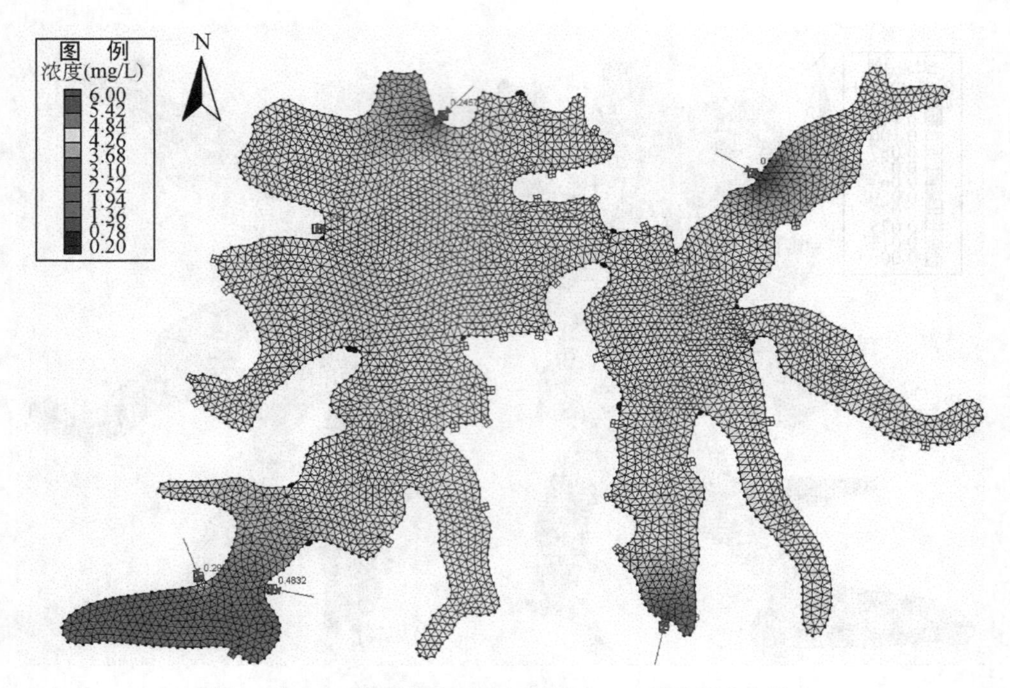

图 7-18　90% 降水频率下 2020 年 COD_{Mn}_夏季的浓度场

图 7-19　90% 降水频率下 2020 年 NH_3-N_夏季的浓度场

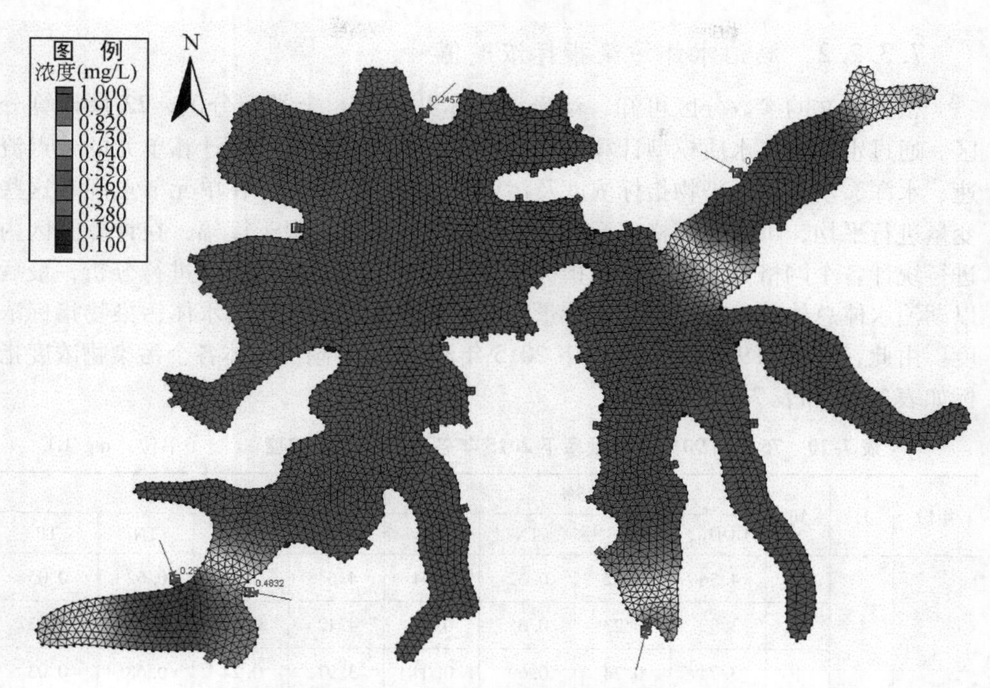

图 7-20　90% 降水频率下 2020 年 TN_夏季的浓度场

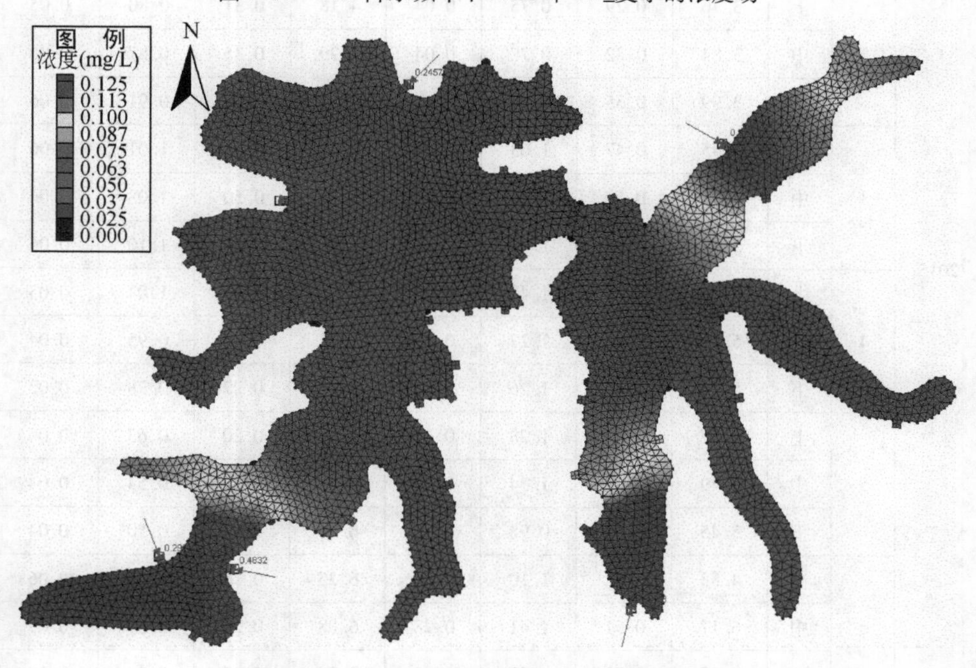

图 7-21　90% 降水频率下 2020 年 TP_夏季的浓度场

7.3.2.2 湖泊水体污染指标浓度值

根据前文的参数分区可知，汤逊湖湖体共分为 8 个类型分区，22 块计算分区。通过水动力与水质模型计算可以得到各个计算分区的网格计算单元的节点流速、水深、水量、污染物指标浓度及污染扩散范围，等等，在单元节点间对这些变量进行平均，可得到网格单元的水量与污染物质量。限于篇幅，在计算分区内进行统计各个网格单元的污染物指标浓度与水量，再以类型分区进行分析，最后以湖泊水体总体分区污染物质统计量与湖泊总水量来表征湖泊水体污染物指标浓度。由此，75% 和 90% 降水频率下 2015 年和 2020 年湖泊水体各个污染物浓度指标如表 7-10 和表 7-11 所示。

表 7-10 75% 和 90% 降水频率下 2015 年各个污染指标浓度 （单位：mg/L）

年份	月	旬	75%				90%			
			COD_{Mn}	NH_3-N	TN	TP	COD_{Mn}	NH_3-N	TN	TP
2015	1	上	4.56	0.22	0.62	0.04	4.64	0.21	0.62	0.05
		中	3.99	0.23	0.65	0.04	4.12	0.22	0.64	0.03
		下	3.74	0.24	0.69	0.04	3.97	0.24	0.68	0.03
	2	上	3.76	0.29	0.75	0.04	4.18	0.31	0.80	0.05
		中	3.84	0.32	0.78	0.04	4.29	0.35	0.87	0.06
		下	3.99	0.35	0.83	0.04	4.34	0.37	0.91	0.06
	3	上	4.45	0.47	1.03	0.07	4.78	0.44	1.01	0.06
		中	4.97	0.59	1.25	0.11	5.16	0.50	1.08	0.06
		下	5.37	0.64	1.38	0.12	5.36	0.52	1.10	0.06
	4	上	5.86	0.59	1.40	0.12	5.62	0.45	1.04	0.05
		中	5.82	0.48	1.27	0.12	6.07	0.36	0.95	0.04
		下	5.93	0.48	1.26	0.12	5.99	0.27	0.78	0.03
	5	上	6.57	0.44	1.28	0.16	5.96	0.20	0.63	0.04
		中	7.49	0.44	1.34	0.19	6.19	0.16	0.54	0.04
		下	5.45	0.33	0.98	0.15	6.46	0.16	0.50	0.04
	6	上	4.83	0.42	1.10	0.20	6.35	0.18	0.53	0.06
		中	6.17	0.51	1.41	0.28	6.08	0.20	0.59	0.09
		下	7.20	0.51	1.53	0.32	6.24	0.22	0.64	0.10

续表

年份	月	旬	75%				90%			
			COD_{Mn}	NH_3-N	TN	TP	COD_{Mn}	NH_3-N	TN	TP
2015	7	上	7.83	0.45	1.38	0.25	6.77	0.29	0.78	0.13
		中	8.05	0.41	1.19	0.15	7.46	0.36	0.95	0.16
		下	8.32	0.40	1.09	0.11	7.99	0.38	1.02	0.17
	8	上	9.03	0.45	1.14	0.12	7.96	0.34	0.93	0.16
		中	9.28	0.47	1.14	0.13	7.64	0.30	0.79	0.13
		下	9.61	0.46	1.12	0.14	7.80	0.30	0.75	0.12
	9	上	10.23	0.48	1.16	0.16	8.22	0.32	0.80	0.14
		中	10.70	0.49	1.19	0.17	8.48	0.36	0.87	0.17
		下	10.52	0.46	1.13	0.18	8.81	0.38	0.94	0.20
	10	上	10.23	0.44	1.10	0.19	9.04	0.41	1.00	0.23
		中	10.33	0.46	1.14	0.22	9.17	0.42	1.04	0.25
		下	10.03	0.44	1.11	0.24	9.08	0.42	1.04	0.26
	11	上	9.52	0.41	1.04	0.24	8.51	0.40	0.97	0.25
		中	9.41	0.41	1.01	0.25	8.03	0.39	0.92	0.24
		下	9.18	0.40	0.96	0.25	7.65	0.40	0.90	0.23
	12	上	8.95	0.36	0.89	0.24	6.87	0.37	0.83	0.21
		中	8.16	0.30	0.76	0.22	6.18	0.34	0.77	0.19
		下	7.36	0.28	0.68	0.19	5.92	0.36	0.79	0.19

表 7-11　75%和 90%降水频率下 2020 年各个污染指标浓度　（单位：mg/L）

日期			75%				90%			
年	月	旬	COD_{Mn}	NH_3-N	TN	TP	COD_{Mn}	NH_3-N	TN	TP
2020	1	上	4.70	0.25	0.69	0.05	4.75	0.26	0.70	0.05
		中	4.30	0.29	0.78	0.04	4.42	0.31	0.82	0.04
		下	4.18	0.30	0.84	0.04	4.44	0.34	0.92	0.04
	2	上	4.31	0.35	0.90	0.04	4.83	0.43	1.10	0.06
		中	4.50	0.38	0.93	0.04	5.08	0.48	1.19	0.07
		下	4.72	0.39	0.96	0.04	5.24	0.51	1.25	0.07

续表

日期			75%				90%			
年	月	旬	COD_{Mn}	NH_3-N	TN	TP	COD_{Mn}	NH_3-N	TN	TP
2020	3	上	5.18	0.49	1.11	0.06	5.86	0.62	1.39	0.07
		中	5.69	0.59	1.27	0.08	6.40	0.71	1.49	0.07
		下	6.11	0.64	1.37	0.09	6.72	0.74	1.53	0.07
	4	上	6.61	0.58	1.38	0.10	7.13	0.65	1.46	0.07
		中	6.69	0.48	1.27	0.10	7.75	0.52	1.36	0.06
		下	6.88	0.46	1.24	0.10	7.70	0.40	1.13	0.05
	5	上	7.33	0.39	1.18	0.12	7.63	0.28	0.88	0.05
		中	7.89	0.36	1.13	0.13	7.86	0.22	0.73	0.05
		下	6.32	0.30	0.89	0.11	8.13	0.21	0.67	0.05
	6	上	5.65	0.37	0.99	0.15	7.92	0.24	0.69	0.07
		中	6.62	0.45	1.25	0.21	7.50	0.27	0.74	0.10
		下	7.43	0.48	1.39	0.25	7.62	0.28	0.80	0.11
	7	上	8.14	0.50	1.38	0.21	8.15	0.36	0.96	0.14
		中	8.55	0.50	1.31	0.14	8.85	0.44	1.13	0.17
		下	9.01	0.52	1.29	0.11	9.36	0.46	1.21	0.18
	8	上	9.91	0.59	1.39	0.13	9.28	0.43	1.11	0.16
		中	10.30	0.64	1.45	0.15	8.92	0.39	0.97	0.14
		下	10.86	0.69	1.53	0.17	9.12	0.40	0.95	0.13
	9	上	11.87	0.76	1.69	0.20	9.63	0.44	1.02	0.16
		中	12.71	0.83	1.83	0.24	9.95	0.48	1.12	0.19
		下	12.50	0.82	1.82	0.25	10.35	0.52	1.21	0.23
	10	上	12.20	0.88	1.92	0.28	10.66	0.56	1.30	0.26
		中	12.74	1.01	2.20	0.35	10.86	0.58	1.36	0.28
		下	12.32	1.01	2.23	0.38	10.80	0.59	1.37	0.30
	11	上	11.44	0.99	2.15	0.38	10.17	0.56	1.30	0.29
		中	11.59	1.05	2.24	0.41	9.67	0.56	1.26	0.28
		下	11.38	1.05	2.23	0.42	9.29	0.57	1.25	0.27
	12	上	11.17	0.98	2.14	0.41	8.40	0.53	1.16	0.25
		中	9.52	0.80	1.77	0.34	7.62	0.50	1.09	0.23
		下	8.10	0.73	1.56	0.28	7.37	0.52	1.13	0.23

第 8 章　汤逊湖水体纳污能力评价

8.1　汤逊湖水环境保护目标

水体纳污能力是在不影响水的正常用途的情况下，水体所能容纳的污染物的量，或其自身调节净化并保持生态平衡的能力。它是为保护人群健康和社会物质财富、维持生态平衡，而对水中允许含有的有害物质量的约束，是制定地方性、专业性水域污染物排放标准的依据。在水源一级保护区内，禁止新建、扩建与供水设施和保护水源无关的建设项目；严格禁止向水域排放污水，已经有的排污口也必须拆除；禁止堆放工业废渣、城市垃圾、粪便和其他废弃物；禁止从事种植、放养禽畜，严格控制网箱养殖。在水源二级保护区内，不准新建、扩建向水体排放污染物的建设项目，改建的项目也必须削减污染物；已经有的排污口也必须削减污染物排放量，以保证保护区内的水质满足规定的要求。

在计算湖泊纳污能力的过程中，水环境保护目标的选择是至关重要的，是湖泊流域水环境管理主旨的重要体现。从国际的发展趋势上看，追求综合性、多元、多级、多层次是流域水环境管理的主要发展方向。对于汤逊湖流域来说，目前的主要功能是养殖和调蓄。根据《武汉市水生态系统保护与修复规划》，汤逊湖未来的功能定位为生态调节、景观娱乐、雨水调蓄和渔业养殖且作为武汉市的后备水源地，因此，从整体上，汤逊湖湖泊水环境管理的目标是达到Ⅲ类水标准。

8.2　汤逊湖纳污能力的评估结果

在水量平衡模拟、湖泊水体水动力与水质模拟的基础上，引入动态纳污能力的思路，即认为水体纳污能力是包括入湖水量形成的纳污能力和水体中污染物综合降解形成的自净能力，而这两部分能力在时间上和空间上是变化的。此外，由于湖泊出流水体中污染物浓度比环境目标值小，相当于湖泊出流要损失一部分水体的纳污能力，是没有充分利用的部分。我们根据该思路计算现状年和规划水平年不同频率下的月和旬的纳污能力。

8.2.1 汤逊湖总体纳污能力及结果分析

汤逊湖的纳污能力与降雨频率、水量过程、调度规则、污染负荷变化、污染物的降解系数等因素有关，现状年和规划水平年的纳污能力出现不同的变化。总体来说，现状年各污染指标的年纳污能力大于年入湖负荷量，如COD_{Mn}、NH_3-N和TN的年纳污能力分别为1385.6t/a、618.1t/a和831.2t/a，相应的入湖量分别为1275.0t/a、478.5t/a和775.1t/a；但是，TP的年入湖量102.1t/a，已经远远大于水体纳污能力66.3t/a。在未来水平年的75%和90%降水频率下，除NH_3-N以外，其他三项指标的年入湖量都超过了年纳污能力，需要适当削减污染物的入湖量，尤其是TN和TP，需要严格控制，以满足水质目标的要求。

8.2.1.1 现状年纳污能力分析

现状年污染物的月纳污能力见表8-1，旬纳污能力见附表3。可以看出，汛期的纳污能力相对较大，最大值出现在5月，相应的月纳污能力为205.6t。

由于非汛期的水位较低，水体容积较小，且污染物的降解系数受到温度的影响，非汛期的降解系数相对较小，水体中污染物的降解量偏小，相应非汛期的纳污能力相对较小。其中，COD_{Mn}污染物的纳污能力在9月出现骤降，下降幅度达到65.49t，主要是由于9月的降雨量减少，降雨形成湖泊入流水量部分的纳污能力相应变小，导致整个月份的纳污能力出现突然降低的现象，而在10月由于降雨量的升高，纳污能力出现回升。

由附表3的计算结果可知，现状年湖泊水体对于各污染指标的旬纳污能力中降雨形成湖泊入流水量部分的纳污能力与综合降解形成的纳污能力部分具有不同的特点，如表8-2所示。

以上现象的出现主要与降雨的水文过程、污染物特性有关。例如，COD_{Mn}主要是由于综合降解系数相对较小，湖泊水体内污染物自身的降解能力降低，引起降解形成的纳污能力偏小；NH_3-N是由于在湖泊水体中的综合降解系数较大，污染物自身降解能力强造成的；TN和TP的旬纳污能力中降雨形成的纳污能力小于污染物自身降解形成的纳污能力。同时，汛期的出流损失项较大，表明汛期湖泊水体水质较好，湖泊水体出流中COD_{Mn}指标浓度较低。TP在3～12月中的出流损失为0，说明这段时间内湖泊水体TP指标的浓度偏高，湖泊出流水体中TP指标的浓度大于或等于湖泊水体水环境保护的目标浓度。

表 8-1 现状年污染物的月纳污能力 (单位：t)

月份	COD_{Mn}				NH_3-N				TN				TP			
	降雨	降解	合计	出流	降雨	降解	合计	出流	降雨	降解	合计	出流	降雨	降解	合计	出流
1	84.77	41.92	126.69	6.63	14.13	34.79	48.92	4.07	14.13	48.66	62.79	1.50	0.70	6.88	7.58	0.06
2	135.8	3.67	139.4	17.56	22.63	33.72	56.35	12.49	22.63	52.19	74.82	4.90	1.09	9.05	10.14	0.02
3	141.2	2.27	143.4	18.33	23.53	32.42	55.95	11.26	23.53	52.35	75.88	4.78	1.20	9.42	10.62	0
4	105.7	2.09	107.79	35.93	17.62	39.34	56.96	20.52	17.62	53.99	71.61	10.89	0.84	6.58	7.42	0
5	187.2	18.44	205.64	54.83	31.20	50.81	82.01	27.91	31.20	77.92	109.12	15.80	1.51	10.27	11.78	0
6	103.8	17.64	121.44	18.05	17.29	39.06	56.35	9.23	17.29	58.66	75.95	4.68	0.94	4.04	4.98	0
7	148.4	20.52	169.92	35.29	24.74	37.77	62.51	21.87	24.74	61.92	86.66	9.22	1.24	5.34	6.58	0
8	99.8	11.24	111.04	8.72	16.63	37.19	53.82	10.69	16.63	63.17	79.8	3.59	0.83	3.09	3.92	0
9	32.3	13.21	45.51	0	5.38	31.89	37.27	4.88	5.38	48.98	54.36	1.52	0.30	0.41	0.71	0
10	46.4	28.21	74.61	0	7.74	27.54	35.28	9.33	7.74	41.28	49.02	1.98	0.37	0.50	0.87	0
11	55.9	21.15	77.05	0.52	9.32	25.46	34.78	8.65	9.32	34.66	43.98	2.12	0.49	0.42	0.91	0
12	44.7	19.23	63.93	0.77	7.46	30.46	37.92	6.08	7.46	38.62	46.08	1.46	0.36	0.45	0.81	0
合计	1185.97	199.59	1385.7	196.63	197.67	420.45	618.13	146.98	197.67	632.40	830.07	62.44	9.87	56.45	66.33	0.08

表 8-2　2007 年降雨与降解形成旬平均纳污能力比例　　（单位:%）

指标 / 水平年	COD_{Mn}		NH_3-N		TN		TP	
	降雨	降解	降雨	降解	降雨	降解	降雨	降解
2007	77.2	22.8	28.0	72.0	21.2	79.8	23.0	77.0

如图 8-1 所示，现状年 COD_{Mn}、NH_3-N、TN 和 TP 污染物的月纳污能力和月入湖量结果对比。从图中可以看出，6 ~ 12 月的 COD_{Mn} 月入湖量大于月纳污能力，其他月份的月入湖量小于纳污能力，表明尽管年纳污能力大于年入湖负荷量，但是入湖过程不合理，相应月份的 COD_{Mn} 湖泊流域入湖负荷需要削减。NH_3-N在 12 个月中月纳污能力均大于月入湖量，表明湖泊流域的 NH_3-N 没有超标的现象，湖泊水体能承受现状入湖的 NH_3-N 负荷量与入湖过程。TN 在 7 月、9 月、10 月、11 月的月纳污能力小于月入湖量，其他月份的月纳污能力大于月入湖量，表明月入湖量超过月纳污能力的月份需要削减污染物入湖量，才能保证水质不会进一步恶化。而 TP 在 1 月的月纳污能力大于月入湖量，其他月份的月纳污能力均小于月入湖量，表明 TP 的入湖量严重偏大，需要进行较大的削减控制。从整体上，除 NH_3-N 外，COD_{Mn}、TN 和 TP 均出现月入湖量大于月纳污能力的月份，需要对这些月份的入湖量进行不同程度的削减，保证水质不恶化。

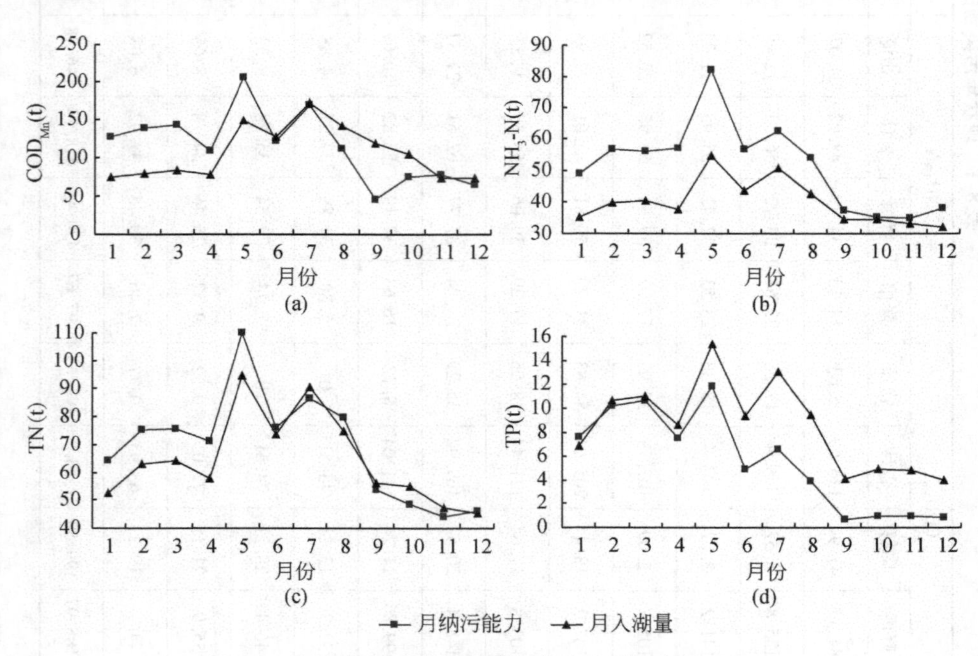

图 8-1　现状年污染物的月纳污能力和月入湖量对比图

总体来看，除TP外，其他污染指标的年入湖量均小于湖泊水体的纳污能力，以年的尺度进行分析，都不需要削减。但是，从月尺度来分析湖泊流域内污染的负荷入湖过程可知，各个污染指标在部分月份均有削减，如COD_{Mn}在6~12月需要削减181.2t，占入湖量的14.2%；NH_3-N在10月需要削减0.85t，占入湖量的0.2%；TN在6月、7月、9月、10月、11月、12月需要削减30.9t，占入湖量的4.0%；TP在2~12月需要削减39.4t，占入湖量的38.6%。因此，根据月和旬的动态变化的纳污能力更能真实地反映水体特性，并充分利用。

8.2.1.2 2015年纳污能力分析

2015年75%和90%来水频率下污染物的月纳污能力计算结果见表8-3、表8-4，旬纳污能力结果见附表4、附表5。计算结果表明，在75%和90%频率下，月纳污能力的最大值均出现在5月，而7月的纳污能力均出现骤降的现象，这主要是由于5月的降雨量比较大，而7月的降雨量突然减小，水体容积较低，导致纳污能力出现降低的现象，随着8月降雨量的增大，降雨形成的纳污能力升高，总纳污能力出现回升。

由附表4和附表5的计算结果可知，湖泊水体对于各污染指标的旬纳污能力中降雨形成湖泊入流水量部分的纳污能力与综合降解形成的纳污能力部分具有不同的特点，如表8-5所示。

总体来看，除NH_3-N污染物外，COD_{Mn}、TN和TP在6~12月中的出流损失均为0，说明这段时间内湖泊水体COD_{Mn}、TN和TP指标的浓度偏高，湖泊出流水体中相应指标的浓度大于或等于湖泊水体水环境保护的目标浓度，需要考虑适量削减其入湖量。

2015年75%频率下COD_{Mn}、NH_3-N、TN和TP的年纳污能力分别为1381.85t/a、665.66t/a、777.88t/a、41.26t/a；90%频率下COD_{Mn}、NH_3-N、TN和TP的年纳污能力分别为1297.45t/a、645.26t/a、849.47t/a、52.65t/a，其中COD_{Mn}、NH_3-N污染物75%的年纳污能力大于90%频率下对应的年纳污能力，而TN和TP却相反，这主要是因为75%和90%频率下的降雨量不同，影响汤逊湖的调度规则，水体容积也发生相应的变化，造成污染物的年纳污能力呈现不一致的规律。

图8-2、图8-3分别表示的是2015年75%频率和90%频率下COD_{Mn}、NH_3-N、TN和TP的月纳污能力和月入湖量对比图。从图中可以看出，75%频率下COD_{Mn}和TN污染物的月入湖量大于月纳污能力的程度不同，NH_3-N污染物的月入湖量大于月纳污能力的月份比较少，大部分月入湖量小于月纳污能力，表明NH_3-N污染物的入湖量需要削减的幅度较小，而TP污染物的月入湖量大多都超过月纳

表8-3　2015年75%频率下污染物的月纳污能力　　（单位：t）

月份	COD_{Mn}				NH_3-N				TN				TP			
	降雨	降解	合计	出流	降雨	降解	合计	出流	降雨	降解	合计	出流	降雨	降解	合计	出流
1	144.59	29.26	173.85	55.25	24.10	32.18	56.28	23.93	24.10	35.63	59.73	10.85	1.16	5.25	6.41	0.39
2	65.77	1.72	67.49	32.86	10.96	28.13	39.09	10.38	10.96	34.72	45.68	3.35	0.58	4.19	4.77	0.21
3	55.58	1.10	56.68	11.32	9.26	31.33	40.59	4.72	9.26	35.67	44.93	0.07	0.45	4.45	4.90	0
4	56.03	1.17	57.20	2.39	9.34	42.03	51.37	6.06	9.34	40.07	49.41	0	0.48	3.02	3.50	0
5	209.22	11.06	220.28	22.88	34.87	54.74	89.61	22.35	34.87	65.10	99.97	2.13	1.61	4.79	6.40	0
6	124.61	11.74	136.35	8.42	20.77	50.40	71.17	6.92	20.77	52.17	72.94	0.35	1.12	2.12	3.24	0
7	55.33	15.50	70.83	0	9.22	38.25	47.47	6.36	9.22	54.69	63.91	0	0.52	3.23	3.75	0
8	90.89	8.24	99.13	0	15.15	37.81	52.96	5.43	15.15	54.78	69.93	0	0.76	2.06	2.82	0
9	140.58	8.85	149.43	0	23.43	35.32	58.75	5.24	23.43	44.24	67.67	0	1.07	0.30	1.37	0
10	138.51	26.31	164.82	0	23.08	39.25	62.33	6.21	23.08	52.64	75.72	0	1.22	0.55	1.77	0
11	75.90	27.53	103.43	0	12.65	37.44	50.09	6.06	12.65	54.53	67.18	0.18	0.64	0.57	1.21	0
12	54.42	27.94	82.36	0	9.07	36.87	45.94	13.70	9.07	51.75	60.82	4.99	0.48	0.65	1.13	0
合计	1211.43	170.42	1381.86	133.12	201.90	463.75	665.66	117.36	201.90	575.99	777.89	21.91	10.09	31.18	41.26	0.60

表8-4　2015年90%频率下污染物的月纳污能力　（单位：t）

月份	COD_{Mn}				NH_3-N				TN				TP			
	降雨	降解	合计	出流	降雨	降解	合计	出流	降雨	降解	合计	出流	降雨	降解	合计	出流
1	123.86	30.51	154.37	43.39	20.64	31.89	52.53	20.73	20.64	35.45	56.09	9.57	1.00	5.31	6.31	0.31
2	72.46	2.01	74.47	24.64	12.08	31.53	43.61	9.40	12.08	39.75	51.83	1.90	0.63	5.74	6.37	0.01
3	59.15	1.24	60.39	9.02	9.86	29.49	39.35	5.44	9.86	39.16	49.02	0.02	0.48	4.88	5.36	0
4	181.04	1.81	182.85	1.55	30.17	44.14	74.31	8.19	30.17	55.52	85.69	1.91	1.49	3.88	5.37	0.15
5	91.86	24.49	116.35	0.16	15.31	49.90	65.21	7.16	15.31	79.81	95.12	3.85	0.78	8.39	9.17	0.07
6	146.08	26.08	172.16	0	24.35	43.18	67.53	17.32	24.35	63.12	87.47	9.31	1.24	4.32	5.56	0
7	65.83	26.67	92.50	0	10.97	52.32	63.29	7.19	10.97	83.42	94.39	0.87	0.53	5.56	6.09	0
8	123.17	14.15	137.32	0	20.53	44.47	65.00	12.78	20.53	78.84	99.37	2.90	1.05	3.54	4.59	0
9	19.10	12.74	31.84	0	3.18	37.21	40.39	5.98	3.18	55.24	58.42	1.23	0.16	0.42	0.58	0
10	77.88	26.59	104.47	0	12.98	36.88	49.86	5.50	12.98	53.23	66.21	0.02	0.63	0.55	1.18	0
11	51.08	24.01	75.09	0	8.51	31.87	40.38	10.21	8.51	45.37	53.88	1.09	0.43	0.50	0.93	0
12	74.62	21.01	95.63	0.39	12.44	31.35	43.79	14.18	12.44	39.55	51.98	4.37	0.63	0.49	1.12	0
合计	1086.13	211.31	1297.45	79.15	181.02	464.23	645.27	124.08	181.02	668.46	849.46	37.04	9.05	43.58	52.65	0.54

污能力，表明TP的入湖量需要严格控制，监督各排污口的排放量。90%频率条件下出现的情况与75%频率下的类似，只是月纳污能力和月入湖量变化的程度不同。

表8-5　2015年降雨与降解形成旬平均纳污能力比例　（单位:%）

频率＼指标	COD_{Mn}		NH_3-N		TN		TP	
	降雨	降解	降雨	降解	降雨	降解	降雨	降解
75%	83.7	16.3	23.5	73.5	22.9	77.1	30.6	69.4
90%	76.5	23.5	24.7	75.3	19.8	80.2	24.2	75.8

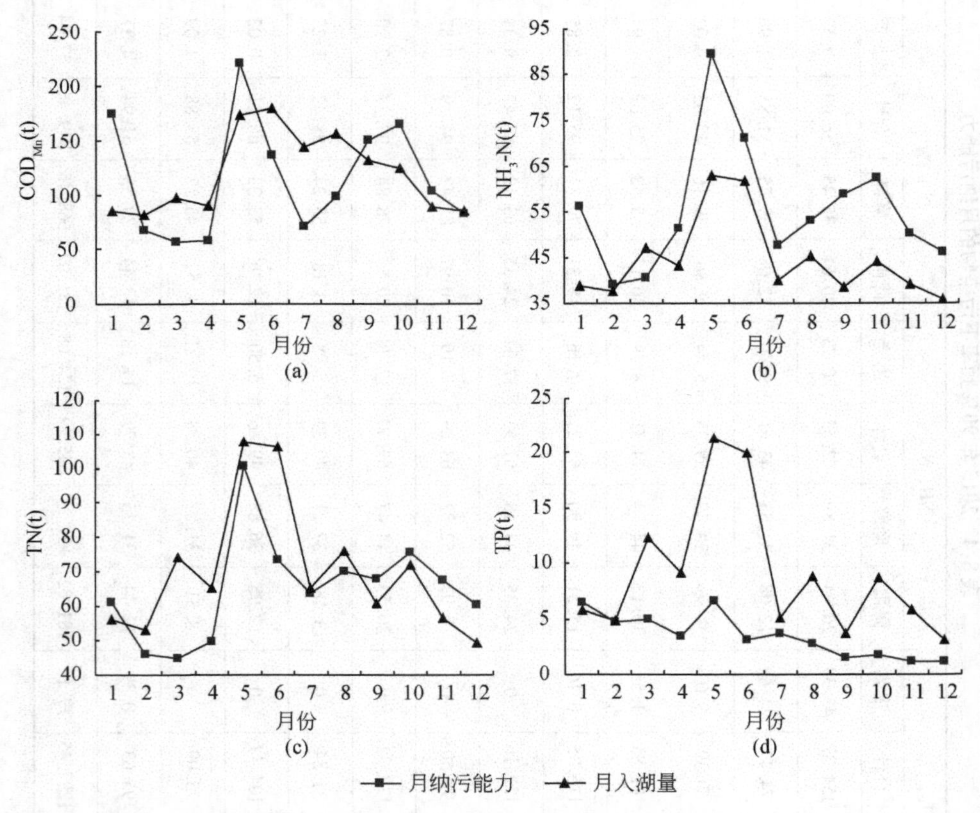

图8-2　2015年75%频率下COD_{Mn}、NH_3-N、TN和TP的月纳污能力和月入湖量对比图

总体来说，2015年COD_{Mn}、NH_3-N、TN和TP污染物都需要不同程度的削减，尤其是TP，必须严格控制其入湖量。从月的尺度来看，NH_3-N污染物需要削减的月份较少，COD_{Mn}和TN需要削减的月份达到8个，而TP污染物需要削减的月份达到10个，因此，需要加强COD_{Mn}、TN和TP污染物入湖量的控制。

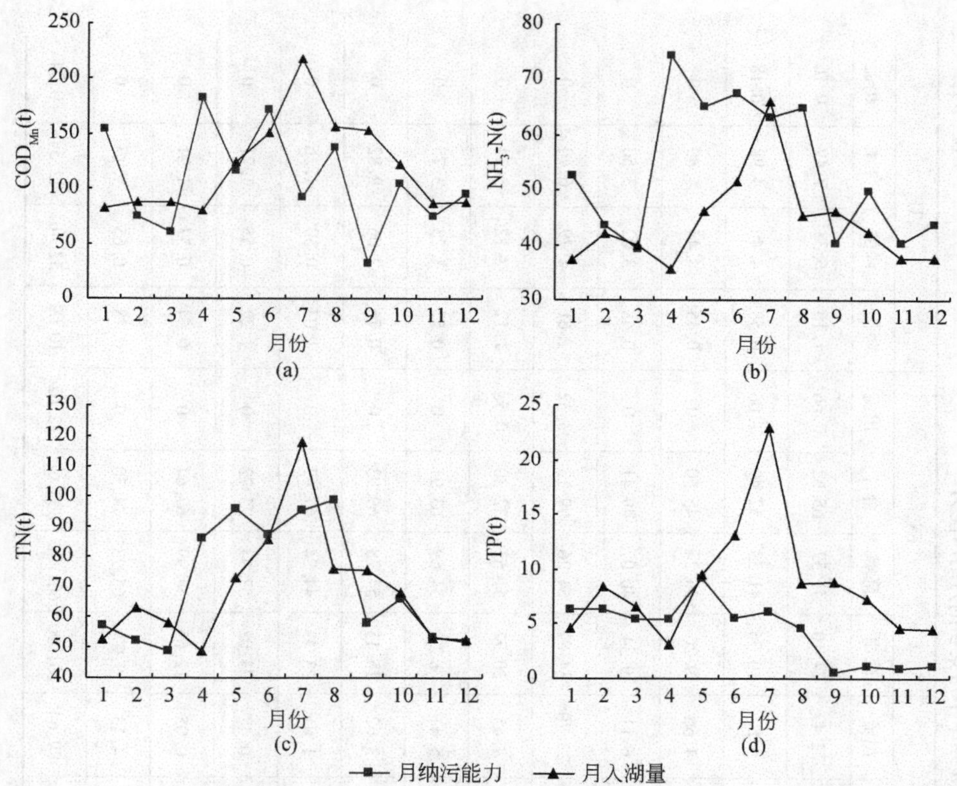

图8-3　2015年90%频率下COD_{Mn}、NH_3-N、TN和TP的月纳污能力和月入湖量对比图

8.2.1.3　2020年纳污能力分析

2020年75%和90%来水频率下污染物的月纳污能力计算结果见表8-6、表8-7，旬纳污能力结果见附表6、附表7。75%频率下COD_{Mn}的月纳污能力最大值出现在5月，90%频率下月纳污能力最大值出现在4月，主要原因是降雨频率的变化影响降雨量，由降雨形成的纳污能力发生重大的变化，最终导致月纳污能力的变化，而75%频率和90%频率下1、2月的出流损失几乎占月纳污能力的1/3，表明这两个月湖泊水体出流的水体水质较好，COD_{Mn}浓度较低，7月的纳污能力出现了急剧降低，主要是由于降雨量相对减少，降雨形成的纳污能力降低，而这部分纳污能力在总纳污能力中的比重较大，约为70%，导致总纳污能力下降，8月随着降雨量的增加，总纳污能力又逐渐回升。对于NH_3-N和TN污染物，降解形成的纳污能力在总纳污能力中占的比重较大，分别为76.1%和75.5%，而TP污染物的纳污能力中降解形成的纳污能力所占的比重和降雨形成湖泊入流水量部分的纳污能力所占的比重变化较大，但年内月平均中前者的比重为67.9%，后者的比重为32.1%，前者大于后者。

表 8-6　2020 年 75%频率下污染物的月纳污能力　（单位：t）

月份	COD_{Mn}				NH_3-N				TN				TP			
	降雨	降解	合计	出流	降雨	降解	合计	出流	降雨	降解	合计	出流	降雨	降解	合计	出流
1	144.6	31.22	175.82	47.20	24.10	39.04	63.14	22.47	24.10	41.52	65.62	7.66	1.16	6.33	7.49	0.16
2	65.8	2.00	67.80	23.02	10.96	32.91	43.87	9.57	10.96	41.53	52.49	1.06	0.58	4.40	4.98	0.18
3	55.6	1.25	56.85	3.79	9.26	31.78	41.04	4.66	9.26	36.24	45.50	0	0.45	4.44	4.89	0
4	56.0	1.21	57.21	0	9.34	41.53	50.87	6.11	9.34	40.07	49.41	0	0.48	3.02	3.50	0
5	209.2	11.40	220.62	6.14	34.87	47.54	82.41	23.79	34.87	64.26	99.13	3.32	1.61	4.79	6.40	0
6	124.6	12.43	137.03	3.00	20.77	45.53	66.30	7.45	20.77	51.53	72.30	0.58	1.12	2.12	3.24	0
7	55.3	15.50	70.80	0	9.22	45.52	54.74	5.41	9.22	54.69	63.91	0	0.52	3.23	3.75	0
8	90.9	8.24	99.14	0	15.15	52.59	67.74	3.62	15.15	54.78	69.93	0	0.76	2.06	2.82	0
9	140.6	8.85	149.45	0	23.43	59.06	82.49	1.91	23.43	44.24	67.67	0	1.07	0.30	1.36	0
10	138.5	26.31	164.81	0	23.08	83.51	106.59	0.47	23.08	52.64	75.72	0	1.22	0.55	1.77	0
11	75.9	27.53	103.42	0	12.65	91.35	104.00	0.05	12.65	54.99	67.64	0	0.64	0.57	1.21	0
12	54.4	27.94	82.34	0	9.07	98.58	107.65	4.13	9.07	65.23	74.30	0	0.48	0.65	1.13	0
合计	1211.4	173.88	1385.3	83.15	201.90	668.94	870.83	89.64	201.90	601.72	803.61	12.62	10.09	32.46	42.54	0.34

表8-7 2020年90%频率下污染物的月纳污能力

（单位：t）

月份	COD_{Mn}				NH_3-N				TN				TP			
	降雨	降解	合计	出流	降雨	降解	合计	出流	降雨	降解	合计	出流	降雨	降解	合计	出流
1	123.86	32.45	156.31	36.93	20.64	42.54	63.19	18.91	20.64	43.93	64.57	5.83	1.00	6.19	7.18	0.16
2	72.46	2.37	74.83	13.14	12.08	44.35	56.43	7.41	12.08	47.31	59.39	0.01	0.63	5.96	6.59	0
3	59.15	1.45	60.60	0.39	9.86	41.64	51.50	3.21	9.86	39.41	49.27	0	0.48	4.88	5.36	0
4	181.04	1.85	182.89	0	30.17	64.04	94.21	6.46	30.17	60.60	90.77	0	1.49	4.55	6.04	0.02
5	91.86	24.60	116.46	0	15.31	68.93	84.24	6.61	15.31	109.13	124.44	2.11	0.78	9.97	10.75	0.01
6	146.08	26.08	172.16	0	24.35	56.72	81.07	16.00	24.35	80.67	105.02	5.90	1.24	4.35	5.59	0
7	65.83	26.67	92.50	0	10.97	64.66	75.63	6.31	10.97	91.26	102.23	0.17	0.53	5.56	6.09	0
8	123.17	14.15	137.32	0	20.53	57.56	78.09	11.08	20.53	91.96	112.49	0.36	1.05	3.54	4.59	0
9	19.10	12.74	31.84	0	3.18	50.26	53.44	4.83	3.18	64.32	67.50	0.02	0.16	0.42	0.58	0
10	77.88	26.59	104.47	0	12.98	50.87	63.85	3.99	12.98	53.49	66.47	0	0.63	0.55	1.19	0
11	51.08	24.01	75.09	0	8.51	45.28	53.79	7.37	8.51	48.27	56.78	0	0.43	0.50	0.93	0
12	74.62	21.08	95.70	0	12.44	45.33	57.77	10.67	12.44	49.27	61.71	0	0.63	0.49	1.12	0
合计	1086.13	214.04	1300.18	50.46	181.02	632.18	813.2	102.85	181.02	779.62	960.66	14.4	9.05	46.96	56.0	0.19

由附表6和附表7的计算结果可知，湖泊水体对于各污染指标的旬纳污能力中降雨形成湖泊入流水量部分的纳污能力与综合降解形成的纳污能力部分具有不同的特点，如表8-8所示。

表8-8　2020年降雨与降解形成旬平均纳污能力比例　（单位:%）

指标 频率	COD_{Mn}		NH_3-N		TN		TP	
	降雨	降解	降雨	降解	降雨	降解	降雨	降解
75%	83.4	16.6	21.8	78.2	22.2	77.8	30.3	69.7
90%	76.2	23.8	19.9	80.1	17.9	82.1	23.7	76.3

另外，从附表可知，除NH_3-N污染物外，COD_{Mn}在6～12月中的出流损失基本均为0，而TN和TP在3月开始，出流损失已经为0，表明这段时间内湖泊水体COD_{Mn}、TN和TP指标的浓度偏高，湖泊出流水体中相应指标的浓度大于或等于湖泊水体水环境保护的目标浓度，需要考虑适量削减其入湖量，对TN和TP需要严格控制。

2020年75%频率下COD_{Mn}、NH_3-N、TN和TP的年纳污能力分别为1385.31t/a、870.84t/a、803.61t/a、42.54t/a；90%频率下COD_{Mn}、NH_3-N、TN和TP的年纳污能力分别为1300.18t/a、813.19t/a、960.66t/a、56.00t/a，主要是降雨量变化、水量过程变化、污染负荷变化以及污染物综合降解系数等因素综合作用的结果。

图8-4、图8-5分别表示的是2020年75%频率和90%频率下COD_{Mn}、NH_3-N、TN和TP月纳污能力和月入湖量的对比图。从图中可以看出，75%频率条件下，COD_{Mn}的部分月入湖量大于月纳污能力，需要适当削减；NH_3-N的纳污能力在10～12月中出现突然的增加，其主要是由于10～12月的水体容积增加，且NH_3-N的综合降解系数较大，导致降解形成的纳污能力突然增加，而降解形成的纳污能力是NH_3-N总纳污能力中最重要的组成部分，因此会出现突然增加的变化；除个别月份外，TN和TP的月入湖量均超过月纳污能力，必须严格控制TN和TP的入湖总量，以满足水质的要求。90%频率条件下，污染物的入湖量均有不同程度地超过纳污能力，需要不同程度地削减，尤其是TP污染物。

总体来说，2020年TN和TP污染物年入湖量大于年纳污能力，且所有的月入湖量也大于每月的纳污能力，必须严格控制，而COD_{Mn}和NH_3-N污染物的年入湖量大于年纳污能力，但从月尺度来说，部分月份的月入湖量大于月纳污能力，如COD_{Mn}污染物除1月、5月、10月外，其他月份均需要削减，NH_3-N污染物需要削减的月份为2月、3月、4月、6月、7月。

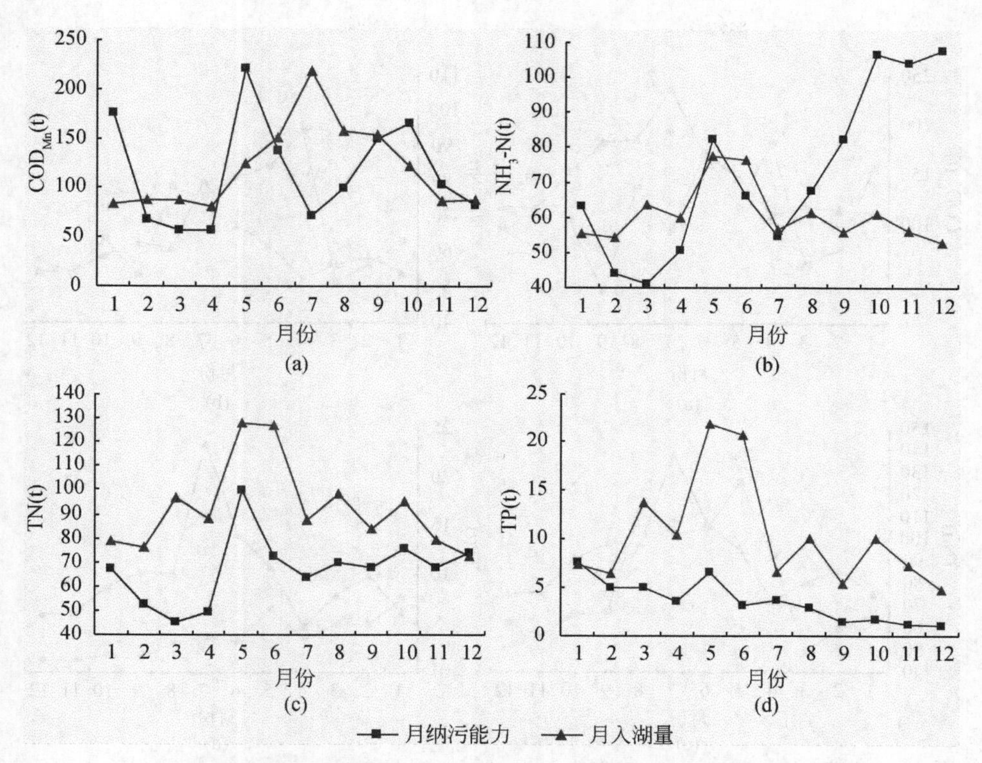

图 8-4　2020 年 75% 频率下 COD_{Mn}、NH_3-N、TN 和 TP 的月纳污能力

8.2.2　汤逊湖分区纳污能力及结果分析

由于城镇污水处理厂污染物排放标准与地表水水环境质量标准不匹配，即使达到一级 A 的标准，也不能满足地表水水环境质量标准要求。因此污水从湖岸排污口排入水体之后必须有一个缓冲区，允许该区域水质的目标要求比备用水源区水质目标要求低一些。而且受湖泊流域排污口位置、水动力过程等因素的影响，排污口排放的污染物不能与水体瞬时完全混合，需要一个过渡带，使污染物在该区域扩散形成一个阶梯的浓度梯度，在缓冲区与备用水源保护区交界处达到备用水源区的水质目标要求。在水体的自净作用下，污染物在随着水体流动的过程中，浓度在逐步降低，远离排污口的湖泊中心水体由于受到的污染较小而保持良好的水质。因此，在计算湖泊纳污能力时，需要考虑距排污口有不同距离的水域的纳污能力。此外，汤逊湖流域的实测数据表明，排污口附近水域的污染较严

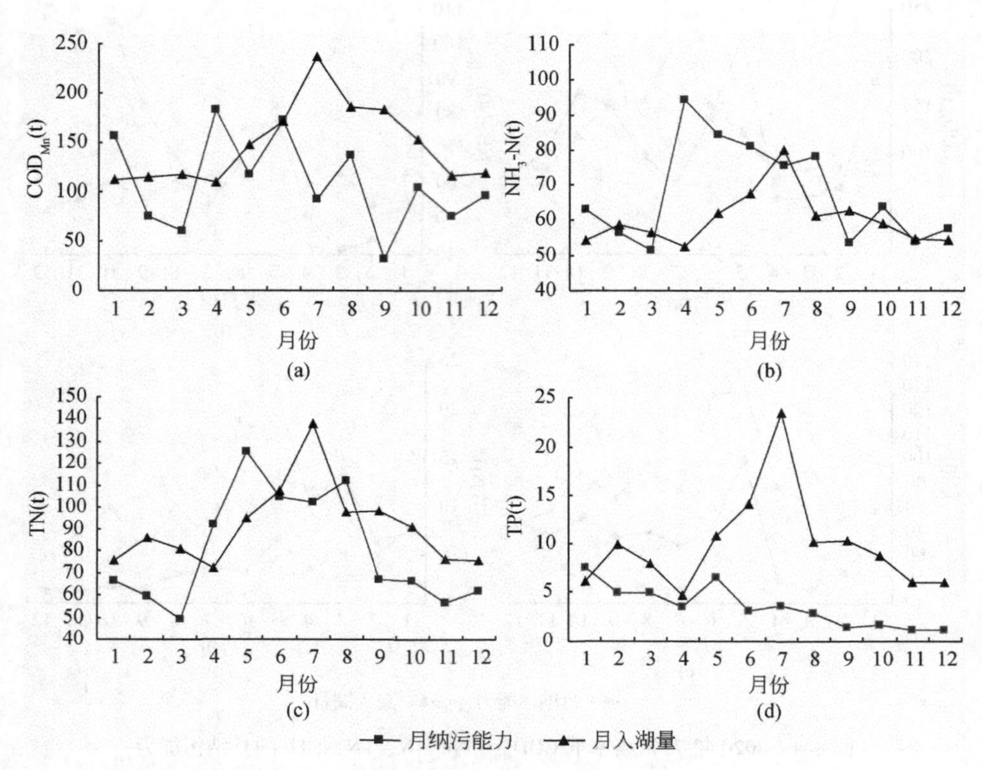

图 8-5　2020 年 90% 频率下 COD_{Mn}、NH_3-N、TN 和 TP 的月纳污能力

重，出现不同程度的超标（与Ⅲ类水标准相比），而离排污口较远的中心水域的水质较好，基本可以满足Ⅲ类水标准的要求，这也要求在计算纳污能力时需要考虑排污口附近的过渡区域。

根据本研究前面章节中水流数学模型中采用的分区，将其划分为两类，即环湖缓冲区和备用水源保护区，其中环湖缓冲区主要是 TXH_W_03、TXH_W_04、TXH_N_03 和 TXH_N_04，备用水源保护区为 TXH_W_01、TXH_W_02、TXH_N_01 和 TXH_N_02。表 6-6 ~ 表 6-10 分别表示的是 2007 年、2015 年 75% 频率下、90% 频率下以及 2020 年 75% 频率和 90% 频率下各分区污染物的月纳污能力。

8.2.2.1　环湖缓冲区

环湖缓冲区的作用是缓解排污口的污染物对中心水体的污染，保护中心水体的整体水质。由于排污口的排放标准和地表水环境标准的差异，即使排污口的污染物达标排放，对于水体执行标准来说，污染物浓度还是偏高，对水体的水质有一定的影响。因此，需要设置排污口的缓冲过渡区，使排污口污染物在稀释、降解、扩散等作用后浓度可以达到地表水环境的标准，方才进入中心保护水体。在环湖缓冲区中，污染物浓度呈现梯度变化的趋势，越接近排污口的污染物浓度较高，在水体稀释、降解等作用下，污染物浓度逐渐降低，到达中心水体后浓度会降低，因此，在确定环湖缓冲区的纳污能力时，水环境管理目标的确定是非常关键的。对于汤逊湖流域，本书选择地表水环境标准的Ⅳ水标准作为环湖缓冲区的整体管理目标。

在确定水质管理目标后，分别计算2007年、2015年75%频率下、90%频率下以及2020年75%频率和90%频率下各分区污染物的月纳污能力，见表8-9～表8-13。计算结果表明，环湖缓冲区在汛期的纳污能力相对较大，非汛期的纳污能力相对较小，最大值出现在7月，这主要是由于汛期的水位比非汛期的水位高，水体的容积有所增加。每个环湖缓冲区的纳污能力也是不相同的，这主要是由缓冲区的水体容积、排污口的位置、排放的污染物浓度和水量、缓冲区的形状等因素共同作用的结果。

图8-6表示的是2007年各分区污染物的纳污能力，结果表明COD_{Mn}的纳污能力变化幅度较大，NH_3-N、TN和TP的变化幅度较小，且外汤逊湖环湖缓冲区的纳污能力大于内汤逊湖。

表8-10～表8-13的计算结果表明，2015年75%频率下环湖缓冲区的纳污能力略大于90%频率，而2020年75%频率下环湖缓冲区的纳污能力略小于90%频率，主要是由于降雨量的变化、面源污染负荷的变化以及水体容积变化等影响的结果，如TXH_W_03位于外汤逊湖排污口附近的水域，水体容积相对较小，排污口的污染物直接作用于这部分水体，水质比较差，该水域2015年75%频率下的COD_{Mn}纳污能力为175. 59t/a，而TXH_W_04位于湖汊附近的水域，湖汊的形状不利于污染物扩散，该水域2015年75%频率下的COD_{Mn}纳污能力为211. 10t/a，这种差异主要是由于水体容积不同、降解系数的影响以及水域边界条件不同等共同作用的结果。

8. 2. 2. 2　备用水源保护区

在环湖缓冲区与备用水源保护区的交界处，水体的水质比湖体中心的水质差、越接近水源保护区的中心、水质越好。因此，在确定备用水源保护区时，需要考虑整体的水质，根据备用水源区的水质管理目标要求选择地表水水环境Ⅲ类水质标准作为约束条件。

表 8-9　2007 年各分区污染物的月纳污能力　（单位：t）

污染物	分区名称	1 月	2 月	3 月	4 月	5 月	6 月	7 月	8 月	9 月	10 月	11 月	12 月	合计
COD_{Mn}	TXH_W_01	27. 29	24. 91	20. 35	14. 05	24. 42	9. 77	11. 76	15. 65	9. 67	13. 20	10. 88	11. 40	193. 35
	TXH_W_02	24. 11	27. 98	30. 26	17. 45	23. 22	14. 04	26. 64	19. 63	8. 92	12. 17	10. 04	10. 25	224. 71
	TXH_W_03	13. 38	20. 42	26. 85	17. 00	26. 37	15. 52	28. 87	16. 66	5. 89	8. 04	6. 63	6. 13	191. 76
	TXH_W_04	16. 09	24. 55	32. 28	20. 44	31. 70	18. 65	34. 70	20. 03	7. 08	9. 66	7. 97	7. 37	230. 52
	TXH_N_01	10. 26	5. 88	0. 48	5. 31	19. 59	6. 69	5. 68	5. 63	3. 09	6. 01	7. 18	5. 57	81. 37
	TXH_N_02	10. 58	8. 08	4. 65	6. 61	18. 55	9. 11	14. 42	8. 73	3. 27	5. 81	6. 47	5. 35	101. 63
	TXH_N_03	5. 74	6. 35	6. 57	6. 19	14. 19	6. 89	10. 77	5. 67	1. 75	4. 54	6. 41	4. 11	79. 18
	TXH_N_04	19. 25	21. 31	22. 03	20. 75	47. 59	23. 09	36. 12	19. 00	5. 85	15. 21	21. 51	13. 78	265. 49
NH_3-N	TXH_W_01	11. 83	14. 22	14. 70	14. 15	19. 21	13. 63	15. 60	13. 49	9. 39	9. 01	9. 00	9. 49	153. 72
	TXH_W_02	10. 81	12. 77	12. 99	12. 84	17. 95	12. 13	13. 23	11. 90	8. 59	8. 20	8. 14	8. 63	138. 18
	TXH_W_03	5. 30	5. 84	5. 53	5. 99	9. 15	6. 13	6. 62	5. 55	3. 74	3. 44	3. 29	3. 85	64. 43
	TXH_W_04	6. 37	7. 02	6. 65	7. 21	11. 00	7. 36	7. 95	6. 67	4. 49	4. 13	3. 96	4. 62	77. 43
	TXH_N_01	3. 77	4. 38	4. 39	4. 39	6. 21	4. 45	5. 14	4. 39	3. 02	2. 96	3. 03	3. 11	49. 24
	TXH_N_02	3. 99	4. 59	4. 55	4. 60	6. 59	4. 71	5. 43	4. 66	3. 21	3. 10	3. 12	3. 25	51. 80
	TXH_N_03	1. 57	1. 73	1. 64	1. 78	2. 73	1. 82	1. 96	1. 65	1. 11	1. 02	0. 98	1. 14	19. 13
	TXH_N_04	5. 27	5. 81	5. 50	5. 98	9. 16	6. 11	6. 58	5. 52	3. 72	3. 42	3. 27	3. 83	64. 17

续表

污染物	分区名称	1月	2月	3月	4月	5月	6月	7月	8月	9月	10月	11月	12月	合计
TN	TXH_W_01	15.41	19.41	20.74	17.96	24.90	17.84	20.93	18.84	12.55	11.60	10.66	11.24	202.08
	TXH_W_02	13.63	15.98	15.94	15.56	24.49	15.70	16.37	16.03	11.57	10.52	9.52	9.99	175.30
	TXH_W_03	6.84	7.97	7.91	7.72	12.15	8.49	9.72	8.94	6.09	5.32	4.61	4.93	90.69
	TXH_W_04	8.22	9.58	9.51	9.28	14.60	10.21	11.69	10.75	7.32	6.39	5.55	5.92	109.02
	TXH_N_01	4.84	5.69	5.70	5.44	8.39	6.29	7.70	6.66	4.24	4.35	4.37	4.07	67.74
	TXH_N_02	5.02	5.89	5.87	5.69	8.90	6.47	7.69	7.02	4.74	3.98	3.31	3.58	68.16
	TXH_N_03	2.03	2.36	2.35	2.29	3.60	2.52	2.88	2.65	1.80	1.58	1.37	1.46	26.89
	TXH_N_04	6.80	7.93	7.87	7.68	12.08	8.44	9.67	8.89	6.05	5.29	4.59	4.90	90.19
TP	TXH_W_01	1.44	1.96	2.07	1.45	2.30	0.97	1.28	0.76	0.14	0.17	0.18	0.16	12.88
	TXH_W_02	1.45	1.92	1.98	1.36	2.12	0.89	1.18	0.70	0.13	0.15	0.16	0.15	12.19
	TXH_W_03	1.05	1.42	1.49	1.05	1.68	0.71	0.94	0.56	0.10	0.12	0.13	0.11	9.35
	TXH_W_04	1.26	1.70	1.80	1.26	2.02	0.85	1.13	0.67	0.12	0.15	0.16	0.14	11.26
	TXH_N_01	0.49	0.64	0.65	0.46	0.73	0.31	0.41	0.24	0.04	0.05	0.06	0.05	4.13
	TXH_N_02	0.52	0.68	0.69	0.49	0.78	0.33	0.43	0.26	0.05	0.06	0.06	0.06	4.41
	TXH_N_03	0.31	0.42	0.44	0.31	0.50	0.21	0.28	0.17	0.03	0.04	0.04	0.03	2.78
	TXH_N_04	1.04	1.41	1.49	1.04	1.67	0.70	0.93	0.55	0.10	0.12	0.13	0.11	9.29

表 8-10　2015 年 75%频率下各分区污染物的月纳污能力　（单位:t）

污染物	分区名称	1月	2月	3月	4月	5月	6月	7月	8月	9月	10月	11月	12月	合计
COD_{Mn}	TXH_W_01	37.44	12.05	8.04	7.45	26.16	11.74	4.93	13.98	31.75	29.14	14.60	14.68	211.96
	TXH_W_02	33.08	13.54	11.95	9.26	24.88	16.86	11.17	17.53	29.28	26.88	13.47	13.20	221.10
	TXH_W_03	18.36	9.88	10.61	9.02	28.25	18.64	12.10	14.88	19.33	17.74	8.89	7.89	175.59
	TXH_W_04	22.08	11.88	12.75	10.84	33.96	22.40	14.55	17.89	23.24	21.33	10.69	9.49	211.10
	TXH_N_01	14.07	2.85	0.19	2.82	20.98	8.03	2.38	5.03	10.14	13.27	9.63	7.17	96.56
	TXH_N_02	14.52	3.91	1.84	3.51	19.87	10.94	6.05	7.79	10.74	12.84	8.68	6.89	107.58
	TXH_N_03	7.88	3.07	2.60	3.28	15.20	8.27	4.52	5.06	5.73	10.02	8.61	5.29	79.53
	TXH_N_04	26.42	10.31	8.70	11.01	50.98	27.74	15.14	16.97	19.22	33.59	28.86	17.75	266.69
NH_3-N	TXH_W_01	13.61	9.86	10.66	12.76	21.00	17.22	11.84	13.28	14.80	15.91	12.96	11.50	165.40
	TXH_W_02	12.44	8.86	9.42	11.58	19.61	15.32	10.04	11.71	13.55	14.48	11.73	10.46	149.20
	TXH_W_03	6.10	4.05	4.02	5.41	10.00	7.74	5.03	5.46	5.89	6.08	4.74	4.66	69.18
	TXH_W_04	7.33	4.87	4.83	6.50	12.02	9.30	6.04	6.56	7.08	7.30	5.70	5.60	83.13
	TXH_N_01	4.33	3.04	3.18	3.96	6.79	5.62	3.90	4.32	4.76	5.24	4.36	3.77	53.27
	TXH_N_02	4.60	3.19	3.30	4.15	7.20	5.95	4.13	4.58	5.06	5.48	4.49	3.94	56.07
	TXH_N_03	1.81	1.20	1.19	1.61	2.98	2.30	1.49	1.62	1.75	1.80	1.41	1.38	20.54
	TXH_N_04	6.06	4.03	3.99	5.39	10.01	7.72	5.00	5.43	5.86	6.04	4.71	4.64	68.88

续表

污染物	分区名称	1月	2月	3月	4月	5月	6月	7月	8月	9月	10月	11月	12月	合计
TN	TXH_W_01	14.66	11.85	12.28	12.39	22.81	17.13	15.43	16.51	15.62	17.92	16.29	14.84	187.73
	TXH_W_02	12.97	9.76	9.44	10.74	22.44	15.07	12.07	14.05	14.41	16.26	14.54	13.19	164.94
	TXH_W_03	6.50	4.87	4.68	5.33	11.13	8.15	7.17	7.84	7.58	8.21	7.05	6.50	85.01
	TXH_W_04	7.82	5.85	5.63	6.40	13.38	9.80	8.62	9.42	9.11	9.87	8.47	7.82	102.19
	TXH_N_01	4.61	3.48	3.37	3.75	7.68	6.04	5.68	5.83	5.28	6.71	6.68	5.37	64.48
	TXH_N_02	4.78	3.59	3.47	3.93	8.16	6.21	5.67	6.16	5.90	6.15	5.06	4.72	63.80
	TXH_N_03	1.93	1.44	1.39	1.58	3.30	2.42	2.13	2.32	2.25	2.44	2.09	1.93	25.22
	TXH_N_04	6.47	4.84	4.66	5.30	11.07	8.11	7.13	7.79	7.53	8.17	7.01	6.47	84.55
TP	TXH_W_01	1.22	0.92	0.96	0.68	1.25	0.63	0.73	0.55	0.27	0.34	0.24	0.22	8.01
	TXH_W_02	1.23	0.90	0.91	0.64	1.15	0.58	0.67	0.51	0.25	0.32	0.22	0.21	7.59
	TXH_W_03	0.89	0.67	0.69	0.49	0.91	0.46	0.53	0.40	0.19	0.25	0.17	0.16	5.81
	TXH_W_04	1.07	0.80	0.83	0.59	1.10	0.55	0.64	0.48	0.23	0.30	0.21	0.19	6.99
	TXH_N_01	0.42	0.30	0.30	0.22	0.40	0.20	0.23	0.18	0.08	0.11	0.08	0.07	2.59
	TXH_N_02	0.44	0.32	0.32	0.23	0.42	0.21	0.25	0.19	0.09	0.12	0.08	0.08	2.75
	TXH_N_03	0.26	0.20	0.20	0.15	0.27	0.14	0.16	0.12	0.06	0.07	0.05	0.05	1.73
	TXH_N_04	0.88	0.66	0.69	0.49	0.91	0.46	0.53	0.40	0.19	0.25	0.17	0.16	5.79

表 8-11　2015 年 90%频率下各分区污染物的月纳污能力　（单位:t）

污染物	分区名称	1月	2月	3月	4月	5月	6月	7月	8月	9月	10月	11月	12月	合计
COD_{Mn}	TXH_W_01	33.25	13.30	8.57	23.83	13.82	13.76	6.44	19.37	6.76	18.47	10.60	17.05	185.22
	TXH_W_02	29.37	14.94	12.73	29.61	13.14	19.77	14.59	24.28	6.24	17.04	9.78	15.33	206.82
	TXH_W_03	16.31	10.90	11.30	28.84	14.92	21.85	15.80	20.61	4.12	11.25	6.46	9.16	171.52
	TXH_W_04	19.60	13.11	13.59	34.67	17.94	26.26	19.00	24.78	4.95	13.52	7.76	11.01	206.19
	TXH_N_01	12.50	3.14	0.20	9.02	11.08	9.41	3.11	6.97	2.16	8.41	6.99	8.32	81.31
	TXH_N_02	12.89	4.31	1.96	11.21	10.50	12.82	7.89	10.79	2.29	8.14	6.30	8.00	97.10
	TXH_N_03	7.00	3.39	2.77	10.50	8.03	9.70	5.90	7.01	1.22	6.35	6.25	6.15	74.27
	TXH_N_04	23.46	11.38	9.27	35.20	26.92	32.52	19.77	23.51	4.09	21.29	20.95	20.61	248.97
NH_3-N	TXH_W_01	12.71	11.00	10.33	18.47	15.28	16.33	15.79	16.29	10.18	12.73	10.44	10.96	160.51
	TXH_W_02	11.61	9.88	9.13	16.76	14.27	14.53	13.39	14.37	9.32	11.59	9.45	9.96	144.26
	TXH_W_03	5.69	4.52	3.89	7.82	7.28	7.34	6.70	6.70	4.05	4.86	3.82	4.44	67.11
	TXH_W_04	6.84	5.43	4.68	9.40	8.75	8.82	8.05	8.05	4.87	5.84	4.59	5.34	80.66
	TXH_N_01	4.05	3.39	3.09	5.73	4.94	5.33	5.20	5.30	3.27	4.19	3.51	3.59	51.59
	TXH_N_02	4.29	3.55	3.20	6.01	5.24	5.65	5.50	5.62	3.48	4.38	3.62	3.75	54.29
	TXH_N_03	1.69	1.34	1.15	2.33	2.17	2.18	1.99	1.99	1.20	1.44	1.13	1.32	19.93
	TXH_N_04	5.66	4.49	3.87	7.81	7.28	7.32	6.66	6.66	4.03	4.83	3.80	4.42	66.83

续表

污染物	分区名称	1月	2月	3月	4月	5月	6月	7月	8月	9月	10月	11月	12月	合计
TN	TXH_W_01	13.77	13.44	13.40	21.49	21.70	20.54	22.80	23.47	13.48	15.67	13.06	12.68	205.50
	TXH_W_02	12.18	11.07	10.30	18.62	21.35	18.08	17.83	19.96	12.44	14.21	11.66	11.27	178.97
	TXH_W_03	6.11	5.52	5.11	9.24	10.59	9.78	10.59	11.14	6.54	7.18	5.65	5.56	93.01
	TXH_W_04	7.34	6.64	6.14	11.10	12.73	11.75	12.73	13.39	7.86	8.63	6.80	6.68	111.79
	TXH_N_01	4.33	3.94	3.68	6.51	7.31	7.25	8.39	8.29	4.55	5.87	5.35	4.59	70.06
	TXH_N_02	4.49	4.08	3.79	6.81	7.76	7.45	8.38	8.75	5.10	5.38	4.06	4.04	70.09
	TXH_N_03	1.81	1.64	1.52	2.74	3.14	2.90	3.14	3.30	1.94	2.13	1.68	1.65	27.59
	TXH_N_04	6.07	5.49	5.08	9.18	10.53	9.72	10.53	11.08	6.50	7.14	5.62	5.53	92.47
TP	TXH_W_01	1.20	1.23	1.05	1.05	1.79	1.08	1.19	0.89	0.11	0.23	0.18	0.22	10.22
	TXH_W_02	1.21	1.20	1.00	0.98	1.65	1.00	1.09	0.82	0.10	0.21	0.17	0.21	9.64
	TXH_W_03	0.87	0.89	0.75	0.76	1.31	0.79	0.87	0.65	0.08	0.17	0.13	0.16	7.43
	TXH_W_04	1.05	1.07	0.91	0.91	1.57	0.95	1.04	0.78	0.10	0.20	0.16	0.19	8.93
	TXH_N_01	0.41	0.40	0.33	0.33	0.57	0.35	0.38	0.29	0.04	0.07	0.06	0.07	3.30
	TXH_N_02	0.44	0.43	0.35	0.35	0.61	0.37	0.40	0.30	0.04	0.08	0.06	0.08	3.51
	TXH_N_03	0.26	0.26	0.22	0.23	0.39	0.23	0.26	0.19	0.02	0.05	0.04	0.05	2.20
	TXH_N_04	0.87	0.88	0.75	0.76	1.30	0.79	0.86	0.65	0.08	0.17	0.13	0.16	7.40

表 8-12　2020 年 75%频率下各分区污染物的月纳污能力　（单位:t）

污染物	分区名称	1月	2月	3月	4月	5月	6月	7月	8月	9月	10月	11月	12月	合计
COD_{Mn}	TXH_W_01	37.86	12.10	8.06	7.46	26.20	11.74	4.93	13.98	31.75	29.14	14.60	14.68	212.50
	TXH_W_02	33.45	13.59	11.99	9.27	24.92	16.86	11.17	17.53	29.28	26.88	13.47	13.20	221.61
	TXH_W_03	18.57	9.92	10.64	9.03	28.29	18.64	12.10	14.88	19.33	17.74	8.89	7.89	175.92
	TXH_W_04	22.32	11.93	12.79	10.85	34.01	22.40	14.55	17.89	23.24	21.33	10.69	9.49	211.49
	TXH_N_01	14.23	2.86	0.19	2.82	21.01	8.03	2.38	5.03	10.14	13.27	9.63	7.17	96.76
	TXH_N_02	14.68	3.93	1.84	3.51	19.90	10.94	6.05	7.79	10.74	12.84	8.68	6.89	107.79
	TXH_N_03	7.97	3.09	2.60	3.29	15.23	8.27	4.52	5.06	5.73	10.02	8.61	5.29	79.68
	TXH_N_04	26.71	10.35	8.73	11.02	51.06	27.74	15.14	16.97	19.22	33.59	28.86	17.75	267.14
NH_3-N	TXH_W_01	15.27	11.07	10.78	12.64	19.31	16.04	13.66	16.98	20.78	27.21	26.90	26.94	217.58
	TXH_W_02	13.95	9.94	9.53	11.47	18.03	14.27	11.58	14.98	19.02	24.77	24.35	24.50	196.39
	TXH_W_03	6.84	4.55	4.06	5.35	9.19	7.21	5.79	6.98	8.27	10.39	9.84	10.92	89.39
	TXH_W_04	8.22	5.47	4.88	6.44	11.05	8.66	6.97	8.39	9.95	12.49	11.83	13.13	107.48
	TXH_N_01	4.86	3.41	3.22	3.92	6.24	5.24	4.50	5.53	6.68	8.95	9.05	8.83	70.43
	TXH_N_02	5.16	3.57	3.34	4.11	6.63	5.55	4.76	5.86	7.11	9.37	9.33	9.22	74.01
	TXH_N_03	2.03	1.35	1.20	1.59	2.75	2.14	1.72	2.07	2.45	3.08	2.92	3.24	26.54
	TXH_N_04	6.80	4.52	4.04	5.34	9.20	7.19	5.76	6.94	8.23	10.33	9.78	10.86	88.99

续表

污染物	分区名称	1月	2月	3月	4月	5月	6月	7月	8月	9月	10月	11月	12月	合计
TN	TXH_W_01	16.10	13.62	12.44	12.39	22.62	16.98	15.43	16.51	15.62	17.92	16.40	18.13	194.16
	TXH_W_02	14.25	11.21	9.56	10.74	22.25	14.94	12.07	14.05	14.41	16.26	14.64	16.11	170.49
	TXH_W_03	7.14	5.59	4.74	5.33	11.04	8.08	7.17	7.84	7.58	8.21	7.10	7.94	87.76
	TXH_W_04	8.59	6.72	5.70	6.40	13.27	9.71	8.62	9.42	9.11	9.87	8.53	9.55	105.49
	TXH_N_01	5.06	3.99	3.42	3.75	7.62	5.99	5.68	5.83	5.28	6.71	6.72	6.56	66.61
	TXH_N_02	5.25	4.13	3.52	3.93	8.09	6.16	5.67	6.16	5.90	6.15	5.09	5.77	65.82
	TXH_N_03	2.12	1.66	1.41	1.58	3.27	2.40	2.13	2.32	2.25	2.44	2.10	2.36	26.04
	TXH_N_04	7.10	5.56	4.72	5.30	10.97	8.04	7.13	7.79	7.53	8.17	7.06	7.90	87.27
TP	TXH_W_01	1.43	0.96	0.95	0.68	1.25	0.63	0.73	0.55	0.27	0.34	0.24	0.22	8.25
	TXH_W_02	1.44	0.94	0.91	0.64	1.15	0.58	0.67	0.51	0.25	0.32	0.22	0.21	7.84
	TXH_W_03	1.04	0.69	0.69	0.49	0.91	0.46	0.53	0.40	0.19	0.25	0.17	0.16	5.98
	TXH_W_04	1.25	0.84	0.83	0.59	1.10	0.55	0.64	0.48	0.23	0.30	0.21	0.19	7.21
	TXH_N_01	0.49	0.32	0.30	0.22	0.40	0.20	0.23	0.18	0.08	0.11	0.08	0.07	2.68
	TXH_N_02	0.52	0.33	0.32	0.23	0.42	0.21	0.25	0.19	0.09	0.12	0.08	0.08	2.84
	TXH_N_03	0.31	0.21	0.20	0.15	0.27	0.14	0.16	0.12	0.06	0.07	0.05	0.05	1.79
	TXH_N_04	1.03	0.69	0.68	0.49	0.91	0.46	0.53	0.40	0.19	0.25	0.17	0.16	5.96

表 8-13　2020 年 90%频率下各分区污染物的月纳污能力　（单位:t）

污染物	分区名称	1月	2月	3月	4月	5月	6月	7月	8月	9月	10月	11月	12月	合计
COD_{Mn}	TXH_W_01	33.67	13.37	8.59	23.83	13.83	13.76	6.44	19.37	6.76	18.47	10.60	17.06	185.75
	TXH_W_02	29.74	15.01	12.78	29.61	13.15	19.77	14.59	24.28	6.24	17.04	9.78	15.34	207.33
	TXH_W_03	16.51	10.96	11.34	28.84	14.93	21.85	15.80	20.61	4.12	11.25	6.46	9.17	171.84
	TXH_W_04	19.85	13.17	13.63	34.67	17.95	26.26	19.00	24.78	4.95	13.52	7.76	11.02	206.56
	TXH_N_01	12.65	3.16	0.20	9.02	11.09	9.41	3.11	6.97	2.16	8.41	6.99	8.33	81.50
	TXH_N_02	13.05	4.34	1.96	11.21	10.51	12.82	7.89	10.79	2.29	8.14	6.30	8.01	97.31
	TXH_N_03	7.08	3.41	2.78	10.50	8.04	9.70	5.90	7.01	1.22	6.35	6.25	6.15	74.39
	TXH_N_04	23.75	11.43	9.30	35.20	26.95	32.52	19.77	23.51	4.09	21.29	20.95	20.62	249.38
NH_3-N	TXH_W_01	15.28	14.23	13.53	23.41	19.74	19.61	18.87	19.58	13.46	16.30	13.91	14.46	202.38
	TXH_W_02	13.96	12.78	11.95	21.24	18.44	17.45	16.00	17.26	12.32	14.84	12.59	13.15	181.98
	TXH_W_03	6.84	5.85	5.09	9.91	9.40	8.81	8.01	8.05	5.36	6.22	5.09	5.86	84.49
	TXH_W_04	8.23	7.03	6.12	11.92	11.30	10.60	9.62	9.68	6.44	7.48	6.12	7.05	101.59
	TXH_N_01	4.87	4.38	4.04	7.26	6.38	6.40	6.22	6.37	4.33	5.36	4.68	4.74	65.03
	TXH_N_02	5.16	4.60	4.19	7.62	6.77	6.78	6.58	6.76	4.60	5.61	4.83	4.95	68.45
	TXH_N_03	2.03	1.73	1.51	2.95	2.81	2.62	2.37	2.39	1.59	1.85	1.51	1.74	25.10
	TXH_N_04	6.81	5.81	5.07	9.89	9.41	8.79	7.96	8.00	5.33	6.19	5.06	5.83	84.15

续表

污染物	分区名称	1月	2月	3月	4月	5月	6月	7月	8月	9月	10月	11月	12月	合计
TN	TXH_W_01	15.85	15.41	13.47	22.76	28.39	24.66	24.69	26.57	15.58	15.73	13.77	15.05	231.93
	TXH_W_02	14.02	12.69	10.35	19.72	27.93	21.70	19.31	22.60	14.37	14.27	12.29	13.38	202.63
	TXH_W_03	7.03	6.33	5.14	9.78	13.85	11.74	11.47	12.61	7.56	7.21	5.96	6.60	105.28
	TXH_W_04	8.45	7.61	6.17	11.76	16.66	14.11	13.79	15.16	9.09	8.67	7.16	7.93	126.56
	TXH_N_01	4.98	4.52	3.70	6.90	9.56	8.70	9.08	9.38	5.26	5.89	5.64	5.45	79.06
	TXH_N_02	5.17	4.67	3.81	7.21	10.15	8.95	9.08	9.90	5.89	5.40	4.27	4.79	79.29
	TXH_N_03	2.09	1.88	1.52	2.90	4.11	3.48	3.40	3.74	2.24	2.14	1.77	1.96	31.23
	TXH_N_04	6.99	6.29	5.11	9.73	13.78	11.67	11.41	12.54	7.51	7.17	5.92	6.56	104.68
TP	TXH_W_01	1.37	1.27	1.05	1.18	2.09	1.09	1.19	0.89	0.11	0.23	0.18	0.22	10.87
	TXH_W_02	1.38	1.25	1.00	1.11	1.93	1.00	1.09	0.82	0.10	0.21	0.17	0.21	10.27
	TXH_W_03	0.99	0.92	0.75	0.86	1.53	0.79	0.87	0.65	0.08	0.17	0.13	0.16	7.90
	TXH_W_04	1.20	1.10	0.91	1.03	1.84	0.96	1.04	0.78	0.10	0.20	0.16	0.19	9.51
	TXH_N_01	0.47	0.42	0.33	0.37	0.67	0.35	0.38	0.29	0.04	0.07	0.06	0.07	3.52
	TXH_N_02	0.50	0.44	0.35	0.40	0.71	0.37	0.40	0.30	0.04	0.08	0.06	0.08	3.73
	TXH_N_03	0.29	0.27	0.22	0.25	0.45	0.24	0.26	0.19	0.02	0.05	0.04	0.05	2.33
	TXH_N_04	0.99	0.91	0.75	0.85	1.52	0.79	0.86	0.65	0.08	0.17	0.13	0.16	7.86

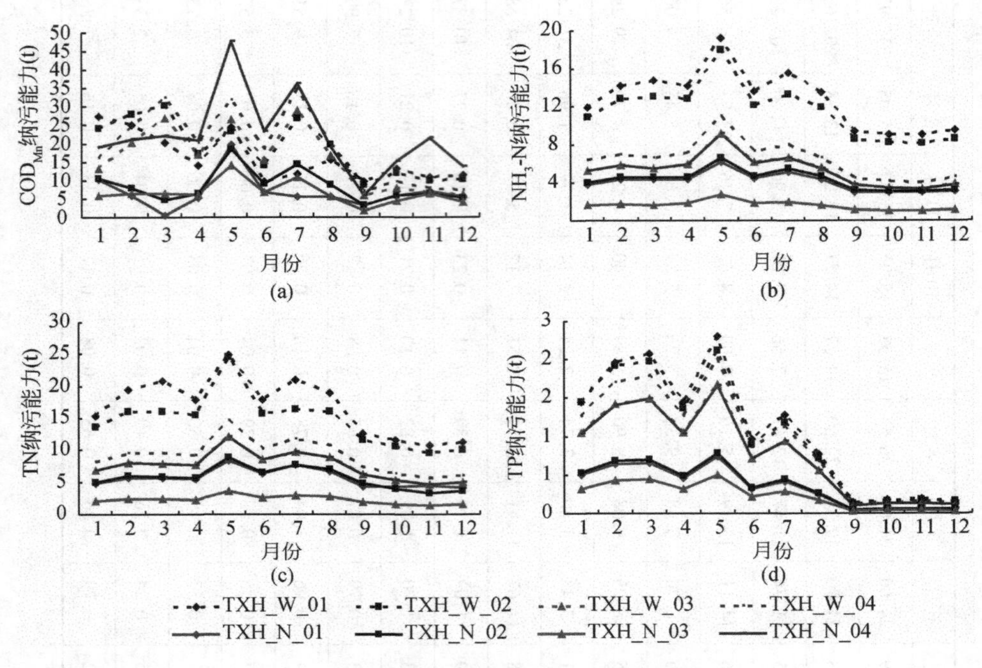

图 8-6　2007 年各分区污染物的月纳污能力

根据已有水质监测资料和模型计算模拟结果可知，排污口附近水域和湖汊港的污染物浓度较高，内、外汤逊湖中心水域水质较好。例如，2007 年 1 月排污口附近水域和湖汊港的 COD_{Mn}、NH_3-N、TN 和 TP 的平均浓度分别为 7. 96mg/L、12. 99mg/L、14. 79mg/L、0. 64mg/L，而备用水源保护区 1 月的 COD_{Mn}、NH_3-N、TN 和 TP 的平均浓度分别为 4. 57mg/L、0. 19mg/L、0. 69mg/L、0. 04mg/L。监测结果表明，备用水源保护区的水质均满足地表水水环境Ⅲ类水质标准要求，而环湖缓冲区的水质均不满足地表水水环境Ⅲ类水质标准要求。由此可见，设置环湖缓冲区是符合汤逊湖有排污任务要求的实际情况，并可以形成浓度阶梯过渡，对备用水源保护区起到很好的保护作用，防止污染物对备用水源保护区的污染。同时，数值模拟计算结果也呈现同样的特征。

图 8-6 的结果表明，外汤逊湖备用水源保护区的 NH_3-N、TN 和 TP 纳污能力大于内汤逊湖备用水源区，而 COD_{Mn}的纳污能力波动较大，主要是由于外汤逊湖备用水源保护区的水体容积略大于内汤逊湖，且二者接纳的污染物来源、负荷等也不相同，水体的特征参数也略有差异。

表 8-10 ~ 表 8-13 的计算结果表明，备用水源保护区的某些指标的纳污能力

小于环湖缓冲区的纳污能力，如 2020 年 90% 频率条件下，备用水源保护区的 COD_{Mn} 年纳污能力为 571.9t，而环湖缓冲区的 COD_{Mn} 年纳污能力为 702.20t。而备用水源保护区其他指标的纳污能力大于环湖缓冲区，如 2020 年 90% 频率条件下，备用水源保护区的 NH_3-N、TN 和 TP 年纳污能力为 517.85t、592.93t、28.37t，环湖缓冲区 NH_3-N、TN 和 TP 年纳污能力为 295.34t、367.73t、27.63t。主要是由于水质管理目标的不同、水体容积的变化以及接纳污染物的负荷也不同，导致纳污能力有所差异。

现状年、2015 年及 2020 年水域不同污染物分区纳污能力如图 8-7 ~ 图 8-11 所示（见彩图）。

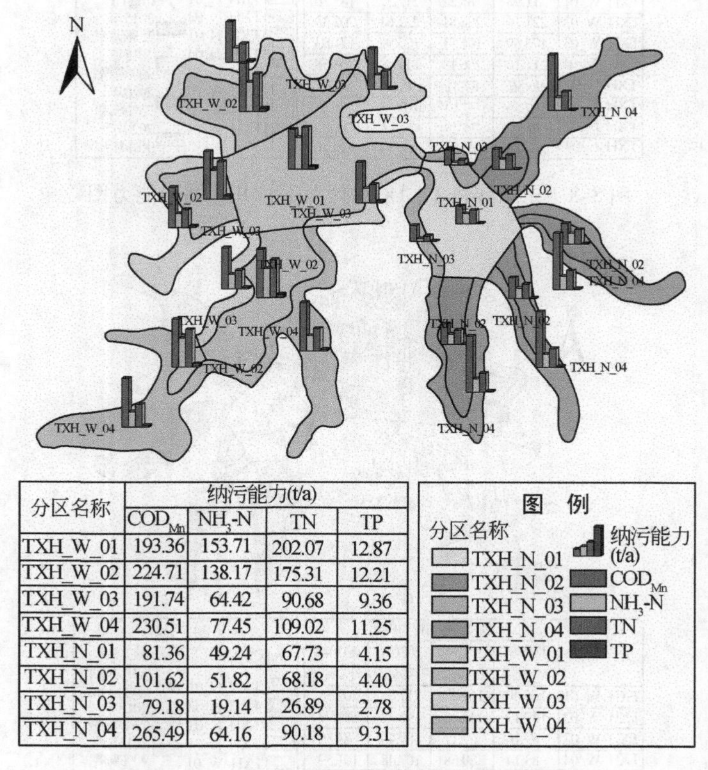

分区名称	纳污能力(t/a)			
	COD_{Mn}	NH_3-N	TN	TP
TXH_W_01	193.36	153.71	202.07	12.87
TXH_W_02	224.71	138.17	175.31	12.21
TXH_W_03	191.74	64.42	90.68	9.36
TXH_W_04	230.51	77.45	109.02	11.25
TXH_N_01	81.36	49.24	67.73	4.15
TXH_N_02	101.62	51.82	68.18	4.40
TXH_N_03	79.18	19.14	26.89	2.78
TXH_N_04	265.49	64.16	90.18	9.31

图 8-7　现状年分区水域污染物纳污能力图

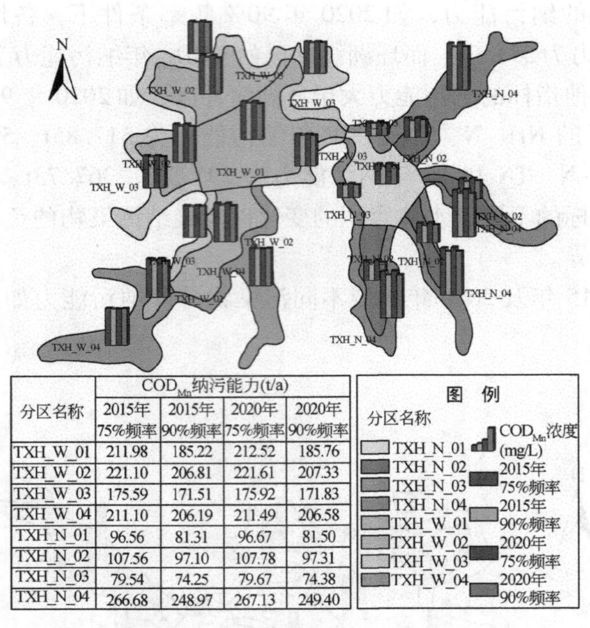

分区名称	COD_{Mn}纳污能力(t/a)			
	2015年75%频率	2015年90%频率	2020年75%频率	2020年90%频率
TXH_W_01	211.98	185.22	212.52	185.76
TXH_W_02	221.10	206.81	221.61	207.33
TXH_W_03	175.59	171.51	175.92	171.83
TXH_W_04	211.10	206.19	211.49	206.58
TXH_N_01	96.56	81.31	96.67	81.50
TXH_N_02	107.56	97.10	107.78	97.31
TXH_N_03	79.54	74.25	79.67	74.38
TXH_N_04	266.68	248.97	267.13	249.40

图 8-8　未来年份不同来水频率下 COD_{Mn} 纳污能力图

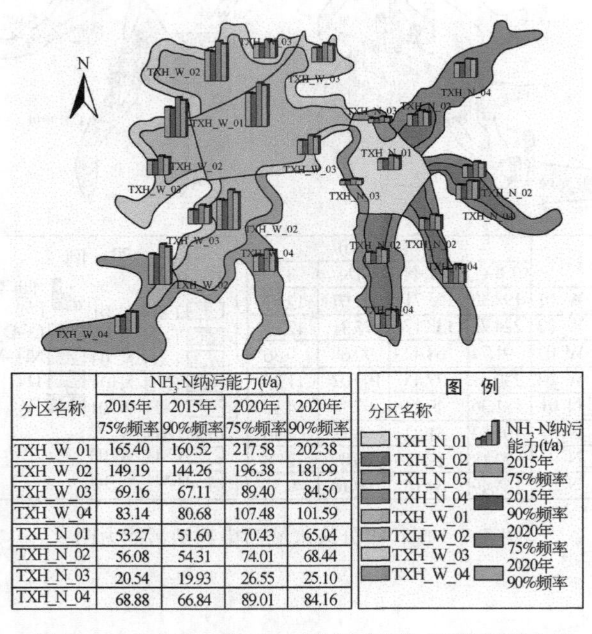

分区名称	NH_3-N纳污能力(t/a)			
	2015年75%频率	2015年90%频率	2020年75%频率	2020年90%频率
TXH_W_01	165.40	160.52	217.58	202.38
TXH_W_02	149.19	144.26	196.38	181.99
TXH_W_03	69.16	67.11	89.40	84.50
TXH_W_04	83.14	80.68	107.48	101.59
TXH_N_01	53.27	51.60	70.43	65.04
TXH_N_02	56.08	54.31	74.01	68.44
TXH_N_03	20.54	19.93	26.55	25.10
TXH_N_04	68.88	66.84	89.01	84.16

图 8-9　未来年份不同来水频率下 NH_3-N 纳污能力图

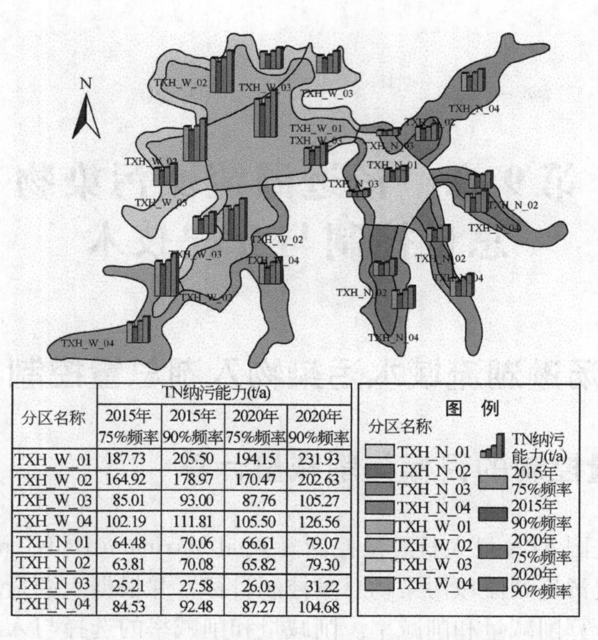

分区名称	TN纳污能力(t/a)			
	2015年75%频率	2015年90%频率	2020年75%频率	2020年90%频率
TXH_W_01	187.73	205.50	194.15	231.93
TXH_W_02	164.92	178.97	170.47	202.63
TXH_W_03	85.01	93.00	87.76	105.27
TXH_W_04	102.19	111.81	105.50	126.56
TXH_N_01	64.48	70.06	66.61	79.07
TXH_N_02	63.81	70.08	65.82	79.30
TXH_N_03	25.21	27.58	26.03	31.22
TXH_N_04	84.53	92.48	87.27	104.68

图 8-10　未来年份不同来水频率下 TN 纳污能力图

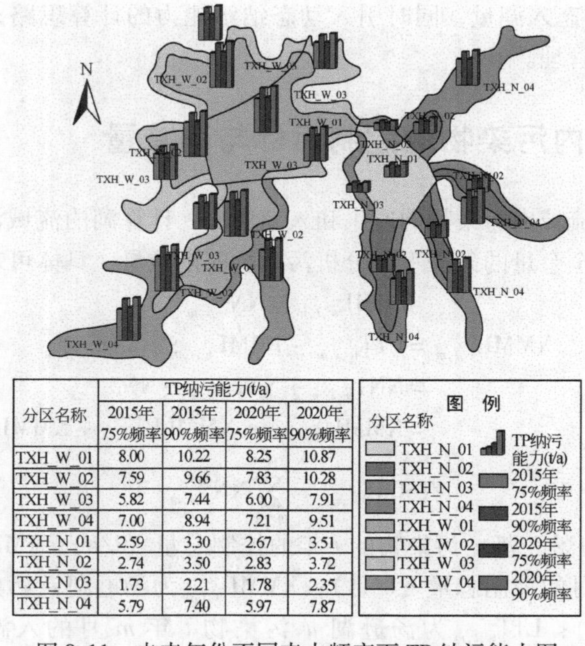

分区名称	TP纳污能力(t/a)			
	2015年75%频率	2015年90%频率	2020年75%频率	2020年90%频率
TXH_W_01	8.00	10.22	8.25	10.87
TXH_W_02	7.59	9.66	7.83	10.28
TXH_W_03	5.82	7.44	6.00	7.91
TXH_W_04	7.00	8.94	7.21	9.51
TXH_N_01	2.59	3.30	2.67	3.51
TXH_N_02	2.74	3.50	2.83	3.72
TXH_N_03	1.73	2.21	1.78	2.35
TXH_N_04	5.79	7.40	5.97	7.87

图 8-11　未来年份不同来水频率下 TP 纳污能力图

第9章　汤逊湖流域污染物总量控制与分配技术

9.1　汤逊湖流域水污染物入湖总量控制与削减

9.1.1　总量控制的目标与削减量计算

本书参考美国EPA最大日总量控制（Total Maximum Daily Loads，TMDL）的基本原理，设定汤逊湖流域污染物总量控制目标，并根据入湖量和控制目标条件下的纳污能力计算削减量和削减率。削减量和削减率的选择与入湖量的基准选择有密切关系，本书选用的削减量计算基准为流域社会经济发展基准情景下2015年和2020年的动态入湖量，同时引入动态纳污能力的计算思路，对汤逊湖的纳污能力进行动态管理。

9.1.2　流域内污染物的控制目标与削减量

根据汤逊湖流域内污染物的产生和入湖情况，计算湖泊流域污染物的控制入湖量，在考虑安全余量的条件下，分析污染物的削减量，具体可表示为

$$\mathrm{TMML}_{w,t,m} = \mathrm{NN}_{w,t,m} \tag{9-1}$$

$$\begin{aligned}\mathrm{XMML}_{w,t,m} &= \mathrm{LTT}_{w,t,m} - \mathrm{TMML}_{w,t,m} + \mathrm{MOS}_{w,t,m} \\ &= \mathrm{NN1}_{w,t,m} + \mathrm{NN2}_{w,t,m} - \mathrm{NN3}_{w,t,m} \\ &= \mathrm{XMMLA}_{w,t,m} + \mathrm{XMMLB}_{w,t,m} + \mathrm{XMMLC}_{w,t,m}\end{aligned} \tag{9-2}$$

$$\mathrm{TMML}_{w,t} = \sum_{m=1}^{12} \mathrm{NN}_{w,t,m} \tag{9-3}$$

式中，$\mathrm{TMML}_{w,t}$为汤逊湖w污染物的t年的控制总量（t/a）；$\mathrm{TMML}_{w,t,m}$为汤逊湖w污染物t年m月的控制总量（t/月）；$\mathrm{XMML}_{w,t,m}$为汤逊湖w污染物t年m月的削减总量（t/月）；$\mathrm{LTT}_{w,t,m}$为汤逊湖w污染物t年m月的入湖总量（t/月）；$\mathrm{XMMLA}_{w,t,m}$ ~ $\mathrm{XMMLC}_{w,t,m}$分别汤逊湖点源、面源、内源（满足河流水质目标之后）w污染物入湖量t年m月的削减总量（t/月）；$\mathrm{NN1}_{w,t,m}$ ~ $\mathrm{NN3}_{w,t,m}$分别为汤

逊湖流域 w 污染物 t 年 m 月的纳污能力分解，即输移能力、存储能力和自净能力（t/月）；$MOS_{w,t,m}$ 为汤逊湖 w 污染物 t 年 m 月的安全余量（margin of safety），取之为汤逊湖纳污能力的5%。

9.2 汤逊湖流域水污染物控制总量的分配

水污染控制总量的分配原则主要是公平性和效率性，我国学者将总量分配的方法归为三类，即等比例分配法、费用最小法和按贡献率分配法，其中等比例分配法和按贡献率分配法都是基于公平性原则，而费用最小法则基于效率原则。这三种方法各有优缺点（方秦华等，2005；宗永臣和张建新，2008），等比例分配法比较简单、方便管理，但不利于鼓励排污单位采用先进的工艺减小污染物的排放量；费用最小法的优化结果可以反映区域的经济效益，但片面追求经济最大化，忽略了不同单位的治理费用、管理等之间的差别；按贡献率分配法体现了排污者的平等性，忽略了不同行业的治理费用。因此，需要结合公平原则和效益原则，整体考虑污染物的产生、迁移转化过程，制定湖泊流域的水污染物总量控制分配的方法。

本书根据源头减排、过程控制和末端治理的全过程水污染防治思路，建立一种定性与定量相结合描述湖泊流域分区水污染物排放总量分配的层次结构模型，即将水污染物总量控制进行三个层次的分配：①一级分配为总量控制目标下，在点源、面源、内源和外源不同污染源之间进行污染负荷分配，即在扣除安全余量的条件下，首先根据内源和外源分别对水体污染负荷的贡献率进行分配，其次采用最小边际成本法在点源和面源之间进行分配，从经济优化的角度寻求点源和面源的最优分配；②二级分配为点源在不同行政区之间的分配，综合考虑社会公平与协调的原则，采用环境基尼系数法，由于面源的产生范围较大，不易控制，故只考虑点源的分配；③三级分配为各行政区的点源在不同排污口之间的分配，根据排污口的位置、对水体纳污能力的影响等，采用模型优化的方法进行分配，尽可能地利用水体的纳污能力。

9.2.1 一级分配：不同污染源之间的分配

一级分配是在点源、面源、内源和外源之间进行削减量的分配，其思路是内源和外源按照其贡献率进行分配，点源和面源之间的分配采用最小边际成本法，其中最小边际成本法是通过建立点源和面源治理不同污染物的边际成本函数，以总边际成本最小为目标函数，以控制目标、技术上限以及入湖量作为约束条件，建立单目标规划模型，从而求出点源和面源之间污染负荷分配的最优解。

（1）最小边际成本法概述

边际成本法起源于经济学领域，通常表示当产量增加1个单位时，总成本的增加量。一般而言，随着产量的增加，总成本呈现递减的增加，边际成本逐渐下降。边际成本是由总成本函数求得的，且在边际报酬递减规律作用下，边际成本曲线形状都呈先降后升的U字形（方红远和王银堂，2004）。

治理成本是削减污染物排放量或降低环境中的污染物浓度所发生的成本（巴里·菲尔德和玛莎·菲尔德，2006）。点源和面源治理污染物的边际成本是指单项治理措施增加1单位污染物时，该项措施需要投入的成本，也就是多削减1单位污染物需要消耗的成本。这里考虑的边际成本是根据污染物的削减量和成本投入之间的关系建立的边际成本函数，不考虑其他因素的影响。

由于边际成本法考虑的是效益原则，从经济上更直接反映获取最大效益的成本增加，因此，将该方法应用在点源和面源之间进行污染负荷分配。

具体的点源和面源污染负荷分配的单目标规划可以表示如下。

目标函数：
$$\text{MIN } C(X) = C_1(X_1) + C_2(X_2) \tag{9-4}$$

$$\text{s. t.} \begin{cases} X_1 + X_2 = a \\ 0 < X_1 < b \\ 0 < X_2 < c \\ 0 < X_1 < d \\ 0 < X_2 < e \end{cases}$$

式中，$C_1(X_1)$、$C_2(X_2)$ 分别为点源和面源处理 w 污染物的边际成本函数；X_1、X_2 分别为点源和面源削减 w 污染物的负荷量；a 为 w 污染物的总削减目标；b、c 分别为点源和面源措施治理 w 污染物的技术上限，这里的技术上限是指采用该种措施削减污染物的最大量，即在不改变处理工艺的情况下，最大负荷地运转该项治理措施所能达到的削减效果；d、e 分别为 w 污染物的点源和面源入湖量。

（2）边际成本函数的建立

因此，如何确定点源和面源的治理措施、如何建立各自的边际成本函数成为一级分配中点源和面源污染负荷分配的关键问题。

通过查阅大量资料发现，在现状技术约束条件下，点源和面源的边际治理成本函数用指数函数拟合较好（鄢恒珍，2003），均可表示为

$$C = \alpha Q^{\beta} \tag{9-5}$$

式中，C 为边际成本；Q 为处理的水量；α、β 为回归分析中的系数，可以根据情

况进行适当调整。当$\beta<1$时，随着处理水量的不断增加，边际成本不断下降；$\beta=1$时，表明边际成本与处理的水量呈线性相关；$\beta>1$时，表明边际成本随着处理水量的不断增加而增加。如图9-1所示，表示的是边际成本随削减量的变化呈现出来的变化趋势。从图中可以看出，当削减量小于治理措施的边际成本时，边际治理成本随着削减量的增加而减少，即在治理措施充分利用的条件下，边际成本在逐渐减小；当削减量大于治理措施的技术上限时，该治理措施已经达到满负荷运行，不能再继续增加削减量，否则将影响治理措施的运行，此时，如果需要进一步增加削减量的话，就需要增加其他的治理措施，边际治理成本开始上升。

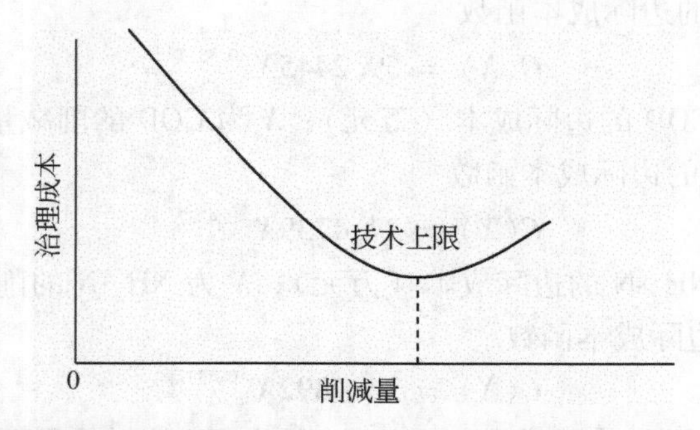

图9-1　边际治理成本函数图（巴里·菲尔德和玛莎·菲尔德，2006）
有所改动：参考文献中横坐标是排放量，本研究是削减量，并引入了技术上限

由于上述研究成果建立的函数均与水量有关，而在实际运用过程中，通常使用的变量是某种污染物的削减量，需要对水量和污染物浓度之间进行折算。为了统一各种措施中水量与污染物浓度的关系，本书采用《城镇污水处理排放标准（GB18918—2002）》中的一级B标准作为折算系数，具体见表9-1。

表9-1　基本控制项目最高允许排放浓度（日均值）（单位：mg/L）

标准 \ 基本控制项目	COD	TP（以P计）	TN（以N计）	NH_3-N（以N计）
一级B标准	60	1	20	15

1）点源边际成本函数的建立。点源的治理措施主要分为集中治理和分散治理，其中集中治理主要是针对人们在生活过程中产生的污水，将其集中送往污水处理厂进行处理，而分散治理则针对人们生产过程中产生的污水，由于各企业产生的污废水中污染物的类型特殊，污水处理厂不能有针对性地进行处理，故在各

企业生产的末端建立污水处理厂进行分散治理。

根据汤逊湖周边污水处理规划报告，结合周边产生的污水浓度以及经济状况，推荐采用氧化工艺作为污水处理的首选工艺流程，因此，本书采取氧化沟工艺作为点源处理污染物的工艺。一旦处理工艺选定，点源处理各种污染物的基建成本是相同的，不同的是在运行过程中投入的药剂费、动力费、人力费等方面。

本书结合汤逊湖的实际情况，借鉴鄢恒珍（2003）给出的氧化沟工艺的边际成本函数，分别建立点源处理COD_{Mn}、NH_3-N、TN和TP四种污染物的边际成本函数。

COD_{Mn}污染物的边际成本函数

$$C(X) = 59.2445X^{-0.4337} \tag{9-6}$$

式中，$C(X)$为COD的边际成本（万元）；X为COD的削减量（t/a）。

NH_3-N污染物的边际成本函数

$$C(X) = 34.4739X^{-0.4337} \tag{9-7}$$

式中，$C(X)$为NH_3-N的边际成本（万元）；X为NH_3-N的削减量（t/a）。

TN污染物的边际成本函数

$$C(X) = 36.7892X^{-0.4337} \tag{9-8}$$

式中，$C(X)$为TN的边际成本（万元）；X为TN的削减量（t/a）。

TP污染物的边际成本函数

$$C(X) = 10.0338X^{-0.4337} \tag{9-9}$$

式中，$C(X)$为TP的边际成本（万元）；X为TP的削减量（t/a）。

2）面源边际成本函数的建立。由于面源的处理措施不够成熟，运行效果也不稳定，且许多措施都在研究中，其中最佳管理实践（BMPS）是非点源治理措施的一种手段，主要有建立滨湖带、修建滞留池/储存池、湿地等工程措施和公众教育、维修管理等非工程措施。因此，面源治理措施的选择对面源边际治理成本函数影响较大。

图9-2为干滞留塘、湿滞留地和湿地三种面源治理措施的成本函数，从图中可以看出，三种治理措施的边际成本都随着处理水量的增加而降低，其中湿地的边际成本相对比较高。而湿地是目前研究较多、较成熟的面源治理措施，它具有处理效果好、出水水质稳定、氮磷去除能力强、运转维护管理方便、工程基建和运转费用低、对负荷变化适应能力强、持续处理连续排放的污水等特点（刘亚琼等，2007），具有美学、生物多样性等价值。根据武汉市汤逊湖周边的建设状况、土地利用方式以及经济发展状况，本节选取湿地作为汤逊湖流域面源污染的治理措施。

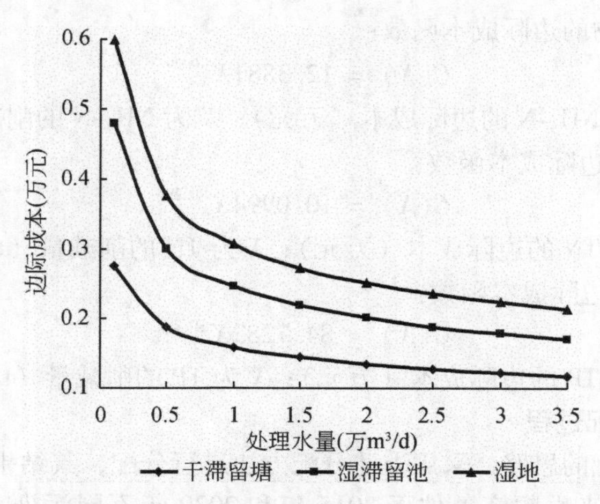

图 9-2　三种面源治理措施的边际成本比较图

表 9-2 为湿地的运行成本（USEPA，2004），主要包括基建成本，设计、审批、应急成本，运行管理成本和土地成本。

表 9-2　湿地系统的运行成本

成本组成	计算公式
基建成本（不包括土地成本）	$C = 30.6V^{0.71}$ 式中，C 以美元计；V 为处理的水量，以立方英尺①计
设计、审批、应急成本	基建成本的 25%
运行管理成本	基建成本的 3% ~6%
土地成本	可以根据当地的利率估算，或取基建成本的 3% ~5%

由于边际成本函数是运行成本函数的导数，可以通过数学处理获得边际成本函数。本研究取湿地系统的运行维护成本为基建成本的 6%、土地成本为基建成本的 5%，并根据美元和人民币之间的折算系数推导 COD_{Mn}、NH_3-N、TN 和 TP 污染物的边际成本函数。

COD_{Mn}污染物的边际成本函数：

$$C(X) = 4.6296X^{-0.29} \tag{9-10}$$

① 1 英尺（ft）=0.3048 米（m）。

式中，$C(X)$ 为 COD 的边际成本（万元）；X 为 COD 的削减量（t/a）。

NH_3-N 污染物的边际成本函数：

$$C(X) = 12.3881X^{-0.29} \tag{9-11}$$

式中，$C(X)$ 为 NH_3-N 的边际成本（万元）；X 为 NH_3-N 的削减量（t/a）。

TN 污染物的边际成本函数：

$$C(X) = 10.0994X^{-0.29} \tag{9-12}$$

式中，$C(X)$ 为 TN 的边际成本（万元）；X 为 TN 的削减量（t/a）。

TP 污染物的边际成本函数：

$$C(X) = 84.7282X^{-0.29} \tag{9-13}$$

式中，$C(X)$ 为 TP 的边际成本（万元）；X 为 TP 的削减量（t/a）。

（3）一级分配过程

根据一级分配的思路，采用上述分配方法进行分配，其结果见表 7-3 和附表 8，分别表示不同来水频率条件下 2015 年和 2020 年不同污染来源的月控制量、月削减量和年控制量、年削减量。

计算结果表明，对于 COD_{Mn}、NH_3-N、TN 三种污染物，点源的控制目标量较大，其次为面源，而对于 TP 污染物来说，面源的控制目标量较大，其次为点源。就不同污染源的削减量来看，COD_{Mn}、NH_3-N、TN 三种污染物的点源削减量较大，其次是面源，内源和外源的削减量较小；而 TP 污染物的面源削减量较大，其次是点源，内源和外源的削减量较小，削减结果充分体现了点源和面源的边际治理成本，充分利用各种治理措施的治理效果，体现了治理成本的最小化。此外，内源和外源的削减主要是在汛期，这与污染源的产生时间是一致的，体现了内源和外源的贡献，也体现了内源和外源分配的公平性。

从表 9-3 中也可以看出，在相同来水频率条件下，2020 年各污染物的削减量大于 2015 年削减量，主要是由污染负荷不同引起的；对于 COD_{Mn} 污染物来说，2015 年和 2020 年 75% 来水频率条件下的削减量分别小于 90% 来水频率条件下的相应削减量，NH_3-N 污染物在 2015 年 75% 来水频率条件下的削减量小于 90% 来水频率条件下的削减量，而 2020 年 75% 来水频率条件下的削减量大于 90% 来水频率条件下的削减量，TN 和 TP 污染物在 2015 年和 2020 年 75% 来水频率条件下的削减量分别大于 90% 来水频率条件下相应的削减量，这四种污染物出现这样的现象主要是由不同来水频率的水量过程、污染负荷和调度过程等因素引起的。2020 年 90% 来水频率条件下点源 COD_{Mn}、NH_3-N、TN 和 TP 削减量分别为 446.0t/a、27.0t/a、154.9t/a 和 17.3t/a，面源 COD_{Mn}、NH_3-N、TN 和 TP 的削减量分别为 54.9t/a、7.6t/a、57.7t/a 和 43.3t/a。

表9-3 不同来水频率条件下2015年和2020年不同污染来源的年入湖量与削减量

(单位：t/a)

来水频率			75%		90%	
年份			2015	2020	2015	2020
COD_{Mn}	入湖量		1439.0	1764.8	1439.7	1763.6
	削减量	点源	201.1	403.5	230.4	446.0
		面源	24.1	42.2	31.7	54.9
		内源	48.9	63.6	70.6	87.6
		外源	20.1	18.2	47.0	40.8
		合计	294.2	527.5	379.7	629.3
NH_3-N	入湖量		533.7	730.3	527.2	723.4
	削减量	点源	6.4	47.2	12.9	27.0
		面源	2.4	17.9	2.0	7.6
		内源	0	0.6	0.7	0.8
		外源	0	0.7	0.9	0.7
		合计	8.8	66.4	16.5	36.1
TN	入湖量		840.8	1110.5	824.4	1093.8
	削减量	点源	79.0	238.0	59.5	154.9
		面源	32.4	82.3	16.7	57.7
		内源	6.8	20.2	7.6	12.1
		外源	3.8	4.9	2.8	2.8
		合计	122.0	345.4	86.6	227.5
TP	入湖量		108.3	124.1	102.0	117.7
	削减量	点源	13.0	21.9	9.1	17.3
		面源	50.0	55.5	40.0	43.3
		内源	3.7	4.1	3.8	3.9
		外源	2.8	2.1	2.6	2.0
		合计	69.5	83.6	55.5	66.5

9.2.2 二级分配：点源的区域分配

(1) 环境基尼系数法概述

环境基尼系数法的基本思想是，在全面了解各分配对象（行政区、流域）

的自然属性、并承认其社会经济发展现状的前提下，以人口和工业增加值作为基尼系数的分配指标，对各分配对象应排放的污染物总量进行分配，以综合体现社会公平的原则。该方法进行总量分配的技术路线为（图 9-3）：①收集分配对象的控制指标数据。如人口和工业增加值等。②绘制各种控制指标的洛伦茨曲线。洛伦茨曲线以累计分区的人口和工业增加值等指标的累计比例作为横坐标，累计污染物排放量比例作为纵坐标，如图 9-4 所示。③环境基尼系数的计算与评价。选择合理的方法进行环境基尼系数的计算，在此基础上，对各种环境基尼系数进

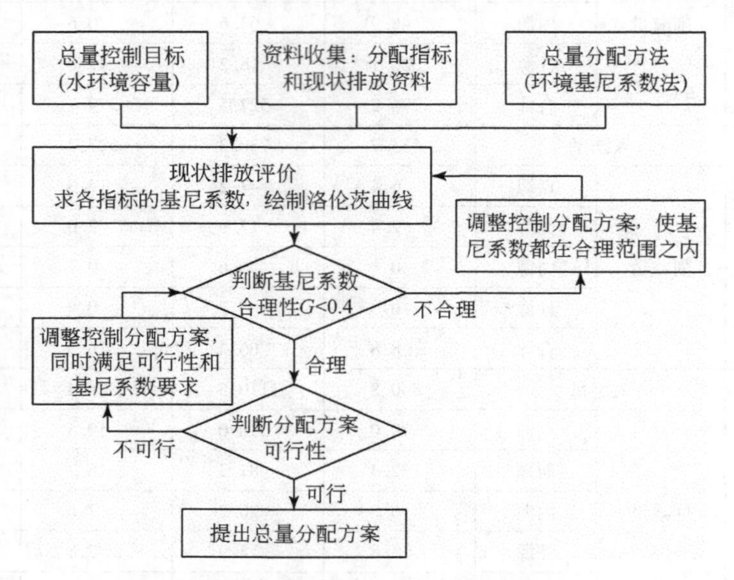

图 9-3　环境基尼系数总量分配方法技术路线

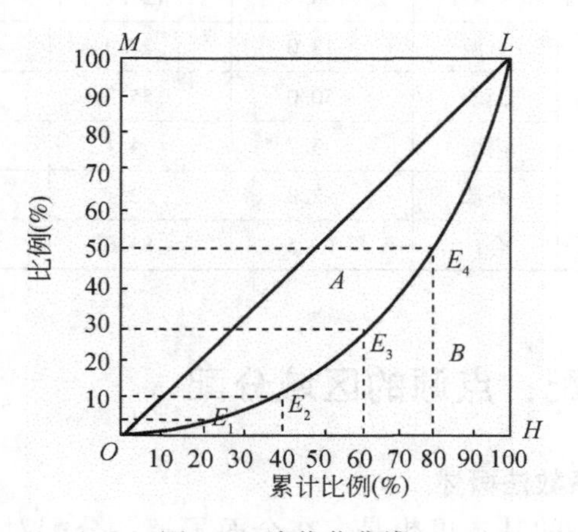

图 9-4　洛伦茨曲线

行分析，评估分配方案的合理性。如所有基尼系数在合理范围内，则认为现有的各控制单元分配比例合理，按照该比例进行分配削减；如某种基尼系数不合理，则将其作为主要调整指标，并采取相关措施进行修正；修正原则为主要指标的基尼系数由高向低进行调整，其他指标的基尼系数不超过合理范围，所有的环境基尼系数均合理是调整的理想状态。④修正与方案的调整。如削减量过大、方案不可行，难以做到所有的环境基尼系数均在合理范围时，则选择限制性指标作为主要控制指标，通过总量削减，使基尼系数逐步向合理范围趋近。需要说明的是，区域总量分配的对象是工业点源和城镇生活源，该总量应是已确定的、可直接分配的，并将面源、湖泊内源和外源排除在外。

$$\text{Gini} = 1 - \sum_{i=1}^{n}(X_i - X_{i-1})(Y_i + Y_{i-1}) \tag{9-14}$$

式中，X_i 为人口等指标的累计比例；Y_i 为污染物的累计比例。当 $i = 1$ 时，(X_{i-1}, Y_{i-1}) 视为（0，0）。

（2）汤逊湖流域分区总量控制目标与削减量

A. 绘制洛伦茨曲线

首先，根据环境基尼系数法，绘制汤逊湖流域各个分区点源排放的COD_{Mn}、NH_3-N、TN和TP污染物基于人口和工业增加值的洛伦茨曲线，见图9-5和图9-6。

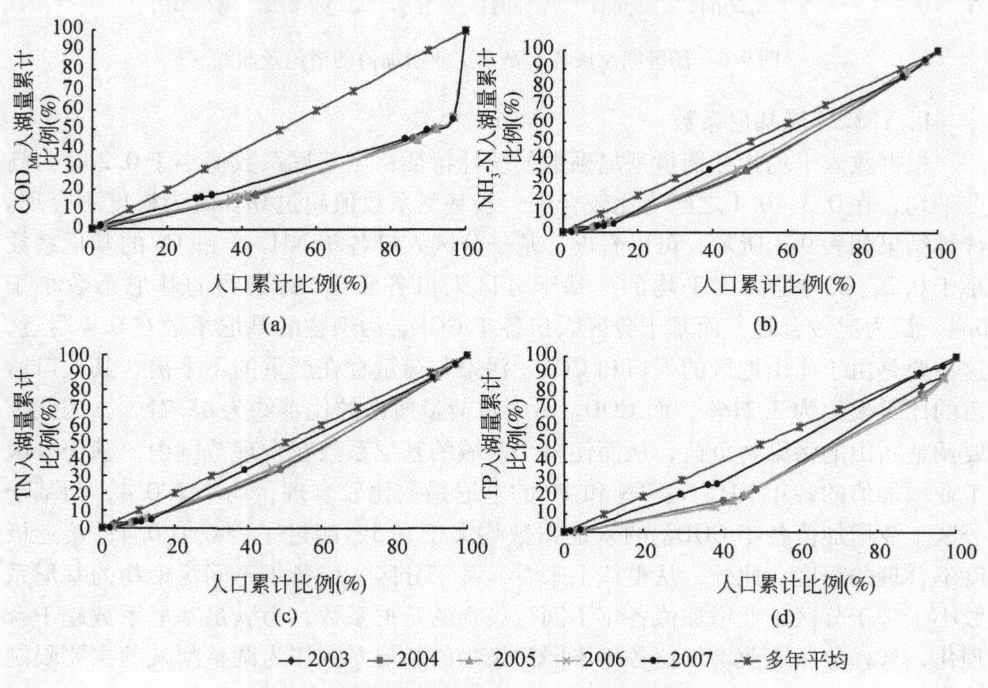

图9-5 汤逊湖流域各年基于人口的洛伦茨曲线

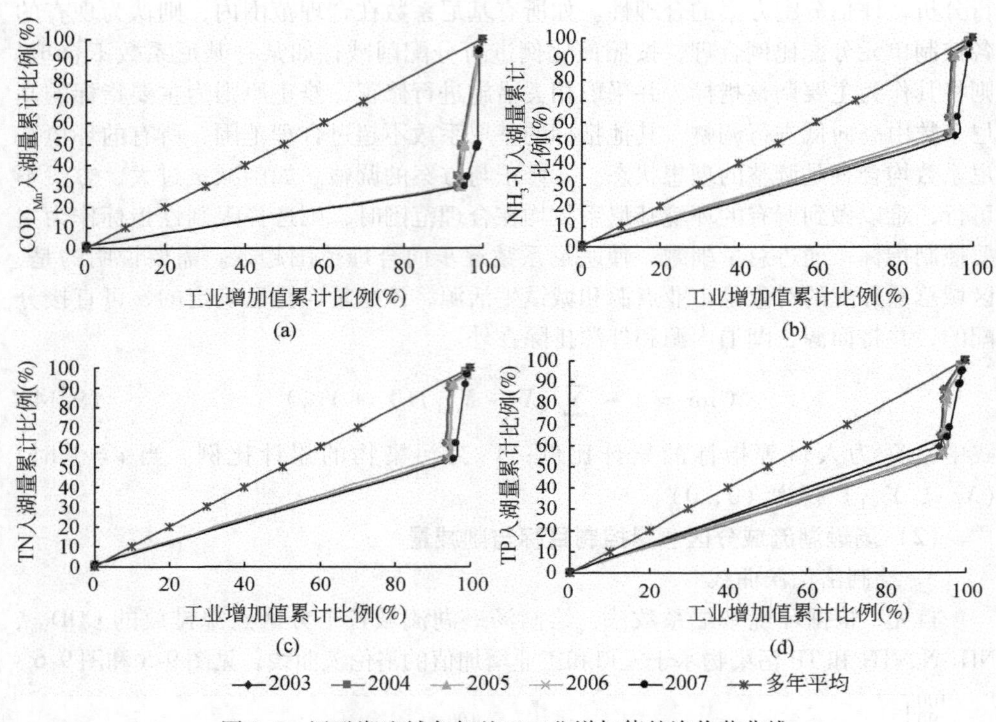

图 9-6　汤逊湖流域各年基于工业增加值的洛伦茨曲线

B. 计算环境基尼系数

根据收入平均指标衡量基尼系数的统计特征：当基尼系数值小于 0.2 时为高度平均，在 0.3 ~ 0.4 之间为比较合理，当基尼系数值超过 0.6 时为极度不合理。计算结果如表 9-4 所示，可以看出，基于分区人口各年 NH_3-N 和 TN 的基尼系数小于 0.2，认为是高度平均的；基于分区人口各年 TP 污染物的基尼系数小于 0.4，认为比较合理，而基于分区人口各年 COD_{Mn}污染物的基尼系数在 0.4 附近，这主要是由于庙山地区的人口和 COD_{Mn}污染负荷量存在严重的不平衡，其人口所占的比重大约为 3.21%，而 COD_{Mn}污染负荷量所占的比重约为 43.71%，因此需要调整庙山的污染物负荷，从而使整个区域的基尼系数在合理范围内。基于分区工业增加值的各年 NH_3-N、TN 和 TP 的基尼系数比较合理，均小于 0.4，而基于分区工业增加值各年 COD_{Mn}的基尼系数均大于 0.5，超过了警戒值 0.4，接近极度不合理的程度。此外，从整体上来看，基于分区人口各年不同污染物的基尼系数小于基于分区工业增加值各年不同污染物的基尼系数，为满足基尼系数趋于合理化，选择分区工业增加值各年不同污染物的基尼系数作为调整削减的主要限制性指标。

表 9-4　基于分区人口和工业增加值各年不同污染物的基尼系数

基尼系数计算依据	年份	COD_{Mn}	NH_3-N	TN	TP
分区人口	2003	0.428	0.172	0.168	0.264
	2004	0.432	0.180	0.174	0.288
	2005	0.424	0.152	0.140	0.304
	2006	0.416	0.144	0.134	0.312
	2007	0.372	0.084	0.080	0.100
分区工业增加值	2003	0.540	0.356	0.340	0.280
	2004	0.544	0.340	0.328	0.336
	2005	0.560	0.324	0.308	0.304
	2006	0.536	0.336	0.332	0.320
	2007	0.548	0.348	0.344	0.260

C. 分区计算与调整

在计算基尼系数时，最理想的状态是某地区的工业增加值占的比重较大，污染物入湖量占的比重较小，最不理想的状态是某地区的工业增加占的比重小，而污染物入湖量占的比重非常大，当大多数地区处于糟糕的状态时，基尼系数就会不合理。计算结果表明，2007 年庙山地区工业增加值占湖泊流域的比例为 32%，而 COD_{Mn}、NH_3-N、TN 和 TP 入湖量占湖泊流域的比例分别为 44.24%、5.18%、5.18%、5.16%，比例失衡；2007 年纸坊地区工业增加值占湖泊流域的比例为 2.47%，而 COD_{Mn}、NH_3-N、TN 和 TP 入湖量占湖泊流域的比例分别为 14.01%、29.45%、29.45%、20.37%，比例存在一定的失衡；而东湖新区地区的情况恰好相反，其工业增加值占湖泊流域的比例为 95.41%，COD_{Mn}、NH_3-N、TN 和 TP 入湖量占湖泊流域的比例分别为 28.61%、51.95%、52.70%、62.98%，这是造成分区工业增加值的基尼系数超过警戒值的主要原因，也说明汤逊湖流域地区的入湖结构存在不公平的现象，但是这种排污状况是汤逊湖流域的规划发展特点决定的，仅仅依靠环境基尼系数削减是无法完成的。因此，结合区域发展规划和相关部门意见进行修正与调整，使基尼系数尽量减小，尽可能地接近绝对公平，也使调整的方案具有可行性。

在调整基尼系数的过程中，需要遵循一定的原则，即①在整个流域层次上，减小糟糕状态的地区数量，使大多数地区处于较理想的状态；②调整各地区的污染物入湖比重，使各地区的工业增加值比重和污染物入湖比重尽可能平衡，避免过度失衡；③避免为了基尼系数的合理性，而忽略了方案的可行性，应尽量使每个地区都有不同程度的削减，既保证基尼系数的合理范围，也保证方案的可行性。表 9-5 和表 9-6 分别表示 2015 年和 2020 年各地区点源的年入湖量和不同频率下的年削减量，由于 2015 年和 2020 年点源的产生量不受降雨频率的影响，故仅给出2015年和2020年各地区点源的年入湖量，而削减量受到不同频率下水体纳污能力的影响，给出了不同频率下各地区的年削减量。

表9-5　2015年和2020年各区点源的年入湖量　（单位：t/a）

年份	污染物	洪山	东湖高新	大桥	纸坊	郑店	庙山	五里界	藏龙岛	总量
2015	COD_{Mn}	10.6	281.8	55.4	131.6	17.5	435.3	10.7	60.7	1003.6
	NH_3-N	5.3	217.9	36.8	117.3	0.6	18.2	0.1	11.1	407.3
	TN	7.1	293.1	49.7	156.3	1.0	30.8	0.8	19.3	558.1
	TP	0.1	15.6	1.8	4.8	0.6	1.8	0.5	1.4	26.6
2020	COD_{Mn}	15.3	456.0	95.8	169.0	23.1	484.5	31.5	94.7	1369.9
	NH_3-N	7.7	352.4	50.4	150.6	1.4	32.6	1.9	22.5	619.5
	TN	10.3	474.5	70.2	200.6	1.9	45.3	2.6	30.1	835.5
	TP	0.2	25.5	4.1	6.2	1.3	4.4	1.6	2.2	45.5

表9-6　不同来水频率下2015年和2020年各区点源入湖的年削减量（单位：t/a）

年份	频率	污染物	洪山	东湖高新	大桥	纸坊	郑店	庙山	五里界	藏龙岛	削减总量
2015	75%	COD_{Mn}	0.56	0	9.12	20.81	0	157.56	0	13.05	201.10
	90%		0.64	0	10.44	23.85	0	180.52	0	14.95	230.40
	75%	NH_3-N	0	0	1.08	4.51	0	0.47	0	0.34	6.40
	90%		0	0	2.17	9.09	0	0.95	0	0.68	12.89
	75%	TN	0	0	12.75	53.75	0	8.70	0	3.79	78.99
	90%		0	0	9.60	40.49	0	6.55	0	2.86	59.50
	75%	TP	0.07	8.19	0.60	2.65	0.07	0.67	0.07	0.67	12.99
	90%		0.05	5.73	0.42	1.85	0.05	0.47	0.05	0.47	9.09
2020	75%	COD_{Mn}	1.12	0	18.29	41.76	0	316.14	0	26.19	403.50
	90%		1.24	0	20.22	46.16	0	349.44	0	28.95	446.01
	75%	NH_3-N	0	0	7.94	33.27	0	3.49	0	2.50	47.20
	90%		0	0	4.54	19.03	0	2.00	0	1.43	27.00
	75%	TN	0	0	38.41	161.94	0	26.21	0	11.43	237.99
	90%		0	0	25.00	105.40	0	17.06	0	7.44	154.90
	75%	TP	0.13	13.79	1.01	4.46	0.13	1.13	0.13	1.13	21.91
	90%		0.10	10.90	0.79	3.52	0.10	0.89	0.10	0.89	17.29

从表中可以看出，2015年和2020年不同频率下COD_{Mn}的削减量中削减量较大的是庙山地区，其次为纸坊、藏龙岛、大桥和洪山区；NH_3-N的削减量中较大的是纸坊地区，其次为大桥、庙山和藏龙岛；TN削减量中较大的也是纸坊地区，

其次为大桥、庙山和藏龙岛；TP 削减量中各地区都有不同程度的削减，其中削减比重较大的是东湖新区，这是由于东湖新区的 TP 入湖量占总入湖量的 70% 左右，对 TP 总量的贡献率最大，在总削减量的约束条件下，必须较大程度地减小其入湖量，否则不能满足要求。从整体来看，庙山、纸坊、大桥地区的削减量较大，三者之和 COD、NH_3-N 和 TN 约占整个流域削减量的 90%，东湖新区地区的 TP 削减量较大，削减比例约为 60%，藏龙岛地区的 COD_{Mn}、NH_3-N、TN 和 TP 均有不同程度地削减，洪山、五里界和郑店地区的削减量较小。

9.2.3　三级分配：水体排污口之间的分配

三级分配主要采用模型优化的方法，在二级分配计算结果的基础上，对各排污口的排放量进行控制。模型优化的主要思路是根据水质模型模拟各排污口的位置、污染物的排放量等对水体纳污能力的影响，对各排污口的污染负荷进行分配，避免由于排污口污染效果叠加形成污染水体区，充分利用水体的纳污能力。分配结果如表 9-7 和表 9-8 所示。

表 9-7　不同来水频率下 2015 年和 2020 年各排污口的可入湖量　（单位：t/a）

年份	频率	污染物	湖北经济管理干部学院南湖校区排口	红旗港	金鞭港	纸坊港	五里界港	合计
2015	75%	COD	10.04	286.56	63.78	366.31	75.80	802.49
	90%		9.96	286.37	62.46	342.15	72.25	773.19
	75%	NH_3-N	5.30	218.98	36.32	129.10	11.20	400.90
	90%		5.30	218.94	35.23	124.07	10.85	394.39
	75%	TN	7.10	294.65	37.95	122.88	16.52	479.10
	90%		7.10	294.74	41.10	138.12	17.54	498.60
	75%	TP	0.03	7.48	1.73	3.19	1.17	13.60
	90%		0.05	9.96	1.93	4.17	1.39	17.50
2020	75%	COD	14.18	462.85	100.61	282.13	106.63	966.40
	90%		14.06	462.58	98.68	247.10	101.48	923.90
	75%	NH_3-N	7.70	354.40	43.86	144.11	22.23	572.30
	90%		7.70	354.51	47.26	159.72	23.31	592.50
	75%	TN	10.30	476.37	33.69	56.22	20.93	597.51
	90%		10.30	476.77	47.10	121.18	25.25	680.60
	75%	TP	0.07	11.81	4.27	4.75	2.70	23.60
	90%		0.10	14.73	4.51	5.90	2.96	28.20

表 9-8 不同来水频率下 2015 年和 2020 年各排污口的月可入湖量 （单位：t/月）

年份	频率	污染物	湖北经济管理干部学院南湖校区排口	红旗港	金鞭港	纸坊港	五里界港	月可入湖总量
2015	75%	COD	0.837	23.880	5.315	30.526	6.317	66.875
	90%		0.830	23.865	5.205	28.513	6.021	64.434
	75%	NH_3-N	0.442	18.248	3.027	10.758	0.934	33.409
	90%		0.442	18.245	2.936	10.339	0.905	32.867
	75%	TN	0.592	24.554	3.163	10.240	1.377	39.926
	90%		0.592	24.562	3.425	11.510	1.461	41.550
	75%	TP	0.002	0.624	0.144	0.266	0.098	1.134
	90%		0.004	0.830	0.161	0.347	0.116	1.458
2020	75%	COD	1.182	38.571	8.384	23.511	8.886	80.534
	90%		1.172	38.548	8.223	20.591	8.457	76.991
	75%	NH_3-N	0.642	29.533	3.655	12.009	1.852	47.691
	90%		0.642	29.542	3.938	13.310	1.943	49.375
	75%	TN	0.858	39.697	2.807	4.685	1.744	49.791
	90%		0.858	39.730	3.925	10.098	2.104	56.715
	75%	TP	0.006	0.984	0.356	0.395	0.225	1.966
	90%		0.008	1.228	0.376	0.492	0.246	2.350

9.3 汤逊湖流域水污染调控的方案设计

如前所述，如果维持现状不进一步采取水污染防治措施，汤逊湖流域 2015 年和 2020 年主要污染物的排放量将远远超过以纳污能力为核心的总量控制目标，从而对汤逊湖水环境状况乃至社会、经济持续、快速的发展带来极大的威胁。因此，汤逊湖流域需要综合考虑点源、面源、内源和外源的有效防治，结合源头减排、过程控制与末端治理，综合体现陆域与水域的耦合进行全方位的优化调控，从而实现以纳污能力为核心的总量控制目标，促进流域整体水环境质量的改善。

从计算结果分析，汤逊湖流域未来主要削减的污染物是 COD_{Mn}、TN 和 TP，其中，COD_{Mn}削减的重点在点源和内源上，TN 和 TP 削减的重点在于点源和面源的削减与调控上。外源输入对湖泊水体水质影响可以通过合理的调度运行来控制。根据待削减污染物的特点，结合汤逊湖流域内不同污染源产生污染物的分析，针对不同污染源的特点和主要削减污染物的种类，相应采取以下措施。

9.3.1 陆域点源污染物防治的措施

汤逊湖流域 COD_{Mn}、NH_3-N、TN 污染物削减的重点是点源削减，点源中 TP 污染物的削减量相对较小，针对这一特点，其防治措施主要包括以下四个方面。

1）推广清洁生产，加强源头减排。积极推行清洁生产、污染源治理与产业结构调整，实现源头减排。对流域内排污企业加快设备改造、优化工艺，提高出水水质的稳定性，加强工业用水的重复利用，大力推行污水的零排放制度。

2）激励污染源的分散治理。加强污染源的分散治理，主要包括两个方面：一是在城市生活方面，加强流域内城市生活污水的治理，在城市管网未覆盖的区域，积极推广分散式污水处理和再生利用；二是在工业方面，加强污染物的监测和总量控制，实行污染限期治理，加大执法力度。

3）建设节约型社会，利用节水新技术，倡导绿色消费。加强水表的改造和计量工作，按照全成本定价方法计收水费，约束人们浪费水的行为；加强新鲜水的二次利用，在居民小区积极推广中水利用工程，减少污染物的排放；推广无磷洗涤用品等绿色环保产品的生产和使用等。采取禁销等手段限制含磷洗衣粉和洗涤剂的使用。

4）加强污水处理厂及其污水收集系统建设。污水集中处理一直是城市污水处理的难题。污水集中处理面临着两方面的突出问题：①由于汤逊湖的收集管网仍不完善，进水量较小，达不到现有的设计规模；②污水处理厂的服务范围较小，污水处理量仅为现有产污量的 33%。此外，从整体上看，汤逊湖周边的市政污水配套设施的建设远远滞后，收集管网尚不完善。根据该流域的相关水资源保护规划，汤逊湖流域规划建设三座污水处理厂，即纸纺污水处理厂、龙王嘴污水处理厂和黄家湖污水处理厂。其中，纸坊污水处理厂已开始试运行。依据污水处理厂尾水的排入范围，这四座污水处理厂可以划分为两类：第一类是污水处理后尾水排入汤逊湖内，主要包括汤逊湖污水处理厂和纸纺污水处理厂，其污水处理厂尾水的标准主要按照《城镇污水处理厂污染物排放标准（GB18918—2002）》确定，采用一级 B 标准；第二类是污水经处理后尾水分流到汤逊湖流域外，如龙王嘴污水处理厂和黄家湖污水处理厂。在建设污水处理厂的同时，应加强污水收集管网及配套设施的建设，保障污水处理厂的顺利运行。此外，还应当结合国际项目，加快对汤逊湖流域废污水排江可行性进行论证。

9.3.2 陆域面源污染防治措施

汤逊湖污染物削减的另一个重点是面源削减，主要是 TN 和 TP 两种污染物，其主要防治措施如下。

1）加强农业结构调整和耕作管理。强化农业管理，提高农业现代化水平，约束周边农民对农药、化肥等含 N、P 制剂的使用。

2）加强农村生活垃圾处理。加大农村生活垃圾的处理力度，推广垃圾分类管理，提高周边居民环境保护的意识，减少生活垃圾的入湖量。

3）加强城市道路清洁和雨水处理。加大城市道路清扫的频率，在必要时进行雨水收集与处理，减少降雨径流的污染物浓度。

4）建立湿地和土地处理系统，降低污染物的入湖系数。农业地表径流和农村生活污水形成的面源是汤逊湖污染的主要来源，也是防治富营养化的难点。在汤逊湖水陆交错带建立人工湿地，对于恢复湖泊生态功能防止富营养化方面有着显著的功效，该生态恢复工程应在局部区域环境规划的基础上，开展人工湿地示范工程试点，逐步退田还湖、退塘还湖，在湖岸建立挺水植物净化带，逐步恢复汤逊湖生态系统。

5）控制畜禽养殖的污染。约束周边地区畜禽养殖的规模，建设沼气池和生化塘来减少其污染，提高畜禽养殖排泄物的利用。

9.3.3 渔业内源污染防治措施

对于汤逊湖流域内源污染物的削减，主要是 COD_{Mn}、TN 和 TP 污染物，根据流域内内源污染的产生过程，其主要防治措施如下。

1）严格控制湖内渔业养殖。目前，汤逊湖流域拦网养鱼和鱼箱养鱼较为密集，大量的鱼饵、残留物造成 N 和 P 等营养物质进入，对湖体水质产生一定的影响。因此，应加强汤逊湖渔业养殖的管理力度，取缔密度较高网箱养殖，减少渔业饲料的使用。同时，加强生态渔业的推广，建立生态渔业养殖基地，也可以建立立体生态养殖模式，降低渔业养殖的污染。

2）利用生态学原理，促进湖泊水生生态系统健康发展。国内外湖泊保护的实践表明，调整鱼类种群放养结构，是防治湖泊水污染和富营养化的重要途径。

鱼类含有水生生态系统中磷含量的一半，并且易于捕捞，能有效输出营养物质。采取生物控制技术，适度投放食草性、食藻性鱼类，如草鱼、鲢鱼、鳙鱼等，可增加上级食物链种群数量，维持食物链种群结构平衡，减少水华的发生。需要注意的是，鱼类的大量放养也会造成水生植被的严重破坏，带来新的失衡。

9.3.4　流域外巡司河入流的治理与调控

巡司河排污口作为季节性排污口，其汛期携带污染物入流对汤逊湖水质产生明显影响，在保证巡司河水质达标的情况下，还需要满足汤逊湖水质的要求。主要的防治措施如下。

1）源头减排是根本。从根本上，巡司河的污染的防治需要从点源和面源入手，加强清洁生产、加强污水处理设施的建设，减少入河污染物量。

2）设计合理的江河与湖泊调度规则。通过闸门在不同时期合理控制拦截流量的调度方法可以减少污染物的入湖量；此外，湖泊水体与梁子湖、长江水体的连通与水量交换也可以改善湖泊水动力学条件，提高水体的纳污能力。

9.4　构建汤逊湖流域水污染防治综合保障体系

9.4.1　完善湖泊水资源保护法规及执法保障体系

依法行政和依法管理是湖泊水环境保护的必然趋势。2002年《武汉市湖泊保护条例》的颁布实施，把武汉市湖泊水环境保护的工作纳入了法制轨道。但从整体上看，汤逊湖流域水资源保护相关的一系列相配套的法律、规章制度仍不健全。此外，政府主管部门对汤逊湖流域主要污染源的监管力度不足，处罚手段薄弱，在一定程度上使污染源超标现象屡禁不止。要切实做到依法治湖，首先必须制定湖泊流域的保护法律，实现有法可依。因此，除进一步修改和完善《武汉市湖泊保护条例》外，还须建立健全针对汤逊湖的专项法律与配套政策，使湖泊水环境的管理工作有章可循。其次，在建立健全相关法律、法规的基础上，应加强执法队伍的建设，加大执法力度，形成管理有法规、执法有机构、违章有人查、处罚有尺度、违法必追究的完整执法体系。

9.4.2　形成湖泊流域水资源统一管理的保障体系

当前，汤逊湖流域的水污染的管理与调控的思路方面，还沿袭了发达国家的老路，即侧重末端的污染处理，忽视源头的减排，发展循环经济和产业结构调整方面非常薄弱。此外，汤逊湖流域的水污染防治主要以点源为主要对象，对面源污染相对忽视。随着长期过量化肥、农药的施用以及农村生活污水、垃圾以及畜禽粪便的无序排放，对农村环境污染和农业面源控制的长期忽视，必然使得这种隐蔽性、随机性的污染源不断扩张，对流域水质以及人类的生存与健康造成严重的危害。在汤逊湖流域水管理部门的自身建设方面，各政府管理部门如水利、环保、建设、农林等部门之间条块分隔、多头治水的利益矛盾冲突依然存在，行政区之间、上下游之间也缺乏合理的协调。因此，汤逊湖流域的水污染防治应注重源头的减排和产业结构的调整，从根本上杜绝或减少污染的产生。建立城市污水处理的良性运行机制，为规划污水处理厂的建设与运营创造良好的条件。应重视面源的污染，并采取有效措施及时进行面源的防治。同时，以汤逊湖水体动态纳污能力为基础，实施水功能区限制纳污红线，按照主要污染物控制指标的要求进行管理，没有污染物排放指标的不得新建项目。此外，汤逊湖流域还应尽快推动流域水务一体化建设，实现水质、水量的统一管理、城乡统一管理，实现各部门的统筹协调，以完备高效的流域水环境管理模式促进流域内社会、经济又好又快的发展。

9.4.3 建立基于排污权交易的市场运营保障体系

在有法可依、执法必严的基础上，以汤逊湖纳污能力为核心，积极探索汤逊湖污染物的排污权交易模式，利用市场手段降低污染控制的总成本，实现环境保护目标和优化环境容量资源配置。该模式的实施通常需要两个基本条件，一是在汤逊湖纳污能力核算的基础上，有明确的总量控制目标和层层分解方案；二是具有一套完善的信息化网络，特别是排污企业的科学监测系统以及信息公布系统，以增大社会透明度降低交易成本。汤逊湖流域的监测和监督网络系统需要进一步加强。此外，在引入经济机制方面，汤逊湖流域还应当抓紧开展污水处理费征收相关政策的研究，以保障污水处理厂的正常运行。

9.4.4 构建基于流域完整汇水单元的湖泊保障体系

结合现代湖泊水污染防治需要以流域角度的视野，从湖岸上入手，与湖泊水体结合，运用湖泊水动力水质模型辅助手段，形成湖泊综合防治模式。综合考虑汤逊湖周边的社会经济发展规划、城市规划、产业发展与调整规划、土地利用规划、水资源规划和水环境规划之间存在高度的不协调性，在一定程度上导致流域内建设项目的密度较大，空间布局不合理。湖泊流域是湖体的汇水区域，是具有水文过程和环境生态功能的连续体，湖泊水污染的发生和发展本质是流域过程的综合体现。应当将湖泊及其流域一体作为完整的管理单元，坚持“陆地－水面”统一管理，以陆地为重点，以水体为目标。在各项规划的编制与实施过程中，水务局、环保局、规划局等部门密切合作，科学、统一地制定和实施有关汤逊湖及其流域水资源保护的规划。

9.4.5　建立汤逊湖流域水质水量监测保障体系

长期以来，汤逊湖流域的水利工程仍为以水量、水位控制为主的单一防汛抗旱调度运行模式，多功能综合效益、量质并重的水资源有效调度运行手段尚未充分利用。此外，汤逊湖流域的污染源以及水质水量的监测系统很不完善，使得汤逊湖流域的水环境管理缺乏基础的依据。因此，汤逊湖流域迫切需要建立和健全水量、水质并重的综合管理运行机制。此外，要加快流域水资源监测等硬件设施建设，重点是加强污染源在线监控、污染源监督性监测、环境监察执法、环境统计和信息传输等方面的能力建设，能够做到装备先进、标准规范、手段多样、运转高效，及时跟踪各地区和重点污染源主要污染物的排放变化情况。通过现代化、系统化和科学化的监测，建立并完善汤逊湖流域水量水质监测保障体系，为流域水资源保护提供决策依据，同时也为汤逊湖流域排污权交易等创新模式的建立提供技术基础。

9.4.6　构筑汤逊湖流域工程保障体系

目前，汤逊湖流域的土地利用格局使下垫面条件更加恶化，条块分割的水域养殖分区阻隔了湖泊水流，水资源保护措施主要是针对湖体本身，湖泊岸线硬化率较高等，这些原因都不利于湖泊水资源保护与水体净化。可以通过构建系统的生态治湖工程，建设湖岸带的生态过渡带、优化流域内用地格局、湖泊水域统一管理等工程管理措施，提高湖泊的科学管理水平，完善科学治湖体系。

第10章 汤逊湖污染控制措施的经济分析技术

目前，在环境保护措施的实施中，经济因素已成为主要的控制因子之一，对汤逊湖流域内环境保护措施进行一定的经济分析，可以为政府决策提供有力的技术依据。经济分析的主要目的是在确保环保资金的投入和环保效益的前提下，用尽量少的投入获得尽量多的环境效益。

10.1 汤逊湖污染控制措施的经济分析方法

10.1.1 单项措施的成本效益分析

对于单项流域内污染控制措施，主要进行的是成本效益分析。成本效益分析（benefit-cost analysis）简单讲就是分析一项环境政策或环保项目产生的环境收益与其耗费的成本（巴里·菲尔德和玛莎·菲尔德，2006）。污染控制措施的效益可以分为环境效益，经济效益和社会效益。环境效益即为对于环境质量的良性改善，经济效益指污染控制措施的直接资金产出，社会效益主要是对社会发展带来的效益。

根据改善汤逊湖水质的主要目标，在本研究中仅考虑汤逊湖流域水环境保护措施的环境效益。评价指标定为单项措施的实施所能减少的污染物的入湖量，对于污染源治理的措施，结合污染物入湖系数确定削减量，对于污染物末端治理措施则直接确定其削减量。选取COD、TN 、TP为主要研究污染物。因为单项污染控制措施的成本和效益不是用统一的单位表示，本研究中成本效益比的实质是削减单位污染物所需的成本。计算公式如下：

$$k_{ij} = \frac{C_{ij}}{B_{ij}} \tag{10-1}$$

式中，k_{ij}、C_{ij}、B_{ij}分别为第i项污染控制措施关于j污染物的成本效益比、成本、效益。本章中假设每项措施的规模是一定是在一定规模下的成本和效益。

10.1.2 多项措施经济优选模型

汤逊湖水体的纳污能力以及与此对应的污染物目标削减量是模型研究的主要

控制条件。另外，每项措施都有它的规模限制，受规模效应的影响，污染控制措施只有在相应的规模范围内，并且符合实施区当地实际状况的情况下，才具有可行性。具体由式（10-2）表示：

$$\min \sum_{i=1}^{n} C(X_i)X_i \tag{10-2}$$

$$\text{s.t. } X_i = 0 \text{ 或 } L_i \leqslant X_i \leqslant R_i \quad i = 1,2,\cdots,n$$

$$\sum_{i=1}^{n} B(X_i)_j X_i \geqslant P_j \quad j = 1,2,\cdots,m$$

式中，i 为水污染控制工程可选的措施；j 为所需控制的污染物；X_i 为措施 i 的规模，应该满足它的上下限要求；$C(X_i)$ 为对应于 X_i 的措施 i 的成本，C_i 为相关措施规模的函数，$C_i = f(X_i)$；$B(X_i)_j$ 为措施 i 对于 j 污染物的削减量，也是措施规模的函数，$B_j = g(X_i)$，污染控制措施的削减量与措施的规模关系较复杂，如污水处理厂去除污染物质与其处理污水流量的关系，实际上，处理效果 B 不仅与措施的规模有关系，还和区域的污染特征密切相关，所以函数 $g(X)$ 应该结合区域的特性而定；P_j 为污染物 j 的总量控制目标，通过水体纳污能力计算得来。成本函数 $f(X_i)$ 与污染物削减函数 $g(X_i)$ 多数情况下为非线性函数，模型优化即为非线性优化问题。

C_i 与 B_{ij}（单项措施的成本效益）的确定是研究的重点也是难点，对于措施成本和削减污染物的能力，应该根据大量的统计数据或者根据研究区域当地的已有的经验数据经过分析得到。由于资料的限制，本研究中各项措施的成本和可削减污染物量根据研究区实际情况结合相关地区研究结果的实际经验确定。模型简化为

$$\min \quad \boldsymbol{C}_m = \boldsymbol{C} \cdot X \tag{10-3}$$

$$\text{s.t. } \begin{cases} X \subseteq [0,1], X = \text{int.} \\ \boldsymbol{B} \cdot X \geqslant \boldsymbol{P} \end{cases}$$

式中，$\boldsymbol{C}$、$\boldsymbol{B}$ 为系数矩阵。

模型简化基于两点假设：一是各项措施成本和对于污染物的削减相互之间没有影响；二是措施的规模一定，即规模变量为 0（不实施）或者 1（实施）。需要说明的一点是：污染物的削减考虑的是可以削减掉的进入湖泊水体的污染物，而不是源头产生量，这样对汤逊湖水体的改善更具实际意义，对于污染源治理的措施，结合污染物入湖系数确定削减量，对于污染物末端治理措施则直接确定其削减量。

10.2 重点措施的成本效益

本节主要以第 9 章提出的污染控制措施为基础，选取重点措施进行评价。汤

逊湖流域内环保措施的实施成本主要依据当地已有规划结合实地调研考察获得信息。当地没有采取相关措施，无法获得相应信息时，借鉴其他相似流域污染控制措施资料。其中点源处理措施为工业污染源分散治理、节水型社会建设、污水收集和处理；面源处理措施主要考虑农业产业优化、农村生活垃圾处理、加强道路清洁、畜禽垃圾处理和建立湖岸缓冲带五项措施；内源污染治理措施为建立生态渔业；外源控制主要是建闸拦截巡司河入湖污染物。

10.2.1 点源

10.2.1.1 工业污染源的分散治理

由于污水处理厂处理收集污水需要建立庞大的收集管网，在收集污水范围较广的情况下，污水收集干管需要有相当大的直径和埋设深度才能满足大量污水自流进入处理厂，处理成本将大大提高。并且在这种情况下，如果设计污水回用工程，又需要建立输水管网将回用水输送到用水区，这样将需要两套庞大的管网，经济上将耗费较高的成本。随着城市需水量的不断提高，城市用水矛盾的不断深化，城市中水回用以及污水回用工程是社会经济发展的必然趋势。工业污染源的分散治理有利于回用工程的建设。它主要是在有较大污水排放量且污水较易处理的节点处建设小型的污水处理设施，将处理后的达标中水回用于该区域，达到小范围的处理，小范围的回用。

本次经济分析主要的工业污染源分散治理措施主要考虑：企业内部加快设备改造，优化工艺，建立企业内部污水处理设施，推行污染物零排放，同时进一步加强工业用水的重复利用率。

对汤逊湖流域调查显示，该地区工业主要以光电子产业，食品和医药产业为主。各类不同工业企业内部污水大多数情况下都因其生产产品特点而使得排放污水含污染物的种类和数量各有不同，甚至差异比较大。在这种情况下，根据污染物特点有针对性地设计污水处理装置，不仅可以使污水分散处理设施高效运转，企业设计中水回用系统，节约企业用水，还可以减少流域内污水处理厂的压力。对于较大型的工业企业，在污染物排放量较大，或者有非常规的污染物排放的情况下，推进企业内部污水处理，提高处理效率，可以进一步促进流域整体污染物排放控制，保护汤逊湖水体水质。

工业废水排放未经处理的排放浓度按照《武汉市城市排水专项规划》数据确定，经分散处理后浓度按照排水标准和工业废水处理工艺综合确定，成本按照工业废水处理的综合成本 3.3 元/t 确定。流域内 2007 年工业污水排放量约为 490.2 万 t/a，设计工业分散处理总规模为 500 万 t/a。污水处理厂运行年限设置为 20 年，其经济和环境效益如表 10-1 所示。

表 10-1　汤逊湖流域代表行业污水排放浓度

项目	污染物排放浓度及削减量		
	COD	TN	TP
排放浓度（mg/L）	440	20	5
治理后排放浓度（mg/L）	100	5	0.5
削减量（t/a）	1700	100	22.5
所需处理资金（万元/a）	1650		
设计总处理量（万 t/a）	500		

10.2.1.2　节水型社会建设

目前，全国各地正在积极规划和建立节水型社会，虽然汤逊湖流域水资源量较丰富，但目前湖泊的水质状况而言，流域仍面临着水质型缺水的风险，所以节约用水是汤逊湖流域未来水管理方面重要工作之一。另外，节约用水对控制污水排放也起到一定的作用。生活中污水量一般为用水量的 70%（汪恕诚，2002），在用水量减少的同时，污水排放量也势必会减少，但我们认为污水中携带污染物的量与实施节水前的污染物的量差异不大，所以排放污水中污染物质的浓度将有明显提高，在这种情况下，污水处理厂需要增加污水处理强度来达到各个环节的处理量的要求，如根据需要多投加药剂或者多培养污泥等。节水项目主要是通过以下两个方面促进流域内污染物控制，间接减少流域内污染物的排放量：①排污总量的减少降低了污水处理厂的处理压力，在污水处理厂处理规模固定的情况下，使得污水处理厂可以收集更大集水范围内的污水，提高流域内整体的污水处理率；②污水处理厂尾水排放应符合当地规划的要求，所以当污水量减少的情况下，处理厂出水也相应减少，排放到湖泊水体中的污染物量得到大大的削减。

根据武汉市节水型社会建设规划，在示范工程项目实施后带动下，2011 年用水总量控制在 40 亿以内，试点期间可预测总节水 4.78 亿 m^3，每年可节水近 1.59 亿 m^3。三年试点期间，实施这些工程项目合计需要投资 7.39 亿元。汤逊湖流域的节水示范工作规模参照武汉市节水规划指标确定，设计投资 1000 万元，可节约水量约为 600 万 m^3。污染物的削减按照式（10-4）计算：

$$B_{2j} = w \times A_j \tag{10-4}$$

式中，B_{2j}为第二项措施（节水）对于污染物的削减量；w 为年节约用水量；A_j 为污染物 j 的排放标准（一级 B 标准）。

10.2.1.3 污水收集系统及污水处理厂建设

污水集中处理一直是城市污水处理的难题。流域内现建有汤逊湖污水处理厂，纸坊污水处理厂也在试运行阶段。汤逊湖流域污水集中处理面临着两方面的突出问题：①区域污水收集管网仍不完善；②污水处理厂的服务范围较小。面对这些问题，汤逊湖流域目前积极开展各类水环境保护措施，污水处理厂正在按计划建设，污水收集管网也正在逐步完善。规划和正在实施的汤逊湖南岸截污工程完成后，将收集流域内南岸22个排污口的污水。本节以此工程为例进行计算分析，实际中，南截污工程及纸坊污水处理厂也正在实施运行阶段。

规划中汤逊湖南岸截污工程的服务范围包括江夏区纸坊城区、庙山开发区、大桥新区东南片、五里界地区及中洲岛共92km^2的面积。纸坊污水处理厂改扩建工程和汤逊湖污水处理厂将处理更多的流域污水量，处理尾水将排入汤逊湖内。2015年规划尾水标准采用《城镇污水处理厂污染物排放标准（GB18918—2002）》一级B标准，即COD_{Cr}，50mg/L；TN，15mg/L；TP，0.5 mg/L。污水处理厂设计使用年限定为20年。

根据有关计算，纸坊污水处理厂服务范围内2015年（近期）处理污水量14.15万m^3/d，2020年（远期）为23.26万m^3/d。确定2020年污水处理厂削减污染物入湖量增大10%。根据《汤逊湖南截污可行性研究报告》相关研究确定污水处理厂进水水质指标分别为COD_{Cr}，260mg/L；TN，29mg/L；TP，3 mg/L。

10.2.2 面源

汤逊湖流域面源污染负荷主要来自农村生活负荷，畜禽养殖负荷，农田径流负荷和城镇径流负荷。污染源分析结果表明，2007年面源污染对TN、TP的贡献率分别为26.4%、72.7%，成为不可忽视的重要污染源，主要污染区域为大桥、庙山、纸坊、郑店、五里界、藏龙岛。面源污染中，农村生活负荷对COD的贡献率最大，农田径流则是TN、TP的主要来源。面源引起的水体污染与水文循环过程关系密切，污染物一般随着降雨径流汇入水体。因此，减少农村地区农药化肥的施用量和地表径流，加强固体生活垃圾处理，对城市道路进行清洁，建立湖岸植被缓冲带等一系列措施，可以控制污染物产生量或者削减污染物的入湖比率，对面源污染控制也具有十分关键的作用。

10.2.2.1 加强农业耕作管理

加强农业耕作管理具体包括强化农业管理、提高农业现代化水平、优化施肥技术、降低周边农民对化肥的使用、建立化肥农药监测点 10 个以及农作物病虫草鼠害控制体系、降低对农药的使用，从而降低流域内农业面源的 N、P 等营养物质的源头施用量，达到控制农业面源污染物入湖量的目的。化肥农药使用量污染物入湖系数取 7%。研究表明，强化农业管理、平衡优化施肥技术可减少单位农田用肥量 30%。设计可以降低原有化肥流失量 10%，如表 10-2 所示。

表 10-2　2015 年汤逊湖地区农田化肥施用及折纯系数表

肥料	施用量（t/a）	折纯系数		可削减入湖污染物量（t）	
		TN	TP	TN	TP
氮肥	3334.7	1	0	32.57	54.28
磷肥	2409.2	0	0.44		
复合肥	1644.0	0.33	0.15		

10.2.2.2　农村生活垃圾处理

在调研中，我们发现汤逊湖水体周边地区生活垃圾未经处理，随意堆放的现象仍然存在。垃圾对水体的污染有三条途径：一是垃圾随雨水径流进入地面水体；二是垃圾中的渗滤液通过土壤进入地下水体；三是细颗粒的垃圾随风飘扬，落入地面水体（张丙印和倪广恒，2005）。生活垃圾的处理不仅可以削减通过其进入汤逊湖的污染物质，还对改善流域内的生活环境和预防疾病的传播都有着积极的作用。

经统计，武汉市农村地区生活垃圾产生量约为 60.1 万 t（武汉市政协人口资源委员会，2007）。根据人口比例核算，汤逊湖地区 2006 年农村生活垃圾产生量为 1.2 万 t（认为流域内城镇生活垃圾均进行了处理）。2015 年可处理流域生活垃圾量确定为 1.5 万 t。根据国外相关研究（Lens and Hemminga，2001），生活垃圾的污染特性如表 10-3 所示。此项措施设计新建垃圾收集池 100 个、垃圾收集箱 2500 个、配备垃圾清运车 20 辆、新建垃圾处理厂 1 个，措施投入成本 1500 万元。

表 10-3　生活垃圾主要污染特性表

指标	平均值	取值范围
总固体 TS（g/kg）	81.8	54.4 ~ 132.7
COD（kg O_2/TS）	1.0	0.7 ~ 1.5
TN（%TS）	2.1	1.4 ~ 3.3
TP（%TS）	2.8	1.3 ~ 3.3

注：kg O_2/TS 指单位质量总固体氧化所需的耗氧量；%TS 指占总固体质量的百分比。

10.2.2.3 加强道路清洁

街道清扫一直被认为是控制城镇污染径流的有效方法，路面清扫对粒径较大的颗粒物去除率较好，总去除率达 50%。常规的路面清扫最多可以去除 30% 的污染物（王晓燕，2003）。2008 年 8 月在汤逊湖地区道路积水取样的检测结果如表 10-4 所示。武汉市规划 2015 年人均道路面积为 9 m^2，汤逊湖流域道路计算面积约为 37 万 m^2。相关资料显示，武汉市中心城区清扫面积 2800 万 m^2，每年环卫保洁经费在 1.5 亿元左右。考虑汤逊湖当地发展情况，措施具体设计为增加道路清洁工和道路清洁车，增加街道清扫频率，具体成本为 150 万元/a。

表 10-4 2008 年 8 月道路积水污染物含量表 （单位：mg/L）

序号	检测点位	COD	TN	TP
1	江岸大道庙山开发区	11.30	1.75	0.13
2	东湖新区中冶南方公司	12.10	2.66	0.18
3	均值	11.70	2.21	0.16

10.2.2.4 建立湖岸缓冲带

农业地表径流和农村生活污水带来的污染是流域面源污染的主要来源，也是防治湖泊富营养化的重点。在汤逊湖水陆交错带建立湖岸缓冲带，形成人工湿地生态系统，对于恢复湖泊生态功能防止富营养化方面有着显著的功效。

经调查，汤逊湖湖岸的开发与利用存在不合理之处：紧邻湖岸有众多的建筑群，湖岸建筑物挤占了湖滨带湿地面积，对湿地发挥其过滤和吸收营养物质的作用有不利的影响。另外，在调研过程中发现，在风浪作用下，部分湖岸受风浪侵蚀严重，崩岸现象时有发生，造成水土流失。在建设有湖堤处，也有塌岸的情况，湖岸需要进一步的保护。湖岸带植被以草类为主，现目前湖滨带湿地多为天然湿地，植被种植无规划，未能充分发挥其净化入湖水体的功能，对天然湿地应采取一定的措施进行保护。

在天然湿地的基础上，选择适当的区域建设湖岸缓冲带。缓冲带是指有一定宽度，具有植被，在管理上与农田分割的地带，能减少污染源和河流、湖泊之间的直接连接（王晓燕，2003）。由此形成湿地生态系统，充分发挥其净化水体，去除污染物的功效。根据吴玲玲等对长江河口湿地生态系统的研究表明，湿地的水体净化价值占总湿地主要服务功能价值的 90% 以上。除了净化水体，湿地还有调蓄洪水、维持生物多样性、提供丰富物产和景观欣赏等功能。有利于促进汤逊湖流域生态系统的修复。

湖岸缓冲带处理的主要对象是面源入湖污染物，包括未经收集和处理直接汇入湖泊水体的污水，以及由于暴雨径流而排入汤逊湖的农业面源污染物和城市径流污染物。缓冲带所产生的环境效益按照面源入湖污染物量以及湿地生态系统对污染物的去除率计算，计算公式如下：

$$B_j(\text{wetland}) = r_j \times W_j \tag{10-5}$$

式中，B_j 为湿地生态系统可削减的 j 污染物的量；W_j 为面源污染物入湖的 j 污染物量；r_j 为湿地对于污染物的去除率；j 分别对应 COD、TN、TP。

湖岸缓冲带类似于天然湿地，所以其去除率均参考天然湿地对于污染物的净化作用确定。根据莫明浩等（2008）的研究，洪湖湿地对于污染物的去除率：TN 35.5%，TP 24.4%，COD 取与 TN 相同的去除率。汤逊湖湖岸线长约 149.59km，设计在没有开发利用的区域建立植被缓冲带，同时修复当地生态。方案设计在汤逊湖 50% 的湖岸线范围内建设缓冲带，设计宽度为 5m。总成本 500 万元，年维护费用为 10 万元。流域 2015 年 90% 来水频率下 COD、TN 和 TP 的入湖面源污染负荷总量分别为 363.5t/a，179.5t/a 和 65.4 t/a。

10.2.2.5　控制畜禽养殖污染

2007 年流域面源负荷中，畜禽养殖对 COD 入湖量贡献率为 28.2%；对 NH_3-N 入湖量贡献率为 12.9%；对污染物 TN 和 TP 入湖量畜禽养殖的贡献率分别为 19.4% 和 18.8%。

畜禽养殖的污染控制普遍采用的措施是建设沼气池和生化塘，这项措施可行性也较高（洪华生和黄金良，2008）。根据洪华生和黄金良（2008）的研究，沼气池对于污染物的处理率可达 50% ~70%，平均成本是 11.7 元/单位生猪，20.64 元/t 猪粪当量。刘永的研究表明，沼气池对于农村污染排放的削减可以达到 30%（刘永和郭怀成，2008），综合各项研究结果，选取 30% 为沼气池对于畜禽养殖污染物排放的削减率。另外，畜禽养殖的粪便处理还可以结合水产养殖、建设生态渔业养殖、还田、堆肥或者作为有机肥料的加工，在汤逊湖流域内对规模以上畜禽养殖场建设沼气池或者生化塘进行粪便处理。流域内 2015 年畜禽养殖中，牲畜养殖总数约为 7.5 万头，家禽养殖总数约为 206.8 万只。

10.2.3　内源

汤逊湖周边已经形成了以“汤逊湖鱼丸”为主的饮食特色文化，吸引了众多慕名而来的游客，这应该成为汤逊湖积极发展的一项旅游特色产业。但是过度的渔业养殖给湖水带来了污染物，怎样平衡这种发展与环境保护的矛盾，为此我们提出，顺应湖北省水产业由“捕捞渔业”到“养殖渔业”再到“生态渔业”的趋势，在汤逊湖流域严格控制渔业养殖规模的同时，大力发展生态渔业，禁止使用人工饲料，建立鱼-猪、鱼-鸭等立体生态养殖模式，建立生态渔业养殖基地。水面面积32.85km^2，人工养殖面积约55.6%，27 000亩，设计投资1200万元。可削减入湖污染物量按照原投放量的60%计算。

10.2.4 外源

巡司河排污口作为季节性排污口，其汛期携带污染物入流对汤逊湖水质产生明显影响，在保证巡司河水质达标的情况下，还需要满足汤逊湖水质的要求。巡司河污染物控制主要的防治措施如下：①源头减排。从根本上，巡司河的污染的防治需要从点源和面源入手，加强清洁生产、加强污水处理设施的建设，减少入河污染物量。②设计合理的江河与湖泊调度规则。通过闸门在不同时期合理控制拦截流量的调度方法可以减少污染物的入湖量。本节暂不考虑巡司河的源头减排，只考虑建闸截污，但从长久管理来看，控制污染源排放是保护巡司河水环境的根本之计。水闸设计投资1000万元，因水闸管理需要考虑汤逊湖的水量调度过程，所以建闸截污可以拦截巡司河入湖污染物设置为建闸前的75%。

10.3 污染控制措施模型优选

10.3.1 参数输入

污染控制措施的设置和选择与各种污染物的削减与流域内的污染源特征关系密切。汤逊湖流域的污染源结构有其独特的特征，污染源产生量作为本研究的输入条件，其结果可参见第4章污染源核算，但研究基础不同于第4章中的基础情景，本章以流域内污水收集率33%为基础来考虑，并在削减目标中考虑了这一不同所带来的削减量的差异。

各项措施的措施规模和总成本主要是依据当地已有规划结合实地调研考察获得信息，同时考虑污染源的排放规模进行设计。当地无法取得相应信息时，借鉴其他相似流域控制措施的资料。经济优选模型的目标函数为年均成本最低，所以需将总成本转化为使用期内平均成本。措施的总成本包括工程投入年均成本和年运行成本两部分，计算公式如下：

$$A = P \times \frac{i(1+i)^n}{(1+i)^n - 1} + P_{\text{ave}} \tag{10-6}$$

式中，P 为总成本；P_{ave} 为年维护费；A 为使用期内年均成本；n 为措施设计可发挥污染物削减功能的年限；i 为折现率，参考流域截污工程规划选取为7.11%。

表 10-5 所示为所选污染控制措施运行期内年平均成本以及其设计削减污染物量，其中成本最高的为污水收集及处理措施，但其环境效益也是最高的。建立湖岸缓冲带和控制畜禽养殖都是成本较低的措施。

表 10-5　各控制方案对于不同污染物入湖的年削减量

序号	污染控制措施	年平均成本（万元）	可削减污染物入湖总量（t/a）		
			COD	TN	TP
1	工业分散治理	157.1	1700.0	100.0	22.5
2	节水措施	143.1	300.0	60.0	3.0
3	污水收集及处理	4878.2	2444.0	344.5	45.3
4	农业面源控制	1000.0	32.6	54.3	25.6
5	农村生活垃圾处理	214.7	29.4	0.8	0.8
6	加强道路清洁	150.0	15.4	3.4	0.2
7	建立湖岸缓冲带	81.6	130.9	64.6	23.5
8	控制畜禽养殖	25.1	46.5	21.0	2.0
9	生态渔业	114.2	473.3	46.3	4.1
10	建闸截污	95.2	310.6	15.5	3.1

根据第 6 章的研究结果，将以汤逊湖纳污能力为基础的削减总目标分配到了点源、面源、内源与外源之间。因经济分析只考虑了年总削减目标，但月变异会带来污染负荷超标的风险，尤其是在夏季，雨量丰富，随之而来的营养物质也急剧升高的时期。为了尽量规避这一风险，在原有削减总量的基础上，考虑留出部分的安全余量，为点源与面源削减目标设置安全系数，取为 1.2，即使年削减总量增大 1.2 倍。表 10-6 所示为考虑安全余量后，2015 年与 2020 年 COD、TN 、TP 三种污染物的目标削减量在点源、面源、内源和外源污染的分配量（不考虑纸坊污水处理厂运行的削减目标）。

表 10-6　纳污能力下的污染物削减目标　　　（单位：t/a）

削减目标		COD	TN	TP
2015 年	点源	2488.9	310.7	23.1
	面源	126.9	20.1	48.0
	内源	282.4	9.1	4.5
	外源	156.6	2.8	2.6
	合计	3054.8	342.7	78.2

续表

削减目标		COD	TN	TP
2020 年	点源	4023.8	508.1	39.2
	面源	219.5	69.3	51.9
	内源	350.5	14.5	4.7
	外源	136.1	2.8	2.0
	合计	4729.9	594.7	97.8

10.3.2 结果分析

10.3.2.1 措施成本效益分析结果

根据以上措施成本和可削减污染物的特征分析，得出汤逊湖流域内实施这十项措施分别对应的不同污染物的单位处理成本，即成本效益比，如表 10-7 所示。对于每一项措施而言，TN 的削减平均成本要高于 COD，TP 的平均削减成本高于 TN，不仅如此，TP 的削减难度也较高。

表 10-7 各控制方案对于不同污染物的成本效益比 （单位：万元/t）

序号	污染控制措施	成本效益比（削减单位污染物所需成本）		
		COD	TN	TP
1	工业分散治理	0.971	16.500	73.333
2	节水措施	0.477	2.385	47.701
3	污水收集及处理	1.996	14.160	107.618
4	农业面源控制	30.704	18.423	39.047
5	农村生活垃圾处理	7.289	265.063	265.063
6	加强道路清洁	9.745	44.327	655.050
7	建立湖岸缓冲带	0.623	1.262	3.464
8	控制畜禽养殖	0.540	1.196	12.879
9	生态渔业	0.241	2.469	28.138
10	建闸截污	3.220	64.412	325.203

对于 COD 的治理成本较低的措施有：湖岸缓冲带建设，控制畜禽养殖，节水，生态渔业，工业污染源分散治理，这些措施的单位成本都低于 1 万元/t；对于总氮的削减较低的是控制畜禽养殖，湖岸缓冲带建设，节水，生态渔业，工业分散治理，农业面源控制等；TP 的削减效果比较好的措施有：建立湖岸缓冲带、

控制畜禽养殖、农业面源控制、节水措施、工业分散治理。总体来看，TP 的平均单位削减成本最高，其次是 TN，COD 最低；建立湖岸缓冲带，控制畜禽养殖，农业面源控制是面源控制措施中成本效益较高的措施；工业分散治理和节水措施则是点源控制措施中成本效益较高的措施。另外，生态渔业也是经济性较好的控制湖泊内源污染的方法。

10. 3. 2. 2　措施模型优选结果

模型针对不同污染源分别进行措施优化选择，以使得不同污染源都达到削减目标，优选结果措施结果如表 10-8 所示：2015 年共选择六项措施，点源和面源分别两项，内源和外源各一项；2020 年在 2015 年的基础上，需要增加三项措施，分别为工业分散治理措施、农村生活垃圾处理和控制畜禽养殖，共九项。

表 10-8　2015 年和 2020 年不同污染源的优选结果

年份	污染源	措施优选结果
2015	点源	节水措施，污水收集及处理
	面源	农业面源控制，湖岸缓冲带
	内源	生态渔业
	外源	建闸截污
2020	点源	工业分散治理，节水措施，污水收集及处理
	面源	农业面源控制，农村生活垃圾处理，建立湖岸缓冲带，控制畜禽养殖
	内源	生态渔业
	外源	建闸截污

在措施实施后，对污染物的削减量的估算如表 10-9 所示，表中，措施项 1 ~ 10 分别代表所选的 10 项措施，措施选择栏中，0 代表不选择此项措施，1 代表选择此项措施。2007 年与 2015 年措施选择相同，但 2007 年 COD 目标余量高于 2015 年近一倍。由表 10-9 中可知，在三种污染物中，TP 为主要控制性指标，各项污染源中，TP 削减量最接近削减目标，其目标余量最低，2015 年和 2020 年分别只为 27 t/a 和 38 t/a。COD 的目标余量整体均较高，2020 年可达到 1040 t/a。2007 年与 2015 年控制汤逊湖污染需要总成本 34 796 万元，平均每年为 6312 万元，2020 年则需总成本 38 122 万元，年均 6709 万元，即在 2015 年的基础上增加成本投入 3326 万元。其中，总成本指为达到削减目标每年需要投入的资金折算到 2007 年的总投入成本，年均成本指把资金都平均到每年的结果。

表 10-9　措施经济优选结果及削减量分析

2007 年						2015 年						2020 年					
措施项	措施选择	削减量（t/a）				措施项	措施选择	削减量（t/a）				措施项	措施选择	削减量（t/a）			
		COD_{Cr}	COD_{Mn}	TN	TP			COD_{Cr}	COD_{Mn}	TN	TP			COD_{Cr}	COD_{Mn}	TN	TP
1	0	0	0	0	0	1	0	0	0	0	0	1	1	1700.0	510.0	100.0	22.5
2	1	300.0	90.0	60.0	3.0	2	1	300.0	90.0	60.0	3.0	2	1	300.0	90.0	60.0	3.0
3	1	2444.0	733.2	344.5	45.3	3	1	2444.0	733.2	344.5	45.3	3	1	2688.4	806.5	378.9	49.9
4	1	32.6	9.8	54.3	25.6	4	1	32.6	9.8	54.3	25.6	4	1	32.6	9.8	54.3	25.6
5	0	0	0	0	0	5	0	0	0	0	0	5	1	29.4	8.8	0.8	0.8
6	0	0	0	0	0	6	0	0	0	0	0	6	0	0	0	0	0
7	1	130.9	39.3	64.6	23.5	7	1	130.9	39.3	64.6	23.5	7	1	130.9	39.3	64.6	23.5
8	0	0	0	0	0	8	0	0	0	0	0	8	1	46.5	14.0	21.0	2.0
9	1	473.3	142.0	46.3	4.1	9	1	473.3	142.0	46.3	4.1	9	1	473.3	142.0	46.3	4.1
10	1	310.6	93.2	15.5	3.1	10	1	310.6	93.2	15.5	3.1	10	1	310.6	93.2	15.5	3.1
点源可削减量		2744.0	823.2	404.5	48.3	点源可削减量		2744.0	823.2	404.5	48.3	点源可削减量		4688.4	1406.5	538.9	75.4
削减目标		2691.0	807.3	348.1	27.3	削减目标		2488.9	746.7	310.7	23.1	削减目标		4023.8	1207.1	508.1	39.2
面源可削减量		163.4	49.0	118.9	49.2	面源可削减量		163.4	49.0	118.9	49.2	面源可削减量		239.4	71.8	140.7	51.9
削减目标		41.9	12.6	5.9	33.5	削减目标		126.9	38.1	20.1	48.0	削减目标		219.5	65.9	69.3	51.9
内源可削减量		473.3	142.0	46.3	4.1	内源可削减量		473.3	142.0	46.3	4.1	内源可削减量		473.3	142.0	46.3	4.1
削减目标		164.6	49.4	4.1	3.5	削减目标		235.3	70.6	7.6	3.8	削减目标		292.1	87.6	12.1	3.9
外源可削减量		310.6	93.2	15.5	3.1	外源可削减量		310.6	93.2	15.5	3.1	外源可削减量		310.6	93.2	15.5	3.1
削减目标		28.5	8.5	0.2	0.5	削减目标		156.6	47.0	2.8	2.6	削减目标		136.1	40.8	2.8	2.0
总合计		3691.4	1107.4	585.2	104.6	总合计		3691.4	1107.4	585.2	104.6	总合计		5711.7	1713.5	741.5	134.4
总削减目标		2470.4	741.1	299.4	54.7	总削减目标		3007.7	902.3	341.1	77.5	总削减目标		4671.6	1401.5	592.2	96.9
目标余量		1221.0	366.3	285.8	49.9	目标余量		683.7	205.1	244.1	27.2	目标余量		1040.1	312.0	149.2	37.5

注：所有措施用 1 ~ 10 来表示；措施选择中，1 表示选择该项措施，0 表示不选择。

第11章 汤逊湖流域排污权交易关键技术研究

11.1 排污权交易概述

11.1.1 概念及内涵

排污权交易（tradable permit）这个概念最早由多伦多大学约翰·戴尔斯教授提出，是指在满足环境要求的前提下，建立合法的污染物排放权即排污权，并允许这种权利像商品一样被买入和卖出，以此来控制污染物排放总量，协调经济发展。在进行排污权交易之前，首先需要确定一个地区的污染物排放总量即在水体纳污能力约束条件下的污染物允许排放量，其次，将该允许排放量在各排污单位之间进行分配，各单位可以根据具体的情况将节余的允许排放量进行买卖。当一个企业通过污染物治理削减将排放量缩减到一定程度时，它就可以将缩减的排放量卖给那些治理污染成本过高或排放量过大而无法满足排放要求的企业，此类交易的结果就是污染治理由治理成本最小的企业来进行，而污染物排放总量不变。

作为一种以市场为机制的环境法律制度，排污权交易制度具有明显的优势。它依赖市场机制发生作用，具有持续的激励作用，可以有效地促使排污者以有利于自身发展的方式主动减少污染，提高排污企业技术进步的积极性，从而削减污染物排放总量。更重要的是，可使社会总体削减费用大规模下降、降低污染治理成本，更具效率价值。

排污权交易是一种以市场为基础的经济政策。排污者从其自身利益出发，对比其治污成本和排污权交易价格，自主决定污染物的排放程度，买入或卖出排污权。它对企业的经济刺激在于排污权的卖出方由于超量减排而剩余排污权，出售排污权获得经济回报，实质上是市场对有利于环境外部经济性的补偿。

当前，水污染物的排污权交易已作为水环境管理的重要市场手段，为世界上许多国家所尝试和采用。在美国，随着城市非点源废水排放量的日益增长，为控制P的负荷，1984年美国科罗拉多州Dillon水库流域进行了点源与非点源营养物交易，允许流域内的4家公共污水处理厂投资控制城市非点源的P负荷，以此换取自身P的排放许可（马建福，2006）。这是美国第一个营养物交易案例，也是至今最成功的点源与非点源的交易。此外，1989 年，经过北卡罗来纳州环境管理委员会批准，在该州 Tar-Pamlico 流域（面积 11.650 km^2）允许新的点源与非点源之间就营养物的排放许可进行交易。到 2000 年后，由于河流养分含量的不断增加，营养元素交易制度又在美国流行起来。这种交易方式将管理部门的管理与交易成本转移给了污染者（王浩，2010）。相对而言，控制点源污染要比控制像农业这类的非点源污染容易，而且政治风险较小。

我国也于 20 世纪 80 年代后期开始试点，并取得了一定的成效（操家顺和杨金虎，2000）。经财政部与国家环境保护总局批复，江苏省于 2008 年 1 月 1 日起，在太湖流域率先开展化学需氧量（COD）排污权有偿使用和交易的试点。根据试点方案，试点范围为太湖流域内无锡市、常州市、苏州市以及镇江市的丹阳、句容和南京的高淳县等；试点对象选择流域重点监控的 266 家排污企业，试点内容是排污权有偿使用和交易（吴世彬，2008），主要包括四大部分内容：一是完善排污权定价机制，即以污染治理成本为基础科学确定排污权初始价格，实行排污权初始有偿出让；二是建立排污权一级市场；三是建立排污权交易平台；四是加强排污权交易市场监管。通过健全相关制度，研发一批排污总量控制技术和先进管理系统。又如，在污染企业之间进行的水污染物排污权交易方面，2003 年，苏州市太仓印染厂与太仓港口污水处理厂进行的排污权交易，港口污水处理厂将自己排污指标余量，一年卖给太仓印染厂 9 万 t，每吨价格为 2.5 元，合同期 3 年。水污染物排污权交易的实质是排污企业为了占用更多的环境容量而付费，通过出售排污指标余额，实现对超额减排企业的经济补偿。

尽管水污染物排污权交易在降低削减成本、保护环境方面取得了一定成效，但当前在世界范围内实行的水污染物排污权交易仍有待在理论和实践中进一步完善，例如，美国流域排污权交易实施项目的一个共同特征是未能产生大量的交易行为，这应归因于交易成本、管理上的复杂性、管理者对交易的冷淡态度以及项目自身的设计等（Farrow et al.，2005）。归纳起来，相关政策法律不健全导致的市场失效、交易成本过高、政府监管不力、排污量监测不完善、指标分配不公平等问题成为制约流域排污权交易实施的主要条件（施敏，2003；王书国等，2006）。尽管存在这些问题，不可否认的是，排污权交易制度内在的经济效率，使其仍然具有旺盛的生命力与应用潜力，随着市场经济体制的完善与法律环境的不断健全，将有越来越多的国家也开始探索这种创新的管理方式。在我国水污染物排污权交易试点工作取得初步成效的关键时期，面向国家水污染治理实践的需求，适时地开展总量控制下的湖泊流域水污染物排污权交易技术研究，对全国流域排污权交易试点工作的深化，以及全面推进湖泊流域水污染物的排污权交易无疑具有重要的现实意义。

11.1.2 排污权交易体系模式

在选择和设计排污权交易体系模式时，我们需要认真考虑交易成本因素，即在交易成本存在（不可忽略）的前提下，如何设计排污交易体系才能使交易成本尽量小，并从交易成本的来源加以控制，不但要从政府的角度来考虑交易成本，也要从企业角度考虑如何降低交易成本。从美国的经验看，排污权交易体系已逐渐演变为三种模式：基准－信用模式，总量－交易模式以及离散排污削减模式，这三种模式在交易成本上有很大差异。离散排污削减模式由于在实践中存在较多问题而未能推广，基准－信用模式和总量－交易模式应用较好。

1）基准－信用模式。当一个污染源的实际排污水平低于许可污染排放水平，并产生一个永久性的排污削减，它就可以从环境管理部门那里获得对此超量削减的证明书。在获得管理部门批准后，就可交易此信用。在该体系中，排污削减由污染源自愿进行，但在交易前必须经过管理部门的严格审查，获准后才能进行。

2）总量－交易模式。可描述为当污染源得到管理部门发放的排污许可证，便可以自由选择将其存入银行或者用于交易。但是在一个计算期结束时，它必须拥有足够数量的排污权来保证它在本期内的排污量。这些参加交易的排污权是可完全流通的，且在达到排放要求条件下不需要经过附加管理上的批准。此计划要求每个污染源拥有足够弥补它在限制期内的排污量的许可证数量，不能达到这个要求的污染源将受到非常严厉的经济惩罚，而且还要补偿以往的超量排污对环境造成的损失。

3）离散排污削减模式。离散排污削减模式又称非连续排污削减（DERs），是 1995 年美国国家环境保护局提出来的，可以在一个州的公开市场交易系统中进行交易。当一个污染源自愿削减超过许可标准要求的污染时，就可以获得 DERs。DERs 是临时的排污削减，只要求在获得非持续排污削减时已经削减了相应的污染物排放量。

对于以上三种交易模式，仅从交易成本方面来比较可知：①管理部门对基准—信用模式的审批十分严格。这种严格规定会带来两方面结果，一是交易必定是逐案进行的，管理部门需要对削减信用的产生和交易进行逐笔审查，他们的审批成本会相当高；二是由于管理过程的繁冗造成交易批准的不确定性，从而使排污削减信用的潜在交易者对管理部门是否能够及时给予交易批准的信心降低。而在总量－交易模式中，所有的交易单位以一比一的比例或按照一定的交易系数进行交易，交易者可以在排污权的公开市场上自由交易，从而大幅度降低交易成本。②由于基准－信用产生的个别性，使它作为排污权交易的交易单位缺乏流动性，从而形成分隔的排污权市场。这种分隔使得一方面覆盖的污染源少得多，从而使潜在交易者之间相互搜索和识别的成本会更高；另一方面由于市场上交易者少，很难形成稳定的排污权交易价格，因此每笔交易中的价格要单独磋商，形成很高的磋商成本，同时也增加了交易者对未来收益的不确定性。③在基准－信用体系中，削减信用的交易是双边和有次序的，而不像许可证体系中的交易是多边和同时的，后者更加接近理论上的排污权交易体系和成本有效的设计。④基准－信用体系中没有像总量－交易体系中所具有的排污连续监控体系。为了防止交易中的机会主义行为，管理部门会在交易审批以及交易执行方案上做出严格限制，这从另一个角度增加了审批成本，对执行方案的限制缩小了污染削减技术的选择范围，从而减少了潜在的成本节约。因此，基准－信用模式的体系具有更高的交易成本。

11.1.3 我国的排污权交易市场

我国的排污权交易制度目前主要在大气污染和水污染领域进行实践。自1997年起，在国家环境保护总局的大力支持下，美国环境保护协会与北京环境与发展研究会开始在总量控制条件下，进行中国实施排污权交易可行性的理论研究。2001年11月，由南通市两家公司进行的二氧化硫排污权的交易，被认为是我国第一例真正意义上的排污权交易。随后，排污权交易试点工作在我国山东、山西、江苏、河南以及上海、天津、柳州七省市开展起来。目前，在黄浦江上游地区，太湖流域等以流域为单位的水污染物排污权交易制度正在建立中，我国此项制度的建立尚处于起步阶段。

在水污染领域，我国亦积极进行了排污权交易制度的探索。例如，上海宏文造纸厂的草浆生产线曾经严重污染了黄浦江，且经济效益不佳，被市政府关闭。后上海永新彩色显像管有限公司准备动工兴建，环保局表示新建厂绝对不能超过排污总量，在此情形下永新公司领导想到了排污权交易，即能不能出钱买排污权呢？通过政府协调，从宏文造纸厂购买了每天395kg COD的排污权。这笔数百万元的交易费，为宏文造纸厂调整产业结构打下了基础，而永新彩色显像管有限公司则得到了快速发展。1999年，该厂已达到年产值33亿元、利税5.14亿元的经济规模。市、区环保局高度重视这一创举并对其及时进行总结，在闵行区开始了排污权交易的推广工作。从1987年至今，全区已实施排污权交易37笔，共转让COD排污权1301kg/d，废水排放9728.3t/d，累计交易额1391万元。据统计，1994～1999年，闵行区的经济在以两位数的速度增长的情况下，工业废水排放由21971万t降为13 145万t，COD的排放由8891t降为5098t，万元产值COD排放则由 3.79kg，下降到 2.02kg，在经济腾飞的同时，环境保护亦取得可喜成绩，其中排污权交易起了很大的作用。

经财政部与国家环保总局批复，江苏省于 2008 年 1 月 1 日起，在太湖流域率先开展 COD（化学需氧量）排污权有偿使用和交易的试点。根据试点方案，试点范围为太湖流域内无锡市、常州市、苏州市以及镇江市的丹阳、句容和南京的高淳县等；试点对象选择流域重点监控的 266 家排污企业；试点模式是排污权有偿使用和交易。试点方案以污染治理直接成本作为参考基础，结合地区差异调整系数核定出排污企业购买 COD 排污权的初始价格：污水处理单位化学需氧量排放指标有偿使用收费标准为 2600 元/(a·t)；直接向环境排放水污染物的纺织染整、化工、造纸、钢铁、电镀、食品（味精和啤酒）等 6 个主要行业化学需氧量排放指标有偿使用收费标准为 4500 元/(a·t)。所有参加试点的企业均要按此价格购买排污指标，并可以在二级市场上进行交易。试点推进方案是从 2008 年起，首先在太湖流域开展 COD 排污权有偿使用试点；到 2009 年，再在太湖流域适时推进 NH_3-N、TP 排污权有偿使用试点，建成太湖流域的市级水排污权交易市场；从 2010 年起，初步形成太湖流域主要水污染物排污权交易市场。

在十多年的试点过程中，多次成功的排污权交易为我国推行这项制度积累了比较丰富的经验。实践表明，作为一种新型的、以发挥市场机制作用为特点的环境经济政策，排污权交易制度能够有效地控制环境污染，保证经济可持续发展。为了彻底改变我国环境恶化的趋势，从政府到学界对运用排污权交易制度来进行环境治理寄予厚望。

11.2　汤逊湖流域排污权交易的必要性与可行性

11.2.1　汤逊湖流域水污染排污权交易的必要性

湖北省号称“千湖之省”，武汉市具有天然的湖泊优势，湖泊资源丰富，仅中心城区就有 26 个湖泊，这是其他省市所不能比拟的。随着《武汉市湖泊保护条例》的出台以及实施，武汉市政府认识到保护好湖泊对于改善城市生存环境、实现国民经济和社会可持续发展、全面建设小康社会具有十分重要的意义。然而在湖泊水质调查中发现大多数湖泊水质处于Ⅳ类、Ⅴ类甚至劣Ⅴ类水平，湖泊的功能已经受到严重破坏，尤其是武汉市中心城区湖泊普遍受生活污水污染，营养过剩问题十分突出。

在国外由于实行排污权交易方式使环境质量得到改善的案例不断，国内也已经有了试点先例，就改善湖泊、河流等水体的水质来讲都发挥了重要作用，取得了良好效果。武汉市湖泊众多，且污染较重，效仿和创新适于当地的排污权交易，配合现有的环境管理与治理手段，对于水环境保护无疑是很好的选择，无论从环境学角度还是从社会学角度，建立排污权交易制度都是必要的：第一，污染物排放浓度控制制度的固有缺陷要求实施总量控制；第二，严峻的水环境质量现状及环境污染后果迫使我们建立更有效的环境管理体制；第三，经济和社会的发展也提出了改革环境管理体制的要求。

随着汤逊湖水污染治理力度不断加大，工业污染达标排放初具成效，汤逊湖治理取得了明显的阶段性成果，但汤逊湖水污染问题并没有从根本上解决。蓝藻等水污染事件的发生，暴露出汤逊湖水环境过载、水生态变差的问题。随着汤逊湖流域今后的社会经济发展，流域内的污染物产生量将不断增大。因此，要完成湖泊流域内水污染物总量控制目标的任务是非常艰巨的。只有充分认识汤逊湖流域水污染形势的严峻性、复杂性、重要性和紧迫性，在实施必要工程措施的同时，采取一些强有力的综合管理措施，特别是环境经济措施，如建立水污染物排污权交易机制，才能确保水污染防治环境目标的实现，保障社会经济的可持续发展。

11.2.2 汤逊湖流域总量控制工作

武汉市汤逊湖流域总量控制工作已经在中国水利水电科学研究院水资源所承担的“汤逊湖纳污能力研究”项目中开展，并取得了一系列成果。总量控制工作是进行湖泊流域污染物综合管理与控制的基础，同时也是实施排污权分配，继而进行排污权交易的依据，研究的一系列成果为汤逊湖流域实施水污染排污权交易提供了有力的技术支持，主要体现在以下几个方面。①在深入踏勘调查的基础上，依据“污染机理分析 - 纳污能力核算 - 纳污能力分配”的总体思路，将大量原型观测实验资料与数学模型相结合，符合总量控制实施的要求。②从流域尺度上客观评价了汤逊湖流域水环境状况，系统阐释了汤逊湖水质及纳污能力变化的影响机制，科学预测了汤逊湖水环境的演变趋势，为汤逊湖流域水环境综合整治提供了重要依据。③成果融合了国内外纳污能力核算的新进展，构建了具有物理机制的湖泊水环境模拟与纳污能力评估平台；并以此为支撑，科学核算了汤逊湖纳污能力。④结合汤逊湖流域污染成因，提出了三级污染总量控制与削减实施方案；在明晰污染排放的责任主体，将“污染源头治理”落到了实处，具有针对性和可操作性。

11.2.3　流域的市场经济建设情况

区域的市场经济建设情况主要通过区域生产总值、居民人均收入、当地物价情况等一系列指数来体现。本研究统计了汤逊湖流域的经济发展情况，主要是流域内的江夏区部分（流域内江夏区面积占到总流域面积的 80%），见表 11-1。江夏区人均 GDP2007 年达到 19 570 元，略高于全国人均 GDP（2007 年全国人均 GDP 元为 17 875 元），处于经济发展先进水平，农村住户人均纯收入达到了 5000 元以上，从表中数据发展趋势可以看出，江夏区的各项指标呈现稳步增长，表明江夏区经济发展状况良好，市场经济体制较完善，适合进行排污权的交易。

表 11-1　江夏区社会经济情况统计表

统计项目	2005 年	2006 年	2007 年
人口（万人）	66.7	64.40	62.8
国内生产总值（亿元）	81.5	94.22	122.9
人均 GDP（元）	12 219.0	14 630.00	19 570.0
农村住户人均纯收入（元）	4 367.0	4 805.0	5 062.0
社会消费品零售额（亿元）	28.9	33.9	40.1

资料来源：2006～2008 年《武汉统计年鉴》。

11.3　汤逊湖流域排污权交易体系的框架设计与关键技术

11.3.1　排污权交易基本原则

应根据汤逊湖流域的水污染特征、污染源排放规律、工业产业结构等信息，制定符合流域特性的水污染物排污权交易整体框架，在全流域范围内对工业、生活、交通等行业同步开展初始排污权有偿使用和在工业污染源之间进行既得排污权交易。排污权市场的建立必须满足国家及当地的法律法规，符合相关的环境标准及水功能区要求，以上一级水污染管理目标为基础，结合流域本身的水体纳污能力，确定总量控制目标，进一步分配，即排污权的初始分配。

（1）总量控制的目标制定应以整个流域范围为基础

实行排污权交易的前提条件是总量控制。总量控制将环境管理的流域作为一个整体，根据要实现的环境质量目标，确定该流域内可容纳的污染物总量，并控制流域内所有污染源的污染物排放总量不超过可容纳的污染物总量，以保证实现环境质量目标。总量控制的制定必须以实现流域的水环境功能或提高水环境质量为目标，可以针对某个水域设定，也可以针对流域的控制断面设定，如上游、下游等。在制定总量控制目标过程中，应充分了解所有污染源的污染情况、流域的水力特点、区域特点等。例如，该区域的主要污染因子是什么，主要贡献者来自何处；点源/面源的排放对整个水域水环境质量的影响如何，不同位置的污染削减对流域水质产生的结果等。

（2）交易必须在法律框架下开展

排污权是一种“无形”商品，与其他实物商品和具体可见的服务产品不同，如何保证参与企业符合排放规定是非常重要的。这需要相关法律、法规对交易的整个过程进行规范。这些法律、法规应保障合法排放者的权益，同时对违规排放者予以严惩，以保证整个排污权交易市场的公平性。立法机关应制定相应的法律、法规，同时，执法机关可以通过各种行政、法律的手段保证交易的顺利进行，对违法严重者甚至可以采取刑事处罚，或收回排污许可证。

（3）在不影响水质目标的前提下，排污交易的结果应使污染处理费用最小

满足水环境功能要求是排污权交易的首要目标，而污染处理费用最小是附带目标。在满足水环境功能要求的前提下，污染处理费用最小可以激励区域排污者进行排污权交易，促进水环境功能目标的实现或提高。建立排污权交易市场应遵循的原则概化为：资源配置市场化；交易行为自主化；宏观调控间接化；监督管理规范化。

11.3.2 排污权交易框架和指标

对于汤逊湖流域建立污染物排放权交易体系，可以参考以下体系框架，见图11-1。排污权交易框架主要分为四个系统：排污权分配子系统，排污权交易子系统，排污权监督子系统，排污权调控子系统。这四个子系统相互关联、相互作用，为排污权交易工作的顺利实施提供了保障。其中分配子系统是实施交易的前提，排污权的分配要保证公平公正，充分发挥水体的纳污能力；排污权交易是核心，要建立符合市场规律的交易价格和交易程序及方式，保证交易切实可行，排污权交易子系统的完成要在充分调研的基础上，不能照搬国外或其他流域的方式，总结经验，因地制宜，建立符合汤逊湖地区的具有流域特色的排污权交易方式；排污权监督子系统是交易顺利进行的保障，监督工作可以通过政府监督和公众监督共同完成。排污权调控系统是对交易子系统的完善，也是重要的组成部分，通过排污权调控为交易的进行提供动力基础，这也是一个实时反馈系统，对排污权进行实时调控和调整，确保交易活动引入的污染物不影响湖泊水质。

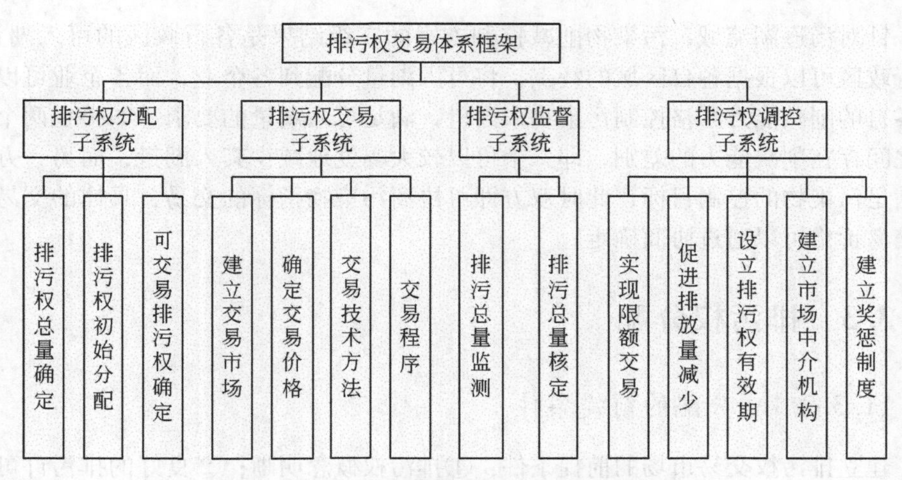

图 11-1 汤逊湖流域排污权交易体系框架

排污权交易的地域边界设定为汤逊湖流域的汇水边界，交易市场的参与者为所有影响本流域水体的污染源，包括水体中和陆上的污染源。试行初期，排污权交易应保证仅在同一流域产生水质影响的排污单元之间进行，从而保证满足流域的水质目标。

目前，国内的各种排污交易都只是在点源之间进行，面源污染由于其不好量化、污染产生者不好确定，使得面源污染收费和交易制度都难以进行，因此，排污权交易研究以点源为主。

流域排污权交易市场建立初期，可先在生活和工业几个方面开展。根据生活污水排放用户分散的特点，其排污权交易只存在于污染源和政府之间，以收费形式完成，不涉及交易问题；而工业污染源的排污交易存在于污染源和政府之间以及污染源之间，主要通过市场交易完成。

对于污染指标的选择，可选取一种或多种污染指标，应充分考虑污染物的污染特性、入流特性及相互影响作用。而目前较常见的是进行 COD_{Mn}、NH_3-N 的排污权交易。根据汤逊湖流域污染物排放的具体情况，COD_{Mn}入湖量最高，而 TP 是流域内的限制性负荷因子，也是引起湖泊富营养化的关键因素，所以在排污权交易实施初期可以优先选取这两项指标或者其中的一项作为交易指标。随着交易制度的建立和成熟运作，也可以将更多的污染物质纳入交易的范围，如 TN 和 NH_3-N 等。

排污权交易要以计算得到的纳污能力总量为基础，依据点源污染物的产生源比较明确，易控制，而面源产生源不是很明确、较难控制的特点，因此，排污权交易的实施主要针对点源污染物。首先，在不同区之间进行分配，再由不同分区考虑生活污染和工业污染的基础上，将生活排污权分配到社区，工业排污权分配到各个企业。

针对汤逊湖流域，污染物削减控制方案的二级结果是各行政区的可入湖量，各行政区可以根据各自区域的特点，将可入湖量分配到各企业，而各企业可以根据各自的削减能力严格控制污染物入湖量，满足可入湖量的要求。如果在两个企业之间存在削减能力的差别，即一个可以较大幅度地减少其入湖量，而另一方无法满足污染物的控制目标，此时双方即可协商污染物指标的交易，具体的交易量和交易价格可以通过协商确定。

11.3.3 排污权分配

11.3.3.1 分配的前提条件

建立排污权交易市场的前提条件：①排污权概念明晰；②良好的排污许可证运行机制；③环境功能区划明确；④掌握区域水体纳污能力；⑤相对健全的法律法规。主要体现为流域水环境功能的定位、污染物总量控制目标的设定、排放指标分配等内容，汤逊湖的排污权分配以污染物控制总量的第三级分配结果为基础，结合汤逊湖的实际情况设定如下。

1）依据武汉市地表水环境功能区类别划分，汤逊湖属Ⅲ类水体，主要适用于集中式生活饮用水源地二级保护区，一般鱼类保护区及游泳区。汤逊湖的现状使用功能包括引用水源地、农田灌溉、渔业和景观等。

2）以汤逊湖纳污能力研究为基础的流域污染物总量控制工作已经完成。汤逊湖流域未来年份不同来水频率下的污染物总量控制目标也已经确定。

3）排污权的初始分配，即在实施排放污染物总量控制之初或为实现排污权交易，由政府管理部门将污染物排放指标分配给特定的排污单位，这个过程也是总量控制的指标分解过程。

11.3.3.2 分配方法

排污权初始分配通常有两种方法：在现有排放的基础上进行无偿分配和通过政府定价或拍卖的方式进行有偿分配。因此，排污权初始分配模式主要有政府免费分配、公开拍卖、固定价格出售等。其中，采取无偿分配的方式显然会破坏企业之间的公平性，政府也会损失污染控制基金，这种分配方式并不可行。另一种方式是通过政府定价来进行排污权的初始分配。政府制定排污许可证的价格体系，或者根据现有的实际情况制定初始排污权分配的价格标准。这种方法对政府和企业都有利，对于武汉市的经济体制发展而言，采取这种做法是比较合适的。

具体的分配方法参考目前大气污染物排放权交易的初始分配方法，综合考虑流域的社会经济发展水平、产业结构、行业结构、生产技术水平、污染治理水平以及未来发展规划等各项因素，确保排污指标分配的公平性。通过“平权排污量”处理各控制区的公平性问题。

对于某一级别的某一控制区（以下称本控制区），某种污染物的初始排污权由下式确定：

$$Q_p = \beta[(1-\alpha)\cdot Q_e + \alpha\cdot Q_a\cdot d] \tag{11-1}$$

式中，Q_p 为初始排污权；d 为经济密度因子，主要是指控制区工业用地的比例；Q_e 为平权排污量；α 为权重因子；Q_a 为环境容量；β 为总量调整系数。

平权排污量 Q_e 为本控制区内各类污染源实际排污量的加权和，即

$$Q_e = \sum_{i=1}^{N} Q_{ri}\cdot f_i \tag{11-2}$$

式中，f_i 为第 i 类污染源的平权函数，与生产技术水平、污染治理水平和未来发展规划因子有关；Q_{ri}为控制区内第 i 类污染源的排放量。

1）权重因子 α。控制区排污权 Q_p（总量控制指标）的大小主要取决于区域平权排污量 Q_e 和区域水环境容量 Q_a（或有效环境容量）。显然，总量控制指标（排污权）越接近平权排污量，就越具现实性和可行性，但水环境质量目标未必能得到保障；相反，若总量控制指标越接近环境容量，则水环境质量目标越有保障，但可能会因脱离实际而降低可行性。为了使区域排污权的分配既现实可行，又与水环境质量目标相一致，就需要同时兼顾平权排污量和水环境容量。为此引入权重因子 α 来权衡它们之间的关系。通过控制 α 的大小，决策者可以从宏观上控制污染治理强度和环境质量达标的速度。α 的取值范围为 0 ~1。为公平起见，同一时期同一级别的各个控制区，权重因子最好取相同的值。

2）总量调整系数 β。除最高级控制区以外，以下各级控制区初始排污权的分配是采用逐级层层分解的方法。不过，某控制区的排污权并不一定全部分解到下一级控制区，而是先扣除一定的预留量，一方面作为未来新增产业发展的排污指标，另一方面是保证排污权交易的顺利进行。某控制区的排污权应等于该区下一级所有控制区排污权及预留控制量之和。

结合汤逊湖的实际，综合考虑优化和公平原则对削减总量的分配主要包括三个层面：①一级分配为在不同污染源之间的分配，点源和面源之间采用最小边际成本法，内源和外源采用按贡献率分配方法。②二级分配为点源在区域之间的分配，主要采用体现社会公平的环境基尼系数法进行。③三级分配为点源在不同排污口之间的分配，采用的是模型优化的方法。

11.3.4　排污权交易

汤逊湖排污权交易从开始到完成包括多个步骤，分别为申请的提出、排污余

额的审核、交易的进行、排污许可证的重新核发、年度审核等步骤。其核心是排污权交易的收费，包括如下两部分。

1）确定级差交易手续费。将区域划分为不同等级，最高的是水源保护区，最低的是排污企业集中的工业区。级差收费标准的制定应遵循几条原则：高等级区域排污权向低等级区域流动应当受到鼓励，征收低的交易手续费；低等级区域排污权向高等级区域流动必须受到严格限制，征收较高的交易手续费；同一等级内的排污权流动，等级越高所受到的限制越大、交易手续费越高，但比由低向高的逆向流动交易所受的限制要小。

2）确定交易当量费用。交易中心除征收级差交易手续费外，对每一笔成交的买卖扣除成交量占排污权的比例并予以注销，或额外征收与此价值相当的费用，称为交易当量费用。该费用可以用于购买排污权并予以注销，其意义是交易双方为保护流域的环境作出污染排放削减的贡献。

汤逊湖流域相应部门应结合环境影响报告书的审查，对项目单位新增的排污总量从规划的相容性、新增污染物的种类、数量、排放去向等方面进行审核，同时对排污总量指标出让方的富余量进行确认，通过组织专题监测。

11.3.5 排污权调控

汤逊湖流域排污权调控主要包括：排污权限额交易，设立排污权的有效期，奖惩制度的完善等方面。实行排污权调控主要是对现行污染物排放的一个反馈，使排污权交易中心适当的调整不合理的排污权。实行排污权限额交易主要是为了防止企业购买过多的排污权，大量排放污水，导致区域水体受污染的现象，此限额依据排污口最大排放限额而定。因为水体的纳污能力是动态的概念，污染物总量控制量也有时间限定，水体纳污能力重新核算后，若变化较大，则需要重新分配排污权，因此，排污权应该有一个有效期限。此外，良好的奖惩制度是排污控制和排污交易的一个重要的动力，需要根据当地的经济情况来制定合理的奖惩制度，促进排污交易的顺利进行。

11.3.6 排污权监督

汤逊湖流域的排污权监督一方面是对企业排污量以及企业间排污权交易的监督，另一方面是对污染物总量的核算。

企业是否能按照排污权规定的污染物量进行排放需要设计实时监测系统，一旦企业超额排放，即刻发出警示，对污染物排放的监测是排污权交易甚至工业企业污染治理的一个关键所在，若不能使企业按照限定额度进行排放，也就宣告了排污管理的失败。对企业间的交易进行监督和监管，主要体现排污权的限额交易。在不同的时期要对污染物总量进行重新核算，以对排污权进行适当调整。

流域相关部门应对排污许可证进行年度审核，其中包括定期地向污染单位进行监测、检查，同时也包括不定期的抽样检查。对不符合许可证规定的超标排污单位要根据有关规定做出处罚，严重者甚至可以收回或吊销排污许可证。排污权的审核是排污权交易市场的关键因素，能否使交易市场按照既定规则运行也取决于排污权审核的质量。

实现排污权交易监督的手段可以是政府监督和群众监督。政府监督可以通过对排污权交易进行年度考核等实现。群众监督的重点是实现信息公开，可以通过网络办公，这样既节约资源，又使信息及时传递，提高排污权转让的效率，使交易工作透明化，确保公平公正。

11.4　排污权交易的保障体系

汤逊湖流域的排污权交易市场需要相应的法律法规来保证交易规则的规范化、程序化和制度化，需要一系列保障措施。

11.4.1　机构体系保障

机构设置方面，在国外，比较成熟的排污权交易是通过专门的排污银行或环保银行进行的，其性质就是排污权交易所，排污权就如同股票或其他有价证券一样在银行交易，价格随供求变动而涨落。这种交易中介机构是完全市场化的，具有较高的运作效率，也减轻了政府负担。在国内，建立专门的排污银行或排污交易所，还需要一个探索和准备阶段。因此，可以先考虑建立一个“汤逊湖水污染排污权交易中心”之类的中介机构，负责排污权交易的具体工作，如向企业提供排污权交易方面的信息，进行沟通，协助排污权买卖双方促成交易。

水务部门与环保部门也是排污权交易过程中必不可少的参与部门，主要进行行政管理和监督工作，以保证排污权交易合法有序的进行。上一级主管部门把排污权分配到下一级主管部门，对许可排污权进行年度审核，对排污交易进行监督，同时对排污权进行管理，主管总量控制工作和排污权的管理工作。同时，水务部门根据湖泊流域水资源量来控制、核算水体排污总量。

11.4.2 交易体制保障

首先我们必须明确排污许可证的产权性。排污权的本质是环境资源的使用权，环境资源与自然资源一样，其所有权归国家和全民所有，由环保部门进行管理。排污企业和全体公民可以拥有对环境的使用权，我们的法律应对该产权的性质加以规定。拥有排污权即拥有了利用环境资源、利用环境容量的权利。排污权有了法律保障，才能得到统一认可，才能保证顺利完成排污权交易市场的建设。

污染物排放监测系统的建立、监测、记录保存以及排污申报工作是排污权项目交易中的重要组成部分。它们对于评估污染源是否有偷排情况、买卖双方的污染源是否遵循了交易要求、其排放是否符合许可证的规定等方面都至关重要。同时，监测也可以反映交易项目的成功与否，流域是否达到了水质目标。因此，在项目交易之初，就应建立一个完整的水环境监测体系，保证监测工作为交易提供可靠的数据并保持数据的一致性。

11.4.3 交易制度保障

建立有效的责罚机制，强化政府监管与宏观调控。如果对违规者没有严格的处罚，将无法建立良好的排污权交易市场。

排污权是一种特殊商品，排污权交易一旦超出了管理者的控制范围，就会对环境、经济和社会产生严重的危害。政府应监管流域机构对买卖双方的资格进行认定，其中包括检查卖方的实际排放情况和售出指标后是否履行许可证要求，同时要检查买方的动机，是否是生产需要，或者是将来发展需要。政府应制定有关排污指标的指导价格范围，如交易的最高价和最低价。最低价格的设定是为了防止严重污染的企业进入，最高价格的制定是为了防止某些投机和炒作行为，一些高科技产业可以通过某个合理的价位得到排污许而进入流域，这样既可以保护环境，同时促进经济的发展。政府可以通过拥有一些排污指标，建立排污交易基金来调节交易市场。如果没有政府的调节，企业一旦无法将手中的指标出售，就会影响其进一步开展污染治理的积极性，这时政府就可以通过排污交易基金进行收购，鼓励企业削减污染的积极性。如果面对一个买方市场，排污指标的价格可能会走高，这时政府可以适当出售一些指标来调节市场的价格。政府的监管和调控是污染权交易市场建立的有力保障。

11.4.4　法律保障

由于排污权交易将排污权作为一种产权，其交易涉及参与者的经济利益。因此，排污权交易也类似于商品交易和证券交易，需要一整套政策法规来监管市场的正常运行，保证交易公平、公正、透明地进行，保障参与方的合法权益，并且保证该项制度能够长期稳定地开展。这其中涉及排污权的分配、交易的规则、价格的制定、排污的监控等多个方面。

11.4.5　公众参与保障

公众参与是排污权交易市场运行的一个重要方面，获取及时、准确的信息是公众参与的基础，因此，需要建立信息公示平台。信息公示可以包含两个系统：专业信息公布平台和大众传媒。专业信息公布平台要及时准确地发布与排污权及其交易有关的一切信息，媒体要定期公布排污报表等必须被公众了解并接受公众监督的信息。大众传媒要对排污权交易进行时刻追踪报道，让公众了解整个交易的过程，有利于公众监督。在不完全竞争市场、信息不对称和政府职能强大的现有国情下，完善的信息公示制度可提高市场透明度、降低交易费用、保障公民的知情权，使环保工作接受社会监督，提高公民的环保意识。

参考文献

巴里·菲尔德，玛莎·菲尔德.2006. 环境经济学（第三版）. 原毅军，陈艳莹译. 北京：中国财政经济出版社

蔡明，李怀恩，庄咏涛，等. 2004. 改进的输出系数法在流域非点源污染负荷估算中的应用. 水利学报，(7)：40-45

操家顺，杨金虎. 2000. 河网地区点源排污交易案例研究. 河海大学学报，28（4）：59-62

曹芦林. 1998. 感潮河段水环境容量计算方法探讨. 上海环境科学，(1)：15-18

陈楚群，施平，毛庆文. 1996. 应用 TM 数据估算沿岸海水表层叶绿素浓度模型研究. 环境遥感，11（3）：168-175

陈楚群，施平，毛庆文. 2001. 南海海域叶绿素浓度分布特征的卫星遥感分析. 热带海洋学报，4（20）：66-70

陈新加. 2002. 厦门城市用水系统的调查及评价与预测. 中国农村水利水电，(6)：38-41

丁云东，赵琦琳. 2005. 自然水体水环境容量的开发利用途径生物净化. 云南环境科学，24（2）：33-36

方红远，王银堂. 2004. 边际成本分析在水资源开发利用决策中的应用. 水科学进展，15（2）：243-248

方秦华，张珞平，洪华生. 2005. 水污染负荷优化分配研究. 环境保护，12：29-31

付学功，李瑞森，李娜，等. 2007. 白洋淀水环境承载能力计算及保护措施探讨. 水资源保护，23（1）：35-42

龚春生，姚琪，范成新，等. 2006. 含内源污染平面二维水流—水质耦合模型. 水利学报，37（2）：205-209

巩彩兰，尹球，匡定波. 2006. 黄浦江水质指标与反射光谱特征的关系分析. 遥感学报，10（6）：910-916

郭怀成，刘永，贺彬. 2007. 流域环境规划典型案例. 北京：北京大学出版社

国家发展和改革委员会，等. 2008. 太湖流域水环境综合治理总体方案

洪华生，黄金良. 2008. 九龙江流域农业非点源污染机理与控制研究. 北京：科学出版社

胡四一，施勇，王银堂，等. 2002. 长江中下游河湖洪水演进的数值模拟. 水科学进展，13（3）：278-286

胡维平，濮培民，秦伯强，等. 1998. 太湖水动力学三维数值试验研究. 湖泊科学，10（4）：26-33

黄德祥，张继凯. 2003. 论水域的渔业污染与自净. 重庆水产，(4)：29-32

黄文钰，许朋柱，范成新. 2002. 网围养殖对骆马湖水体富营养化的影响. 农村生态环境，

18（1）：22-25

姜加虎．1991. 云南抚仙湖、滇池内波与环流数值模型．南京：中国科学院南京地理与湖泊研究所硕士学位论文

焦春萌．1988. 太湖水动力学和悬移质输移的三维模型．南京：中国科学院南京地理与湖泊研究所硕士学位论文

赖斯云，杜鹏飞，陈吉宁．2004. 基于单元分析的非点源污染调查评估方法．清华大学学报（自然科学版），44（9）：1184-1187

赖锡军，汪德爟．2002. 非恒定水流的一维、二维耦合数值模型．水利水运工程学报，2：48-51

李根，毛锋．2008. 我国水土流失型非点源污染负荷及其经济损失评估．中国水土保持，（2）：9-11

李怀恩，庄咏涛．2003. 预测非点源营养负荷的输出系数法研究进展与应用．西安理工大学学报，19（4）：307-312

李嘉，张建高．2001. 水污染协同控制．水利学报，（12）：14-18

李嘉，张建高．2002. 论水污染协同控制的基本原则．水利学报，（1）：1-5

李开明，陈铣成．1991. 东莞运河水环境容里优化研究．环境科学研究，（10）：13-16

李如忠，汪家权，王超，等．2003. 不确定性信息下的河流纳污能力计算初探．上海环境科学，22（4）：254-257

李素菊，吴倩，王学军，等．2002. 巢湖浮游植物叶绿素含量与反射光谱特征的关系．湖泊科学，14（3）：328-234

李田，张建频，张泽宇．2001. 工业区用水量指标研究．给水排水，27（5）：19-22

李义天，赵明登，曹志芳．2001. 河道平面二维水沙数学模型．北京：中国水利水电出版社

梁斌，王超，王沛芳．2003. 复杂河网地区入河污染物调查分析和估算方法研究．水资源保护，（5）：30-34

梁博，王晓燕，曹利平．2004. 我国水环境非点源污染负荷估算方法研究．吉林师范大学学报，8（3）：58-61

梁瑞驹，仲金华．1994. 太湖风生流的三维数值模拟．湖泊科学，6（4）：289-297

廖文根，李锦秀，彭静．2002. 我国水资源保护规划中若干定量化问题的探讨．水力发电，（5）：18-20

刘凌，崔广柏．2004. 湖泊水库水体氮、磷允许纳污量定量研究．环境科学学报，24（6）：1053-1058

刘培芳，陈振楼，许世远，等．2002. 长江三角洲城郊畜禽粪便的污染负荷及其防治对策．长江流域资源与环境，11（5）：456-460

刘启峻．1993. 太湖梅梁湾风成流数值模拟．南京：中国科学院南京地理与湖泊研究所硕士学位论文

刘瑞民，沈珍瑶，丁晓雯，等．2008. 应用输出系数模型估算长江上游非点源污染负荷．农业环境科学学报，27（2）：677- 682

刘亚琼，刘志强，苗群，等．2007. 人工湿地处理污水机理及效率比较．水科学与工程技术，（6）：40-43

刘永，郭怀成 . 2008. 湖泊－流域生态系统管理研究 . 北京：科学出版社
伦斯，等 . 2004. 分散式污水处理和再利用——概念、系统和实施 . 王晓昌，等译 . 北京：化学工业出版社
马建福 . 2006. 美国的水排污权交易对我国的启示 . http：//www. kjqb. cn/ Article. asp? Articleid = 43958 [2006-04-18]
马荣华，戴锦芳 . 2005. 应用实测光谱估测太湖梅梁湾附近水体叶绿素浓度 . 遥感学报，9（1）：78-86
孟伟 . 2008. 流域水污染物总量控制技术与示范 . 北京：中国环境科学出版社
莫明浩，任宪友，王学雷，等 . 2008. 洪湖湿地生态系统服务功能价值及经济损益评估 . 武汉大学学报（理学版），54（6）：725-731
逄勇，濮培民 . 1994. 非均匀风场作用下太湖风生流、风涌水的数值模拟及验证 . 海洋湖沼通报，（4）：9-15
逄勇，濮培民，高光 . 1996. 太湖风生流三维数值模拟试验 . 地理学报，51（4）：328-332
逄勇，姚棋，濮培民 . 1998. 太湖地区大气—水环境的综合数值研究 . 北京：气象出版社
施敏 . 2003. 水污染物排污权交易在上海环境管理中的应用研究 . 上海：华东师范大学硕士学位论文
施晓清，王华东 . 1996. 论排污交易体系 . 环境保护，（2）：9-11
疏小舟，尹球，匡定波 . 2000. 内陆水体藻类叶绿素浓度与反射光谱特征的关系 . 遥感学报，4（1）：41-45
谭维炎 . 1998. 计算浅水动力学——有限体积法的应用 . 北京：清华大学出版社
涂金花，刘志文 . 2006. 2006 年武汉市水环境状况 . 武汉：武汉市水务局
汪常青，吴永红，刘剑彤 . 2004. 武汉城市湖泊水环境现状及综合整治途径 . 长江流域资源与环境，13（5）：499-502
汪德爟 . 1989. 计算水动力学 . 南京：河海大学出版社
汪恕诚 . 2002. 水环境承载能力分析与调控 . 水利发展研究，2（1）：2-6
王浩 . 2010. 湖泊流域水环境污染治理的创新思路与关键对策研究 . 北京：科学出版社
王浩，秦大庸，褚俊英，等 . 2008. 武汉市汤逊湖纳污能力研究报告 . 北京：中国水利水电科学研究院
王谦谦 . 1987. 太湖风成流的数值模拟 . 河海大学学报，115（2）（增刊）：11-18
王桥，张兵，韦玉春，等 . 2008. 太湖水体环境遥感监测试验及其软件实现 . 北京：科学出版社
王勤耕，李宗恺，陈志鹏，等 . 2000. 总量控制区域排污权的初始分配方法 . 中国环境科学，20（1）：68-72
王书国，段学军，李恒鹏，等 . 2006. 流域水污染物排放权交易构建 . 云南环境科学，25（1）：14-17
王晓燕 . 2003. 非点源污染及其管理 . 北京：海洋出版社
吴炳方，沈良标 . 1996. 东洞庭湖湖流及风力影响分析 . 地理学报，51（1）：51-57
吴坚 . 1986. 太湖水动力学数值模拟 . 南京：中国科学院南京地理与湖泊研究所硕士学位论文

吴敏，王学军．2005. 应用MODIS遥感数据监测巢湖水质．湖泊科学，17（2）：110-113
吴世彬．2008. 热流中的冷思考：江苏太湖流域开展水污染物排污权交易的法律障碍及对策．社会科学家，（6）：84-87
吴望一．1982. 流体力学（上册）．北京：北京大学出版社
吴作平，杨国录，甘明辉．2003. 荆江—洞庭湖水沙数学模型研究．水利学报，（7）：96-100
武汉市政协人口资源委员会．2007. 武汉市农村面源污染防治的现状及对策．武汉建设：22-23
夏青．1996. 流域水污染总量控制．北京：中国环境科学出版社
肖锦．2002. 城市污水处理及回用技术．北京：化学工业出版社
邢文刚，张国华，俞双恩，等．2007. 鳌江平阳段纳污能力分析及总量控制预测．人民长江，23（1）：73-76
徐树媛．2006. 晋城市水资源保护规划与污染物总量控制研究．太原：太原理工大学博士学位论文
徐祖信，尹海龙．2003. 黄浦江二维水质数学模型研究．水动力学研究与进展（A辑），18（3）：261-265
徐祖信，卢士强，林卫青．2003. 潮汐河网水环境容量的计算分析．上海环境科学，22（4）：254-257
巡司河治理研究课题组．2007. 巡司河污染现状及治理措施分析报告．武昌：武昌区环境保护局
鄢恒珍．2003. 小城镇污水处理方案技术经济分析．武汉：武汉理工大学出版社
扬姝影．2004. 中国组建排污权交易市场的背景与现状分析．市场与经济环境保护，（11）：48-52
杨迪虎．2005. 淮河淮南、蚌埠段动态纳污能力分析．水资源保护，21（4）：56-59
杨具瑞，方泽．2000. 滇池二维分层水质模拟研究．环境科学学报，20（5）：533-535
姚远，曾曜，刘涛，等．2006. 小城镇生活用水量调查与应用研究．郑州大学学报（工学版），27（2）：124-128
叶飞，卞新民，胡大伟，等．2006. 江苏省农业非点源污染地区差异评价与控制对策．水资源保护，22（6）：86-88
叶闽，雷阿林，郭利平．2006. 城市面源污染控制技术初步研究．人民长江，37（4）：9-10
叶青季，孔繁力．2005. 纳污能力和污染物入河控制量定义分析．吉林水利，（6）：20-21
尹改，王桥，郑丙辉，等．1999. 国家环保总局对中国资源卫星的需求与分析（上）．中国航天，9：3-7
张丙印，倪广恒．2005. 城市水环境工程．北京：清华大学出版社
张博，张柏，洪梅，等．2007. 湖泊水质遥感研究进展．水科学进展，18（2）：301-310
张利民，濮培民．1994. 一个三维斜压水动力模型的建立及其在日本琵琶湖中的应用．湖泊科学，8（1）（增刊）：1-7
张明旭，顾友直．2003. 上海市全面实行排污许可证交易的可行性探讨．上海环境科学，（4）：238-240
张天柱．1990. 区域水污染物排放总量控制系统的理论模式．环境与可持续发展，（1）：1-23

张永良，刘培哲．1991．水环境容量综合手册．北京：清华大学出版社
赵棣华，李褆来，陆家驹．2003．长江江苏段二维水流－水质模拟．水利学报，（6）：72-77
赵生才．2004．我国湖泊富营养化的发生机制与控制对策．地球科学进展，19（1）：138-140
郑孝宇，褚君达，朱维斌．1997．河网非稳态水环境容量研究．水科学进展，（3）：25-31
周雪漪．1982．计算水力学．北京：清华大学出版社
宗永臣，张建新．2008．水污染物总量分配方法研究综述．内江科技，3：9，75
Bennet A，Bogorad L. 1973. Complimentary chromic adaption in a filamentous blue-green alga. Journal of Cell Biology，（58）：410-435
Farrow R S，Schultz M T，Celikkol P，et al. 2005. Trading in water quality limited areas：use of benefits assessment and cost-effective trading ratios. Land Economics，（2）：191-205
Gitelson A. 1992. The peak near 700nm on radiance spectra of algae and water：relationships of its magnitude and position with chlorophyll concentration . International Journal of Remote Sensing，13（17）：3367-3373
Illuz D，Yacobi Y Z，Gitelson A. 2003. Adaptation of an algorithm for chlorophyll-a estimation by optical data in the oligotrophic Gulf of Eilat. International Journal of Remote Sensing，24（5）：1157-1163
Imboden D M. 1974. Limnologische transport-und nahrsoffmodelle. Aquatic Sciences-Research Across Boundaries，35（1）：29-68
Johnes P J. 1996. Evaluation and management of the impact of land use change on the nitrogen and phosphorus land delivered to surface waters：the export coefficient modeling approach. Journal of hydrology，（183）：323-349
Jørgensen S E. 1999. State-of-the-art of ecological modeling with emphasis on development of structure dynamic models. Ecological Modeling，120（2）：75-96
Kallio K，Kutser T，Hannonen T，et al. 2001. Retrieval of water quality from airborne imaging spectrometry of various lake types in different seasons. The Science of The Total Environment，（268）：59-77
Lens P，Hemminga M A. 2001. Introduction of pollution characteristics of the domestic waste. Journal of Industrial Microbiology and Biotechnology，26（1）：1-3
Luoheng H，Donald C，Rundquitst D C. 1997. Comparison of NIR/ RED ratio and first derivative of reflectance in estimating algal-chlorophyll concentration：a case study in a turbid reservoir. Remote Sensing Environment，（62）：253-261
Nandish M M，Keith S R. 1996. Estimation of surface water quality changes in response to land use change：application of the export coefficient model using remote sensing and geographical information system. Journal of Environment Management ，（48）：263-282
Rast W，Holland M. 1988. Eutrophication of lakes and reservoirs：a framework for making management decisions. Ambio，17（1）：2-12
Rundquitst D C，Han L，Schalles J F，et al. 1996. Remote measurement of algal chlorophyll in surface waters：the case for the first derivative of reflectance near 690nm. Photogrammetric Engineering

& Remote Sensing，(62)：195-200

Schalles J F，Gitelson A，Yacobi Y Z，et al. 1998. Chlorophyll estimation using whole seasonal，remotely sensed high spectral resolution data for an eutrophic lake. Journal of Phycology，34：383-390

Shu X Z，Yin Q，Kuang D B. 2000. Relationship between algal chlorophyll concentration and spectral reflectance of inland water. International Journal of Remote Sensing，4 (1)：41-45

Thiemann S，Kaufmann H. 2000. Determination of chlorophyll content and trophic state of lakes using field spectrometer and IRS-1C satellite data in the mecklenburg lake district，Germany. Remote Sensing of Environment，73 (2)：227-235

USEPA. 2004. The Use of Best Management Practices (BMPs) in Urban Watersheds. Cincinnati，Ohio：USEPA

附　录

附表 1　2006 年汤逊湖流域水量平衡表

月份	旬	湖泊水位 (m)	初始面积 (km^2)	初始容积 (万 m^3)	陈家山闸解放闸 (万 m^3)	泵站 (万 m^3)	污水排放 (万 m^3)	降雨产流 (万 m^3)	水面蒸发 (mm)	蒸发水量 (万 m^3)	灌溉耗水 (万 m^3)	巡司河汛期入流 (万 m^3)
1	上	19.33	32.440	4620.8	256.4	—	81.94	172.9	27.22	61.8	1.6	0
	中	19.35	32.551	4685.6	597.7	—	81.94	582.2	0.02	0	1.6	0
	下	19.33	32.440	4620.8	96.6	—	81.94	7.3	24.63	55.9	1.6	0
2	上	19.30	32.271	4523.9	500.5	—	81.94	359.8	15.95	36.0	2.1	0
	中	19.30	32.271	4523.9	607.1	—	81.94	562.2	15.51	35.0	2.1	0
	下	19.34	32.496	4653.2	440.8	—	81.94	492.9	1.17	2.7	2.1	0
3	上	19.32	32.384	4588.4	121.1	—	81.94	70.5	35.99	81.6	14.5	0
	中	19.34	32.496	4653.2	237.9	—	81.94	291.4	24.71	56.2	14.5	0
	下	19.28	32.155	4459.6	210.1	—	81.94	11.5	27.75	62.5	14.5	0
4	上	19.18	31.551	4141.6	631.6	—	81.94	320.5	31.42	69.4	19.5	0
	中	19.23	31.859	4299.8	869.5	—	81.94	1036.5	31.95	71.3	19.5	0
	下	19.33	32.440	4620.8	14.4	—	81.94	341.3	30.14	68.4	19.5	0
5	上	19.87	34.864	6439.8	1402.5	—	81.94	2870.3	35.77	87.3	21.9	378.5
	中	19.94	35.104	6684.2	129.9	—	81.94	383.0	49.86	122.5	21.9	53.9
	下	20.04	35.425	7036.3	—	56.0	81.94	431.4	58.97	146.2	21.9	62.8
6	上	19.87	34.864	6439.8	—	777.2	81.94	180.1	32.37	79.0	27.0	24.6
	中	19.82	34.683	6266.2	—	428.5	81.94	308.2	53.73	130.4	27.0	22.2
	下	19.76	34.455	6059.2	—	466.9	81.94	285.9	54.59	131.7	27.0	50.6

续表

月份	旬	湖泊水位（m）	初始面积（km^2）	初始容积（万 m^3）	陈家山闸解放闸（万 m^3）	泵站（万 m^3）	污水排放（万 m^3）	降雨产流（万 m^3）	水面蒸发（mm）	蒸发水量（万 m^3）	灌溉耗水（万 m^3）	巡司河汛期入流（万 m^3）
7	上	20.09	35.576	7213.5	—	1608.2	81.94	2625.3	38.08	94.8	41.0	191.2
	中	20.12	35.664	7320.2	—	67.3	81.94	254.4	56.13	140.1	41.0	18.8
	下	20.04	35.425	7036.3	—	402.7	81.94	197.4	55.06	136.5	41.0	17.1
8	上	20.11	35.635	7284.6	—	809.9	81.94	1008.3	53.12	132.5	38.8	139.2
	中	20.17	35.806	7498.6	—	71.3	81.94	367.6	61.58	154.3	38.8	28.8
	下	19.99	35.268	6859.9	643.7	—	81.94	117.4	63.64	157.1	38.8	1.5
9	上	19.77	34.494	6093.6	783.5	—	81.94	49.0	40.93	98.8	20.4	5.4
	中	19.60	33.789	5514.0	541.8	—	81.94	2.0	42.91	101.5	20.4	0.2
	下	19.47	33.177	5079.4	886.6	—	81.94	470.2	58.59	136.1	20.4	56.4
10	上	19.38	32.713	4783.4	297.1	—	81.94	14.6	34.14	78.2	17.3	0
	中	19.30	32.271	4523.9	513.3	—	81.94	246.2	25.21	57.0	17.3	0
	下	19.29	32.213	4491.7	493.3	—	81.94	485.3	39.41	88.9	17.3	0
11	上	19.24	31.919	4331.6	106.3	—	81.94	0.5	60.01	134.1	2.0	0
	中	19.22	31.798	4268.0	597.9	—	81.94	484.2	13.38	29.8	2.0	0
	下	19.21	31.737	4236.3	471.6	—	81.94	371.9	5.38	12.0	2.0	0
12	上	19.21	31.737	4236.3	203.1	—	81.94	155.3	14.67	32.6	1.5	0
	中	19.18	31.551	4141.6	54.3	—	81.94	0	54.76	120.9	1.5	0
	下	19.20	31.675	4204.7	50.7	—	81.94	133.0	44.96	99.7	1.5	0

附表 2　2007 年汤逊湖流域水量平衡表

月份	旬	湖泊水位 (m)	初始面积 (km^2)	初始容积 (万 m^3)	陈家山闸解放闸 (万 m^3)	泵站 (万 m^3)	污水排放 (万 m^3)	降雨产流 (万 m^3)	水面蒸发 (mm)	蒸发水量 (万 m^3)	灌溉耗水 (万 m^3)	巡司河汛期入流 (万 m^3)
1	上	19.31	32.328	4556.1	57.9	—	81.94	395.3	29.33	66.4	1.6	0
	中	19.46	33.128	5046.3	99.6	—	81.94	518.0	3.71	8.6	1.6	0
	下	19.48	33.227	5112.5	61.5	—	81.94	135.2	37.79	87.9	1.6	0
2	上	19.59	33.744	5480.3	65.9	—	81.94	413.1	25.11	59.3	2.1	0
	中	19.63	33.921	5615.4	658.4	—	81.94	754.8	17.35	41.2	2.1	0
	下	19.67	34.092	5751.2	522.4	—	81.94	633.7	23.18	55.3	2.1	0
3	上	19.82	34.683	6266.2	229.2	—	81.94	719.3	17.53	42.6	14.5	0
	中	19.87	34.864	6439.8	558.7	—	81.94	688.4	9.68	23.6	14.5	0
	下	19.90	34.969	6544.3	343.2	—	81.94	468.7	36.10	88.4	14.5	0
4	上	19.83	34.720	6300.9	255.2	—	81.94	25.8	31.49	76.5	19.5	0
	中	19.68	34.134	5785.3	627.9	—	81.94	148.3	41.23	98.5	19.5	0
	下	19.66	34.050	5717.2	1244.4	—	81.94	1163.9	21.01	50.1	19.5	0
5	上	19.62	33.877	5581.6	—	77.7	81.94	1.6	50.41	119.5	21.9	0
	中	19.54	33.515	5312.4	—	562.7	81.94	286.0	35.39	83.0	21.9	30.5
	下	19.59	33.744	5480.3	—	2385.9	81.94	2273.9	26.31	62.2	21.9	282.0
6	上	19.57	33.654	5413.0	—	85.2	81.94	12.5	21.38	50.4	27.0	0.8
	中	19.60	33.789	5514.0	—	625.8	81.94	636.3	24.72	58.5	27.0	94.0
	下	19.76	34.455	6059.2	—	205.7	81.94	654.5	18.26	44.0	27.0	85.4

续表

月份	旬	湖泊水位（m）	初始面积（km^2）	初始容积（万 m^3）	陈家山闸解放闸（万 m^3）	泵站（万 m^3）	污水排放（万 m^3）	降雨产流（万 m^3）	水面蒸发（mm）	蒸发水量（万 m^3）	灌溉耗水（万 m^3）	巡司河汛期入流（万 m^3）
7	上	19.68	34.134	5785.3	—	1025.2	81.94	722.7	45.21	108.0	41.0	95.7
	中	19.61	33.834	5547.8	—	967.3	81.94	676.6	29.52	69.9	41.0	82.1
	下	19.63	33.921	5615.4	—	620.7	81.94	581.5	1.46	3.5	41.0	69.4
8	上	19.60	33.789	5514.0	—	483.1	81.94	387.2	41.32	97.7	38.8	49.1
	中	19.54	33.515	5312.4	—	388.8	81.94	216.5	39.57	92.8	38.8	20.3
	下	19.67	34.092	5751.2	—	255.4	81.94	627.7	38.85	92.7	38.8	116.0
9	上	19.65	34.007	5683.2	—	246.4	81.94	181.5	39.95	95.1	20.4	30.5
	中	19.64	33.964	5649.3	—	77.4	81.94	55.1	34.70	82.5	20.4	9.3
	下	19.62	33.877	5581.6	—	57.1	81.94	16.0	37.15	88.1	20.4	0
10	上	19.58	33.699	5446.6	122.5	—	81.94	0	32.66	77.0	17.3	0
	中	19.52	33.421	5245.6	237.9	—	81.94	27.3	23.53	55.1	17.3	0
	下	19.42	32.924	4914.4	769.2	—	81.94	446.7	31.80	73.3	17.3	0
11	上	19.36	32.605	4718.2	193.7	—	81.94	0	36.13	82.5	2.0	0
	中	19.34	32.496	4653.2	711.3	—	81.94	614.3	21.04	47.9	2.0	0
	下	19.28	32.155	4459.6	248.1	—	81.94	0	11.31	25.5	2.0	0
12	上	19.25	31.979	4363.5	226.0	—	81.94	88.0	17.17	38.4	1.5	0
	中	19.23	31.859	4299.8	199.7	—	81.94	142.1	38.81	86.6	1.5	0
	下	19.21	31.737	4236.3	277.0	—	81.94	213.8	36.33	80.7	1.5	0

附表 3 2007 年污染物各旬的纳污能力

（单位：t）

月份	旬	COD_{Mn}				NH_3-N				TN				TP			
		降雨	降解	合计	出流	降雨	降解	合计	出流	降雨	降解	合计	出流	降雨	降解	合计	出流
1	上	31.26	12.25	43.51	2.34	5.21	10.53	15.74	1.36	5.21	13.52	18.73	0.49	0.23	2.14	2.37	0.02
	中	39.56	13.66	53.22	2.21	6.59	11.57	18.16	1.36	6.59	16.44	23.03	0.49	0.32	2.27	2.59	0.02
	下	13.95	16.01	29.96	2.08	2.32	12.69	15.01	1.35	2.32	18.69	21.01	0.52	0.14	2.47	2.61	0.02
2	上	32.70	1.27	33.97	1.83	5.45	10.96	16.41	1.39	5.45	17.95	23.40	0.51	0.26	2.88	3.14	0.01
	中	55.69	1.35	57.04	7.95	9.28	12.60	21.88	6.07	9.28	19.21	28.49	2.29	0.44	3.41	3.85	0
	下	47.41	1.06	48.47	7.77	7.90	10.16	18.06	5.03	7.90	15.03	22.93	2.10	0.39	2.76	3.15	0.01
3	上	53.87	0.70	54.57	4.51	8.98	9.26	18.24	2.84	8.98	16.22	25.20	1.18	0.45	2.90	3.35	0
	中	51.09	0.74	51.83	7.95	8.51	10.75	19.26	4.87	8.51	17.10	25.61	2.06	0.43	3.07	3.50	0
	下	36.24	0.83	37.07	5.87	6.04	12.42	18.46	3.55	6.04	19.03	25.07	1.54	0.32	3.45	3.77	0
4	上	6.67	0.76	7.43	3.81	1.11	15.98	17.09	2.65	1.11	20.38	21.49	1.21	0.08	2.32	2.40	0
	中	14.83	0.71	15.54	8.58	2.47	12.51	14.98	6.00	2.47	18.07	20.54	3.00	0.12	2.18	2.3	0
	下	84.20	0.62	84.82	23.55	14.03	10.85	24.88	11.86	14.03	15.54	29.57	6.68	0.64	2.08	2.72	0
5	上	5.01	5.95	10.96	3.45	0.84	17.55	18.38	1.79	0.84	24.80	25.64	0.98	0.11	3.40	3.51	0
	中	23.91	6.26	30.17	8.04	3.98	16.55	20.54	5.47	3.98	26.47	30.45	2.84	0.18	3.28	3.46	0
	下	158.27	6.23	164.50	43.35	26.38	16.71	43.09	20.64	26.38	26.65	53.03	11.98	1.22	3.59	4.81	0
6	上	5.71	5.32	11.03	3.08	0.95	11.82	12.77	1.33	0.95	17.88	18.83	0.74	0.16	1.31	1.47	0
	中	48.73	5.81	54.54	11.31	8.12	13.17	21.29	5.69	8.12	19.53	27.65	2.87	0.37	1.32	1.69	0
	下	49.31	6.51	55.82	3.67	8.22	14.07	22.29	2.21	8.22	21.26	29.48	1.06	0.41	1.40	1.81	0

续表

月份	旬	COD_{Mn}				NH_3-N				TN				TP			
		降雨	降解	合计	出流	降雨	降解	合计	出流	降雨	降解	合计	出流	降雨	降解	合计	出流
7	上	54.02	6.84	60.86	14.30	9.00	11.02	20.02	9.09	9.00	19.54	28.54	4.16	0.45	1.78	2.23	0
	中	50.44	6.44	56.88	13.82	8.41	12.16	20.57	8.01	8.41	19.53	27.94	3.38	0.42	1.71	2.13	0
	下	43.97	7.25	51.22	7.17	7.33	14.59	21.92	4.77	7.33	22.85	30.18	1.68	0.38	1.85	2.23	0
8	上	31.09	3.47	34.56	4.97	5.18	11.83	17.01	4.37	5.18	20.73	25.91	1.46	0.27	1.01	1.28	0
	中	19.13	3.52	22.65	2.95	3.19	11.71	14.90	3.64	3.19	19.85	23.04	1.25	0.17	0.98	1.15	0
	下	49.54	4.24	53.78	0.80	8.26	13.65	21.91	2.67	8.26	22.58	30.84	0.87	0.39	1.11	1.50	0
9	上	17.64	4.20	21.84	0	2.94	10.61	13.55	2.51	2.94	16.60	19.54	0.81	0.17	0.14	0.31	0
	中	8.78	4.38	13.16	0	1.46	10.58	12.04	1.24	1.46	16.06	17.52	0.38	0.08	0.14	0.22	0
	下	5.87	4.63	10.50	0	0.98	10.69	11.67	1.13	0.98	16.32	17.30	0.32	0.05	0.14	0.19	0
10	上	4.92	9.50	14.42	0	0.82	8.83	9.65	1.44	0.82	13.62	14.44	0.35	0.04	0.17	0.21	0
	中	6.65	9.35	16.00	0	1.11	9.12	10.23	2.01	1.11	13.52	14.63	0.38	0.05	0.16	0.21	0
	下	34.87	9.36	44.23	0	5.81	9.59	15.40	5.88	5.81	14.14	19.95	1.25	0.27	0.17	0.44	0
11	上	4.92	7.64	12.56	0	0.82	8.50	9.32	1.76	0.82	11.98	12.80	0.38	0.06	0.15	0.21	0
	中	46.09	7.06	53.15	0.20	7.68	8.50	16.18	5.21	7.68	11.59	19.27	1.32	0.35	0.14	0.49	0
	下	4.92	6.46	11.38	0.32	0.82	8.46	9.28	1.69	0.82	11.10	11.92	0.42	0.08	0.14	0.22	0
12	上	10.70	6.31	17.01	0.20	1.78	10.39	12.17	1.68	1.78	12.73	14.51	0.38	0.08	0.15	0.23	0
	中	14.41	6.22	20.63	0.17	2.40	9.76	12.16	1.91	2.40	12.51	14.91	0.45	0.12	0.15	0.26	0
	下	19.62	6.70	26.32	0.40	3.27	10.31	13.58	2.49	3.27	13.38	16.65	0.63	0.16	0.16	0.32	0

附表 4　2015 年 75%频率下污染物各旬的纳污能力　　（单位：t）

月份	旬	COD_{Mn}				NH_3-N				TN				TP			
		降雨	降解	合计	出流	降雨	降解	合计	出流	降雨	降解	合计	出流	降雨	降解	合计	出流
1	上	71.85	11.30	83.15	23.92	11.98	10.52	22.45	13.05	11.98	11.10	23.08	6.25	0.54	1.93	2.47	0.19
	中	18.09	8.91	27.00	7.30	3.02	10.18	13.20	2.79	3.02	11.31	14.33	1.27	0.20	1.59	1.79	0.05
	下	54.64	9.06	63.70	24.03	9.11	11.48	20.59	8.08	9.11	13.22	22.33	3.34	0.43	1.73	2.16	0.15
2	上	14.82	0.62	15.44	8.24	2.47	9.40	11.87	2.61	2.47	12.18	14.65	0.93	0.15	1.55	1.71	0.05
	中	43.56	0.62	44.18	19.53	7.26	10.29	17.55	6.13	7.26	12.61	19.87	1.99	0.34	1.47	1.81	0.13
	下	7.38	0.48	7.86	5.09	1.23	8.44	9.67	1.64	1.23	9.93	11.16	0.43	0.09	1.16	1.25	0.03
3	上	14.72	0.32	15.04	5.25	2.45	8.30	10.75	1.81	2.45	11.52	13.97	0.07	0.12	1.44	1.56	0
	中	16.83	0.36	17.19	3.24	2.81	10.46	13.27	1.30	2.81	11.58	14.39	0	0.14	1.45	1.59	0
	下	24.02	0.42	24.44	2.83	4.00	12.57	16.57	1.62	4.00	12.57	16.57	0	0.20	1.57	1.77	0
4	上	7.03	0.40	7.43	0.43	1.17	16.56	17.73	0.92	1.17	13.63	14.80	0	0.07	1.04	1.11	0
	中	38.13	0.39	38.52	1.51	6.36	13.22	19.58	3.75	6.36	13.42	19.78	0	0.29	1.00	1.29	0
	下	10.87	0.38	11.25	0.45	1.81	12.24	14.05	1.40	1.81	13.02	14.83	0	0.12	0.97	1.09	0
5	上	25.70	3.77	29.47	0	4.28	19.78	24.06	2.86	4.28	21.13	25.41	0	0.20	1.57	1.77	0
	中	12.82	3.64	16.46	0	2.14	18.42	20.56	1.80	2.14	21.31	23.45	0	0.12	1.52	1.64	0
	下	170.70	3.65	174.35	22.88	28.45	16.55	45.00	17.68	28.45	22.66	51.11	2.13	1.29	1.70	2.99	0
6	上	49.18	3.19	52.37	8.13	8.20	13.59	21.79	3.52	8.20	16.42	24.62	0.35	0.52	0.68	1.20	0
	中	8.00	4.04	12.04	0.29	1.33	17.35	18.68	1.41	1.33	17.36	18.69	0	0.09	0.69	0.78	0
	下	67.43	4.52	71.95	0	11.24	19.45	30.69	1.99	11.24	18.39	29.63	0	0.50	0.75	1.25	0

续表

月份	旬	COD_{Mn}				NH_3-N				TN				TP			
		降雨	降解	合计	出流	降雨	降解	合计	出流	降雨	降解	合计	出流	降雨	降解	合计	出流
7	上	12.89	5.07	17.96	0	2.15	13.54	15.69	1.46	2.15	18.09	20.24	0	0.16	1.06	1.22	0
	中	33.43	5.00	38.43	0	5.57	12.10	17.67	2.90	5.57	17.48	23.05	0	0.25	1.04	1.29	0
	下	9.01	5.43	14.44	0	1.50	12.61	14.11	1.99	1.50	19.11	20.61	0	0.10	1.13	1.23	0
8	上	24.25	2.47	26.72	0	4.04	10.95	14.99	1.14	4.04	16.42	20.46	0	0.18	0.62	0.80	0
	中	55.31	2.69	58.00	0	9.22	12.58	21.80	2.88	9.22	17.74	26.96	0	0.43	0.67	1.11	0
	下	11.34	3.09	14.43	0	1.89	14.28	16.17	1.40	1.89	20.61	22.50	0	0.14	0.77	0.91	0
9	上	17.27	2.80	20.07	0	2.88	11.21	14.09	0.97	2.88	14.41	17.29	0	0.13	0.09	0.22	0
	中	6.28	2.81	9.09	0	1.05	11.49	12.54	1.03	1.05	14.07	15.12	0	0.06	0.09	0.15	0
	下	117.02	3.25	120.27	0	19.50	12.62	32.12	3.24	19.50	15.76	35.26	0	0.87	0.11	0.98	0
10	上	40.92	7.85	48.77	0	6.82	11.56	18.38	1.77	6.82	15.97	22.79	0	0.42	0.16	0.58	0
	中	45.01	8.46	53.47	0	7.50	12.93	20.43	0.77	7.50	16.74	24.24	0	0.36	0.18	0.54	0
	下	52.58	10.00	62.57	0	8.76	14.76	23.52	3.67	8.76	19.93	28.69	0	0.44	0.21	0.65	0
11	上	9.86	9.02	18.88	0	1.64	12.50	14.14	2.51	1.64	18.12	19.76	0	0.12	0.19	0.31	0
	中	28.13	9.04	37.17	0	4.69	12.36	17.05	0.74	4.69	17.99	22.68	0	0.21	0.19	0.40	0
	下	37.91	9.46	47.37	0	6.32	12.58	18.90	2.81	6.32	18.42	24.74	0.18	0.31	0.20	0.51	0
12	上	15.38	9.60	24.98	0	2.56	14.44	17.00	1.35	2.56	19.88	22.45	0.23	0.15	0.22	0.37	0
	中	31.24	9.18	40.42	0	5.21	11.67	16.88	8.03	5.21	17.04	22.25	2.86	0.24	0.21	0.45	0
	下	7.80	9.17	16.97	0	1.30	10.76	12.06	4.32	1.30	14.84	16.14	1.89	0.09	0.21	0.30	0

附表 5　2015 年 90%频率下污染物各旬的纳污能力　（单位：t）

月份	旬	COD_{Mn}				NH_3-N				TN				TP			
		降雨	降解	合计	出流	降雨	降解	合计	出流	降雨	降解	合计	出流	降雨	降解	合计	出流
	上	67.25	11.54	78.79	20.70	11.21	10.53	21.74	11.97	11.21	11.16	22.37	5.75	0.50	2.36	2.86	0.09
1	中	10.56	9.28	19.84	5.79	1.76	9.97	11.73	2.39	1.76	11.20	12.96	1.12	0.14	1.49	1.63	0.05
	下	46.05	9.69	55.74	16.90	7.67	11.39	19.06	6.37	7.67	13.09	20.76	2.70	0.36	1.47	1.83	0.17
	上	6.35	0.71	7.06	3.13	1.06	10.18	11.24	1.19	1.06	13.13	14.19	0.35	0.08	1.89	1.97	0.01
2	中	54.34	0.73	55.07	16.64	9.06	11.75	20.81	6.35	9.06	14.79	23.85	1.30	0.41	2.16	2.57	0
	下	11.77	0.57	12.34	4.87	1.96	9.61	11.57	1.86	1.96	11.82	13.78	0.26	0.13	1.69	1.82	0
	上	5.48	0.38	5.86	2.70	0.91	8.58	9.49	1.24	0.91	12.93	13.84	0.02	0.05	1.60	1.65	0
3	中	19.24	0.40	19.64	3.25	3.21	9.65	12.86	1.92	3.21	12.47	15.68	0	0.15	1.56	1.71	0
	下	34.43	0.46	34.89	3.07	5.74	11.26	17.00	2.27	5.74	13.76	19.50	0	0.28	1.72	2.00	0
	上	27.17	0.46	27.63	0.97	4.53	15.14	19.67	1.42	4.53	15.99	20.52	0	0.23	1.23	1.46	0
4	中	98.29	0.62	98.91	0.03	16.38	15.30	31.68	0.54	16.38	19.49	35.87	0.04	0.76	1.39	2.15	0.01
	下	55.57	0.73	56.30	0.56	9.26	13.70	22.96	6.23	9.26	20.04	29.30	1.87	0.50	1.27	1.77	0.14
	上	46.67	7.69	54.36	0.16	7.78	18.52	26.30	2.02	7.78	28.14	35.92	0.94	0.40	2.37	2.77	0.03
5	中	5.18	7.92	13.10	0	0.86	15.10	15.96	3.08	0.86	25.57	26.43	1.70	0.08	2.77	2.85	0.03
	下	40.01	8.88	48.89	0	6.67	16.28	22.95	2.06	6.67	26.10	32.77	1.21	0.31	3.25	3.56	0.01
	上	76.52	8.51	85.03	0	12.75	12.64	25.39	8.69	12.75	19.13	31.88	4.94	0.60	1.40	2.00	0
6	中	57.85	8.77	66.62	0	9.64	14.80	24.44	6.54	9.64	21.05	30.69	3.40	0.50	1.46	1.96	0
	下	11.71	8.80	20.51	0	1.95	15.73	17.68	2.09	1.95	22.94	24.89	0.97	0.14	1.47	1.61	0

续表

月份	旬	COD_{Mn}				NH_3-N				TN				TP			
		降雨	降解	合计	出流	降雨	降解	合计	出流	降雨	降解	合计	出流	降雨	降解	合计	出流
7	上	7.84	8.59	16.43	0	1.31	13.75	15.06	2.46	1.31	22.71	24.02	0.76	0.07	1.79	1.86	0
	中	19.25	8.53	27.78	0	3.21	17.52	20.73	1.38	3.21	27.37	30.58	0.12	0.15	1.78	1.93	0
	下	38.74	9.55	48.29	0	6.46	21.05	27.51	3.35	6.46	33.35	39.80	0	0.31	1.99	2.30	0
8	上	75.81	4.55	80.36	0	12.63	15.81	28.44	5.49	12.63	28.82	41.45	0.63	0.60	1.14	1.74	0
	中	39.09	4.62	43.71	0	6.51	13.95	20.46	5.82	6.51	25.01	31.52	1.75	0.36	1.15	1.51	0
	下	8.28	4.98	13.26	0	1.38	14.70	16.08	1.48	1.38	25.01	26.39	0.52	0.10	1.25	1.35	0
9	上	4.92	4.42	9.34	0	0.82	11.81	12.63	2.00	0.82	18.03	18.85	0.58	0.04	0.15	0.19	0
	中	4.92	4.23	9.15	0	0.82	12.44	13.26	2.59	0.82	18.27	19.09	0.51	0.04	0.14	0.18	0
	下	9.26	4.09	13.31	0	1.54	12.96	14.50	1.39	1.54	18.94	20.48	0.14	0.07	0.14	0.21	0
10	上	36.57	8.42	44.99	0	6.09	11.36	17.45	1.51	6.09	16.89	22.98	0.02	0.28	0.18	0.46	0
	中	9.70	8.65	18.35	0	1.62	12.13	13.75	0.93	1.62	17.31	18.93	0	0.10	0.18	0.28	0
	下	31.61	9.52	41.13	0	5.27	13.39	18.66	3.05	5.27	19.04	24.31	0	0.25	0.20	0.45	0
11	上	26.51	8.43	34.94	0	4.42	11.31	15.73	4.36	4.42	16.64	21.06	0.22	0.22	0.18	0.40	0
	中	4.92	7.99	12.91	0	0.82	10.46	11.28	2.42	0.82	14.88	15.70	0.31	0.06	0.17	0.23	0
	下	19.65	7.59	27.24	0	3.27	10.10	13.37	3.44	3.27	13.85	17.12	0.56	0.15	0.16	0.31	0
12	上	49.46	7.27	56.73	0	8.24	11.25	19.49	6.55	8.24	14.23	22.47	1.79	0.39	0.17	0.56	0
	中	20.19	6.86	27.05	0.01	3.36	9.80	13.16	4.48	3.36	12.50	15.86	1.56	0.19	0.16	0.35	0
	下	4.98	6.87	11.85	0.38	0.83	10.30	11.13	3.15	0.83	12.81	13.64	1.02	0.05	0.16	0.21	0

附表 6　2020 年 75%频率下污染物各旬的纳污能力

（单位：t）

月份	旬	COD_{Mn}				NH_3-N				TN				TP			
		降雨	降解	合计	出流	降雨	降解	合计	出流	降雨	降解	合计	出流	降雨	降解	合计	出流
1	上	71.85	11.55	83.40	21.70	11.98	12.06	24.04	12.42	11.98	11.98	23.96	5.13	0.54	2.48	3.02	0.03
	中	18.09	9.58	27.67	6.18	3.02	12.72	15.74	2.58	3.02	13.45	16.47	0.80	0.20	1.91	2.11	0.03
	下	54.64	10.09	64.73	19.32	9.11	14.25	23.36	7.47	9.11	16.08	25.19	1.73	0.43	1.93	2.36	0.11
2	上	14.82	0.71	15.53	6.22	2.47	11.32	13.79	2.40	2.47	14.81	17.28	0.36	0.15	1.67	1.82	0.04
	中	43.56	0.72	44.28	13.55	7.26	12.07	19.33	5.63	7.26	15.09	22.35	0.61	0.34	1.55	1.89	0.11
	下	7.38	0.57	7.95	3.25	1.23	9.52	10.75	1.54	1.23	11.63	12.86	0.10	0.09	1.17	1.26	0.03
3	上	14.72	0.38	15.10	2.78	2.45	8.73	11.18	1.74	2.45	12.09	14.54	0	0.12	1.42	1.54	0
	中	16.83	0.41	17.24	0.99	2.81	10.53	13.34	1.29	2.81	11.58	14.39	0	0.14	1.45	1.59	0
	下	24.02	0.47	24.49	0.02	4.00	12.51	16.51	1.63	4.00	12.57	16.57	0	0.20	1.57	1.77	0
4	上	7.03	0.42	7.45	0	1.17	16.40	17.57	0.93	1.17	13.63	14.80	0	0.07	1.04	1.11	0
	中	38.13	0.40	38.53	0	6.36	13.15	19.51	3.76	6.36	13.42	19.78	0	0.29	1.00	1.29	0
	下	10.87	0.39	11.26	0	1.81	11.98	13.79	1.42	1.81	13.02	14.83	0	0.12	0.97	1.09	0
5	上	25.70	3.77	29.47	0	4.28	17.81	22.09	3.12	4.28	21.13	25.41	0	0.20	1.57	1.77	0
	中	12.82	3.64	16.46	0	2.14	15.26	17.40	2.05	2.14	21.31	23.45	0	0.12	1.52	1.64	0
	下	170.70	3.99	174.69	6.14	28.45	14.47	42.92	18.63	28.45	21.82	50.27	3.32	1.29	1.70	2.99	0
6	上	49.18	3.77	52.95	3.00	8.20	11.98	20.18	3.77	8.20	15.78	23.98	0.58	0.52	0.68	1.20	0
	中	8.00	4.14	12.14	0	1.33	15.46	16.79	1.57	1.33	17.36	18.69	0	0.09	0.69	0.78	0
	下	67.43	4.52	71.95	0	11.24	18.10	29.34	2.12	11.24	18.39	29.63	0	0.50	0.75	1.25	0

续表

月份	旬	COD_{Mn}				NH_3-N				TN				TP			
		降雨	降解	合计	出流	降雨	降解	合计	出流	降雨	降解	合计	出流	降雨	降解	合计	出流
7	上	12.89	5.07	17.96	0	2.15	14.63	16.78	1.35	2.15	18.09	20.24	0	0.16	1.06	1.22	0
	中	33.43	5.00	38.43	0	5.57	14.64	20.21	2.45	5.57	17.48	23.05	0	0.25	1.04	1.29	0
	下	9.01	5.43	14.44	0	1.50	16.24	17.74	1.61	1.50	19.11	20.61	0	0.10	1.13	1.23	0
8	上	24.25	2.47	26.72	0	4.04	14.38	18.42	0.85	4.04	16.42	20.46	0	0.18	0.62	0.80	0
	中	55.31	2.69	58.00	0	9.22	17.22	26.44	1.93	9.22	17.74	26.96	0	0.43	0.67	1.11	0
	下	11.34	3.09	14.43	0	1.89	20.99	22.88	0.83	1.89	20.61	22.50	0	0.14	0.77	0.91	0
9	上	17.27	2.80	20.07	0	2.88	17.63	20.51	0.44	2.88	14.41	17.29	0	0.13	0.09	0.22	0
	中	6.28	2.81	9.09	0	1.05	19.22	20.27	0.35	1.05	14.07	15.12	0	0.06	0.09	0.16	0
	下	117.02	3.25	120.27	0	19.50	22.21	41.71	1.11	19.50	15.76	35.26	0	0.87	0.11	0.98	0
10	上	40.92	7.85	48.77	0	6.82	22.56	29.38	0.42	6.82	15.97	22.79	0	0.42	0.16	0.58	0
	中	45.01	8.46	53.47	0	7.50	27.69	35.19	0.02	7.50	16.74	24.24	0	0.36	0.18	0.54	0
	下	52.58	10.00	62.58	0	8.76	33.26	42.02	0.02	8.76	19.93	28.69	0	0.44	0.21	0.65	0
11	上	9.86	9.02	18.88	0	1.64	29.68	31.32	0.05	1.64	18.12	19.76	0	0.12	0.19	0.31	0
	中	28.13	9.04	37.17	0	4.69	30.13	34.82	0	4.69	17.99	22.68	0	0.21	0.19	0.40	0
	下	37.91	9.46	47.37	0	6.32	31.55	37.87	0	6.32	18.88	25.20	0	0.31	0.20	0.51	0
12	上	15.38	9.60	24.98	0	2.56	39.39	41.95	0.03	2.56	22.06	24.62	0	0.15	0.22	0.37	0
	中	31.24	9.18	40.42	0	5.21	31.52	36.73	2.44	5.21	21.62	26.83	0	0.24	0.21	0.45	0
	下	7.80	9.17	16.97	0	1.30	27.67	28.97	1.65	1.30	21.56	22.86	0	0.09	0.21	0.30	0

附表7　2020年90%频率下污染物各旬的纳污能力

（单位：t）

月份	旬	COD_{Mn}				NH_3-N				TN				TP			
		降雨	降解	合计	出流	降雨	降解	合计	出流	降雨	降解	合计	出流	降雨	降解	合计	出流
1	上	67.25	11.75	79.00	19.07	11.21	12.36	23.57	11.28	11.21	12.15	23.36	4.60	0.50	2.46	2.96	0.04
	中	10.56	9.90	20.46	4.87	1.76	13.84	15.60	2.12	1.76	14.12	15.88	0.56	0.14	1.83	1.97	0.03
	下	46.05	10.79	56.84	13.00	7.67	16.35	24.02	5.52	7.67	17.67	25.34	0.67	0.36	1.90	2.26	0.09
2	上	6.35	0.82	7.17	2.00	1.06	14.46	15.53	0.97	1.06	17.02	18.08	0.01	0.08	2.11	2.19	0
	中	54.34	0.87	55.21	8.92	9.06	16.47	25.52	5.01	9.06	17.00	26.06	0	0.41	2.16	2.57	0
	下	11.77	0.69	12.46	2.22	1.96	13.42	15.38	1.43	1.96	13.29	15.25	0	0.13	1.69	1.82	0
3	上	5.48	0.46	5.94	0.39	0.91	12.04	12.95	0.85	0.91	13.18	14.09	0	0.05	1.60	1.65	0
	中	19.24	0.47	19.71	0	3.21	13.64	16.85	1.13	3.21	12.47	15.68	0	0.15	1.56	1.71	0
	下	34.43	0.52	34.95	0	5.74	15.96	21.70	1.23	5.74	13.76	19.50	0	0.28	1.72	2.00	0
4	上	27.17	0.49	27.66	0	4.53	21.69	26.22	0.91	4.53	15.99	20.52	0	0.23	1.23	1.46	0
	中	98.29	0.63	98.92	0	16.38	22.27	38.65	0.40	16.38	20.18	36.56	0	0.76	1.57	2.33	0
	下	55.57	0.73	56.30	0	9.26	20.07	29.33	5.15	9.26	24.43	33.69	0	0.50	1.75	2.25	0.02
5	上	46.67	7.80	54.47	0	7.78	26.34	34.12	1.82	7.78	39.69	47.47	0.29	0.40	3.03	3.43	0.01
	中	5.18	7.92	13.10	0	0.86	20.60	21.46	2.87	0.86	34.79	35.65	1.00	0.08	3.24	3.32	0
	下	40.01	8.88	48.89	0	6.67	21.99	28.66	1.92	6.67	34.65	41.32	0.81	0.31	3.70	4.01	0
6	上	76.52	8.51	85.03	0	12.75	16.77	29.52	8.06	12.75	24.88	37.63	3.28	0.60	1.42	2.02	0
	中	57.85	8.77	66.62	0	9.64	19.40	29.04	6.02	9.64	26.81	36.45	2.10	0.50	1.46	1.96	0
	下	11.71	8.80	20.51	0	1.95	20.55	22.50	1.91	1.95	28.98	30.93	0.52	0.14	1.47	1.61	0

续表

月份	旬	COD_{Mn}				NH_3-N				TN				TP			
		降雨	降解	合计	出流	降雨	降解	合计	出流	降雨	降解	合计	出流	降雨	降解	合计	出流
7	上	7.84	8.59	16.43	0	1.31	17.40	18.71	2.20	1.31	28.07	29.38	0.17	0.07	1.79	1.86	0
	中	19.25	8.53	27.78	0	3.21	21.56	24.77	1.20	3.21	29.81	33.02	0	0.15	1.78	1.93	0
	下	38.74	9.55	48.29	0	6.46	25.69	32.15	2.90	6.46	33.38	39.84	0	0.31	1.99	2.30	0
8	上	75.81	4.55	80.36	0	12.63	19.78	32.41	4.75	12.63	30.26	42.89	0	0.60	1.14	1.74	0
	中	39.09	4.62	43.71	0	6.51	18.19	24.70	5.06	6.51	30.35	36.86	0.24	0.36	1.15	1.51	0
	下	8.28	4.98	13.26	0	1.38	19.60	20.98	1.27	1.38	31.36	32.74	0.11	0.10	1.25	1.35	0
9	上	4.92	4.42	9.34	0	0.82	15.90	16.72	1.67	0.82	22.58	23.40	0.02	0.04	0.15	0.19	0
	中	4.92	4.23	9.15	0	0.82	16.81	17.63	2.08	0.82	21.24	22.06	0	0.04	0.14	0.18	0
	下	9.26	4.09	13.35	0	1.54	17.55	19.09	1.08	1.54	20.50	22.04	0	0.07	0.14	0.21	0
10	上	36.57	8.42	44.99	0	6.09	15.51	21.60	1.13	6.09	17.15	23.24	0	0.28	0.18	0.46	0
	中	9.70	8.65	18.35	0	1.62	16.75	18.37	0.67	1.62	17.31	18.93	0	0.10	0.18	0.28	0
	下	31.61	9.52	41.13	0	5.27	18.61	23.88	2.18	5.27	19.04	24.31	0	0.25	0.20	0.45	0
11	上	26.51	8.43	34.94	0	4.42	15.88	20.30	3.18	4.42	16.94	21.36	0	0.22	0.18	0.40	0
	中	4.92	7.99	12.91	0	0.82	14.90	15.72	1.75	0.82	16.08	16.90	0	0.06	0.17	0.23	0
	下	19.65	7.59	27.24	0	3.27	14.50	17.77	2.44	3.27	15.26	18.53	0	0.15	0.16	0.31	0
12	上	49.46	7.27	56.73	0	8.24	16.23	24.47	4.88	8.24	16.79	25.03	0	0.39	0.17	0.56	0
	中	20.19	6.86	27.05	0	3.36	14.18	17.54	3.43	3.36	16.13	19.49	0	0.19	0.16	0.35	0
	下	4.98	6.95	11.93	0	0.83	14.92	15.75	2.36	0.83	16.35	17.18	0	0.05	0.16	0.21	0

附表 8　不同来水频率条件下 2015 年和 2020 年不同污染来源的月入湖量与削减量　　（单位：t/a）

来水频率	年份	月份	COD						NH_3-N						TN						TP					
			入湖量	削减量					入湖量	削减量					入湖量	削减量					入湖量	削减量				
				点源	面源	内源	外源	合计		点源	面源	内源	外源	合计		点源	面源	内源	外源	合计		点源	面源	内源	外源	合计
75%	2015	1	85.1	0	0	0	0	0	38.9	0	0	0	0	0	56.1	0	0	0	0	0	5.8	0	0	0	0	0
		2	81.8	15.6	2.1	0	0	17.7	37.5	0.4	0	0	0	0.4	53.2	7.2	2.4	0	0	9.6	4.9	0	0.4	0	0	0.4
		3	97.6	38.0	5.8	0	0	43.8	47.0	6.0	2.4	0	0	8.4	74.1	22.9	8.7	0	0	31.6	12.4	1.5	6.2	0	0	7.7
		4	90.8	31.7	4.7	0	0	36.4	43.0	0	0	0	0	0	65.2	13.3	4.8	0	0	18.1	9.1	1.2	4.6	0	0	5.8
		5	173.6	0	0	0	0	0	63.0	0	0	0	0	0	107.6	7.8	2.6	0.7	0.9	12.0	21.3	2.2	11.3	0.4	1.1	15.1
		6	179.2	25.5	3.7	8.1	12.3	49.6	61.7	0	0	0	0	0	106.1	22.3	8.5	3.3	2.6	36.7	19.9	2.2	12.7	0.7	1.3	16.9
		7	144.2	49.0	2.4	23.3	2.2	76.9	39.8	0	0	0	0	0	65.1	0	3.7	1.0	0	4.7	5.0	0	1.1	0.4	0	1.5
		8	156.6	34.0	5.4	17.4	5.5	62.3	45.2	0	0	0	0	0	75.9	5.5	1.8	1.7	0.3	9.3	8.7	1.0	3.9	0.9	0.3	6.1
		9	131.8	0	0	0	0	0	38.5	0	0	0	0	0	60.4	0	0	0	0	0	3.7	1.3	0.4	0.6	0	2.3
		10	124.3	0	0	0	0	0	44.0	0	0	0	0	0	71.8	0	0	0	0	0	8.7	1.3	5.1	0.7	0	7.0
		11	88.4	0	0	0	0	0	39.1	0	0	0	0	0	56.3	0	0	0	0	0	5.7	1.1	3.5	0	0	4.6
		12	85.6	7.4	0	0	0	7.4	35.9	0	0	0	0	0	49.3	0	0	0	0	0	3.2	1.2	0.9	0	0	2.1
	2020	1	113.4	0	0	0	0	0	55.6	0	0	0	0	0	78.9	11.2	3.9	0	0	15.1	7.3	0	0.1	0	0	0.1
		2	109.6	41.2	4.0	0	0	45.2	54.2	9.3	3.2	0	0	12.5	75.9	18.9	7.1	0	0	26.0	6.4	0	1.7	0	0	1.7
		3	125.3	61.4	9.9	0	0	71.3	63.6	16.9	7.7	0	0	24.6	96.7	38.3	15.5	0	0	53.8	13.6	1.8	7.2	0	0	9.0
		4	118.6	55.4	8.8	0	0	64.2	59.7	8.0	3.4	0	0	11.4	88.0	29.4	11.5	0	0	40.9	10.4	1.4	5.7	0	0	7.1
		5	186.4	0	0	0	0	0	77.5	0	0	0	0	0	128.1	21.8	8.3	1.7	1.6	33.4	21.9	2.7	11.7	0.4	0.9	15.7
		6	194.6	37.9	5.8	9.7	11.0	64.4	76.4	8.7	3.7	0.4	0.7	13.5	126.9	36.5	14.6	4.3	2.5	57.9	20.7	3.0	13.0	0.7	0.9	17.6
		7	177.2	78.7	2.1	27.1	1.9	109.8	56.5	4.2	0	0.3	0	4.5	87.8	19.0	3.8	4.5	0.2	27.5	6.5	1.0	1.4	0.6	0	3.0

续表

来水频率	年份	月份	COD						NH_3-N						TN						TP					
			入湖量	削减量					入湖量	削减量					入湖量	削减量					入湖量	削减量				
				点源	面源	内源	外源	合计		点源	面源	内源	外源	合计		点源	面源	内源	外源	合计		点源	面源	内源	外源	合计
75%	2020	8	185.5	57.4	7.2	21.5	5.1	91.2	61.3	0	0	0	0	0	98.0	19.1	7.1	4.6	0.6	31.4	10.0	1.5	4.7	0.9	0.3	7.4
		9	165.6	17.7	0.6	5.2	0.1	23.6	55.7	0	0	0	0	0	83.8	15.7	1.0	2.8	0	19.5	5.3	2.7	0.4	0.8	0	3.9
		10	154.7	0	0	0	0	0	60.9	0	0	0	0	0	94.8	15.1	5.5	2.3	0	22.9	10.1	2.3	5.4	0.7	0	8.4
		11	118.0	17.3	2.4	0	0	19.7	56.0	0	0	0	0	0	79.4	11.1	3.9	0	0	15.0	7.2	2.6	3.4	0	0	6.0
		12	116.1	36.4	1.4	0	0	37.8	52.9	0	0	0	0	0	72.3	1.8	0	0	0	1.8	4.7	2.7	0.9	0	0	3.6
90%	2015	1	83.1	0	0	0	0	0	37.4	0	0	0	0	0	52.7	0	0	0	0	0	4.6	0	0	0	0	0.0
		2	87.7	14.9	2.0	0	0	16.9	42.0	0.5	0	0	0	0.5	63.0	10.0	3.5	0	0	13.5	8.4	0	2.4	0	0	2.4
		3	87.9	26.6	3.9	0	0	30.5	39.8	2.4	0	0	0	2.4	58.1	8.8	3.0	0	0	11.8	6.5	0	1.4	0	0	1.4
		4	80.9	0	0	0	0	0	35.7	0	0	0	0	0	48.9	0	0	0	0	0	3.1	0	0	0	0	0.0
		5	124.8	8.8	1.1	2.3	2.0	14.2	46.1	0	0	0	0	0	73.1	0	0	0	0	0	9.5	0	0.7	0.1	0.1	0.9
		6	150.5	0	0	0	0	0	51.6	0	0	0	0	0	85.8	2.2	0	0.3	0.1	2.6	13.0	1.4	5.4	0.5	0.5	7.8
		7	218.6	63.6	10.2	26.2	30.7	130.7	65.9	5.0	0	0.3	0.6	5.9	117.7	16.2	5.9	3.3	2.0	27.4	22.9	2.2	12.7	0.9	1.3	17.1
		8	156.8	14.6	2.0	7.4	2.4	26.4	45.3	0	0	0	0	0	76.0	0	0	0	0	0	8.8	0	3.6	0.6	0.2	4.4
		9	153.3	73.4	8.5	29.3	11.9	123.1	46.1	5.0	2.0	0.4	0.3	7.6	75.7	12.2	4.3	3.2	0.7	20.4	8.9	1.8	5.1	1.0	0.5	8.4
		10	121.9	15.2	2.1	5.4	0	22.7	42.2	0	0	0	0	0	67.9	4.5	0	0.7	0	5.2	7.2	1.2	4.2	0.7	0	6.1
		11	86.5	13.3	1.8	0	0	15.1	37.6	0	0	0	0	0	53.0	2.2	0	0	0	2.2	4.5	1.4	2.3	0	0	3.7
		12	87.7	0	0	0	0	0	37.5	0	0	0	0	0	52.6	3.4	0	0	0	3.4	4.4	1.2	2.2	0	0	3.4
	2020	1	111.6	0	0	0	0	0	54.1	0	0	0	0	0	75.5	9.4	3.2	0	0	12.6	6.0	0	0	0	0	0.0
		2	114.9	38.0	5.8	0	0	43.8	58.5	4.9	0	0	0	4.9	85.6	21.1	8.0	0	0	29.1	9.8	0	3.5	0	0	3.5

续表

来水频率	年份	月份	COD						NH_3-N						TN						TP					
			入湖量	削减量					入湖量	削减量					入湖量	削减量					入湖量	削减量				
				点源	面源	内源	外源	合计		点源	面源	内源	外源	合计		点源	面源	内源	外源	合计		点源	面源	内源	外源	合计
90%	2020	3	116.6	52.6	6.4	0	0	59.0	56.6	5.5	2.2	0	0	7.7	80.9	24.9	9.6	0	0	34.5	8.0	0	2.9	0	0	2.9
		4	109.7	0	0	0	0	0	52.6	0	0	0	0	0	71.9	0	0	0	0	0	4.7	0	0	0	0	0.0
		5	147.2	24.6	3.6	5.1	3.3	36.6	62.1	0	0	0	0	0	95.3	0	0	0	0	0	10.8	0	0.5	0	0	0.5
		6	171.5	5.7	0	1.4	0.9	8	67.4	0	0	0	0	0	107.6	5.3	1.7	0.7	0.2	7.9	14.1	1.6	6.3	0.5	0.4	8.8
		7	237.0	83.5	13.9	27.5	24.2	149.1	80.1	5.3	2.1	0.3	0.4	8.1	137.8	25.0	9.6	4.2	1.9	40.7	23.5	3.0	12.8	0.9	1.0	17.7
		8	185.6	33.9	5.1	13.0	3.1	55.1	61.4	0	0	0	0	0	98.1	0	0	0	0	0	10.1	1.0	3.8	0.7	0.2	5.7
		9	182.9	105.3	7.7	30.5	9.3	152.8	62.6	7.8	3.2	0.5	0.2	11.7	98.4	21.9	8.3	4.2	0.7	35.1	10.2	3.4	5.0	1.0	0.3	9.7
		10	152.5	37.4	5.7	10.2	0	53.3	59.2	0	0	0	0	0	91.0	18.4	6.8	2.9	0	28.1	8.7	2.8	4.1	0.7	0	7.6
		11	116.2	41.4	3.5	0	0	44.9	54.6	3.5	0	0	0	3.5	76.1	16.4	6.0	0	0	22.4	6.0	2.9	2.2	0	0	5.1
		12	118.0	23.7	3.3	0	0	27.0	54.4	0	0	0	0	0	75.7	12.6	4.5	0	0	17.1	5.9	2.7	2.1	0	0	4.8

彩 图

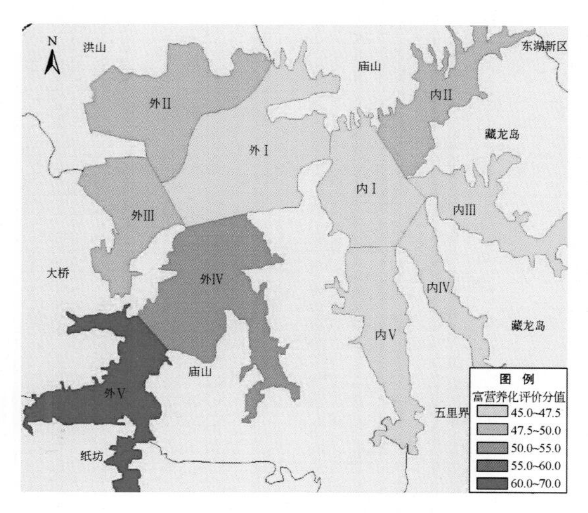

图 3-6　汤逊湖分区水域富营养化状况

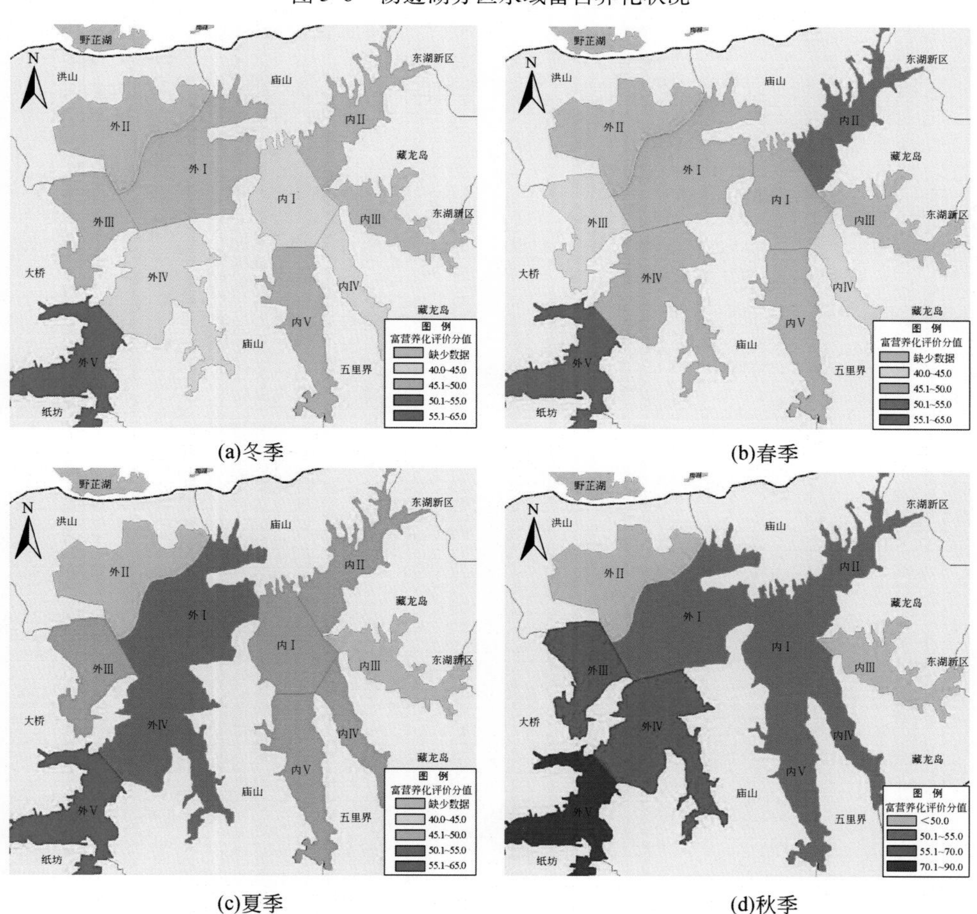

(a)冬季　(b)春季

(c)夏季　(d)秋季

图 3-10　各水域富营养化季节变化图

内Ⅰ～Ⅴ、外Ⅰ～Ⅴ分别表示的是内汤湖心；内汤洪山监狱水域、红旗港、流芳港；内汤杨汉湖湾；内汤观音像水域；内汤民营工业园水域；外汤湖心；外汤洪山水域、巡司河入流；外汤武大东湖分校水域；外汤焦咀石水域；外汤大桥、纸坊港排污水域

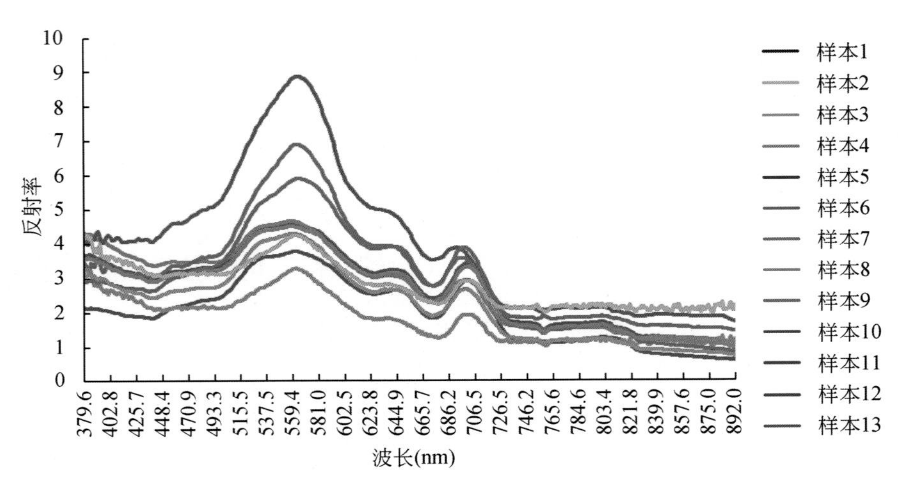

图 4-2　汤逊湖采样点的光谱曲线图

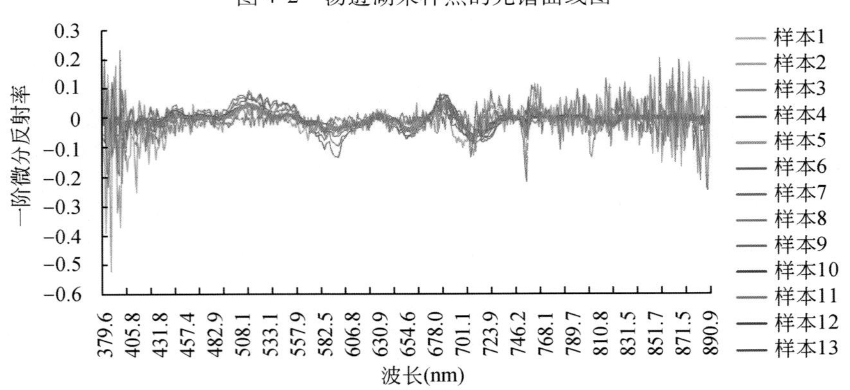

图 4-6　样点水体反射率的一阶微分曲线

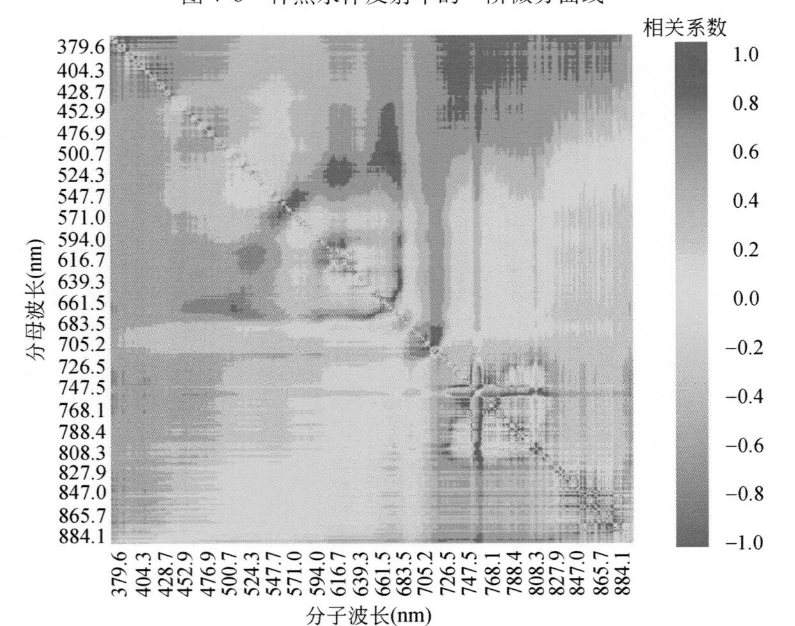

图 4-10　叶绿素浓度与各波段反射率比值相关系数分布图

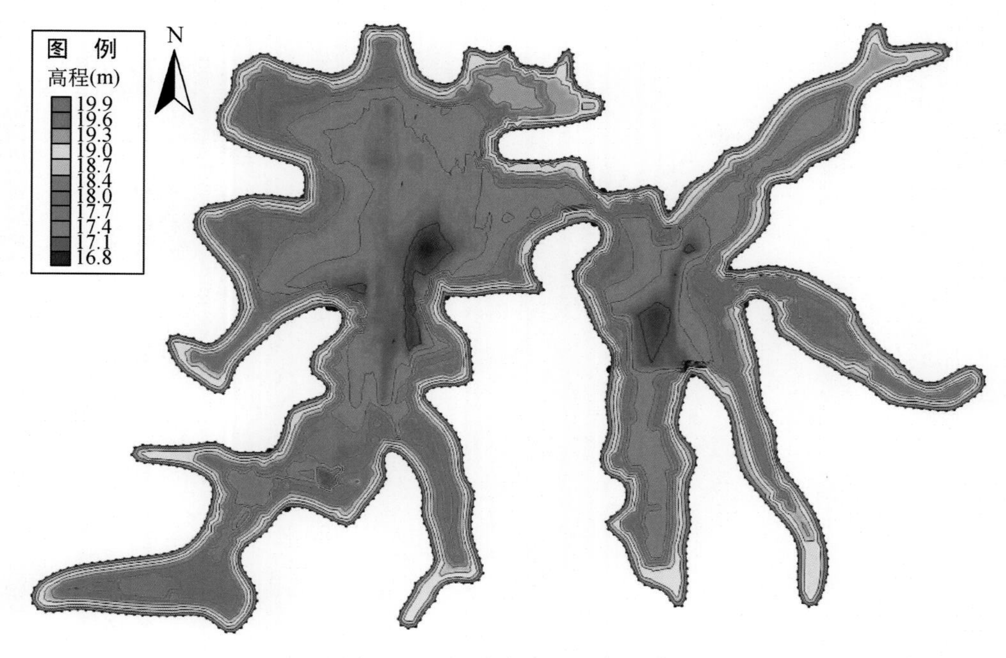

图 7-4　汤逊湖湖底地形高程图

图 7-14　90% 降水频率下 2015 年汤逊湖水体中 TP_ 春季浓度场

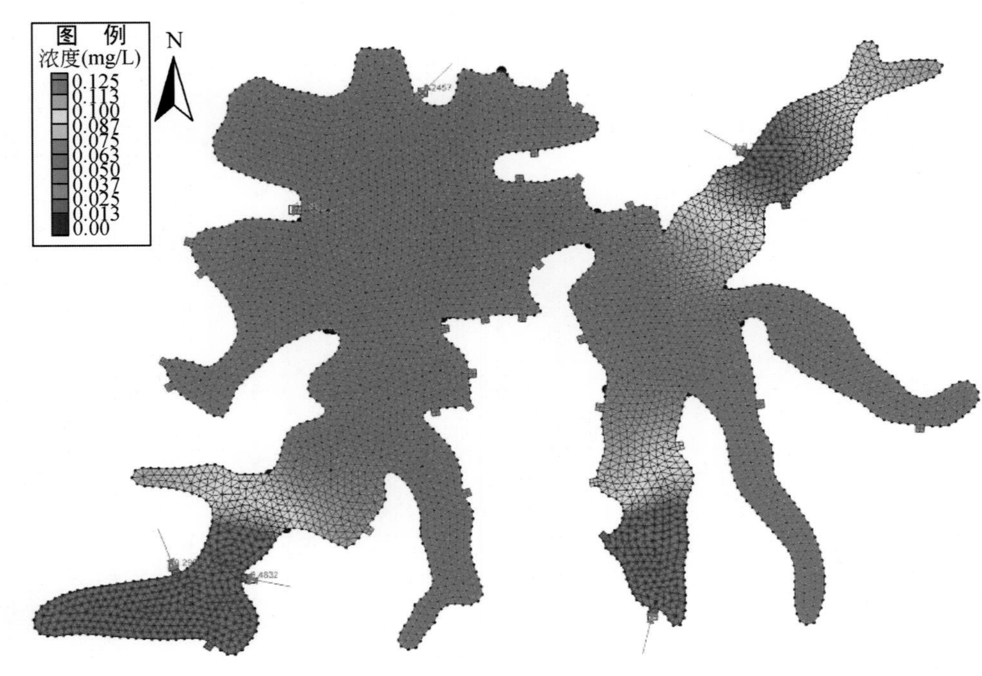

图 7-15　90% 降水频率下 2015 年汤逊湖水体中 TP_ 夏季浓度场

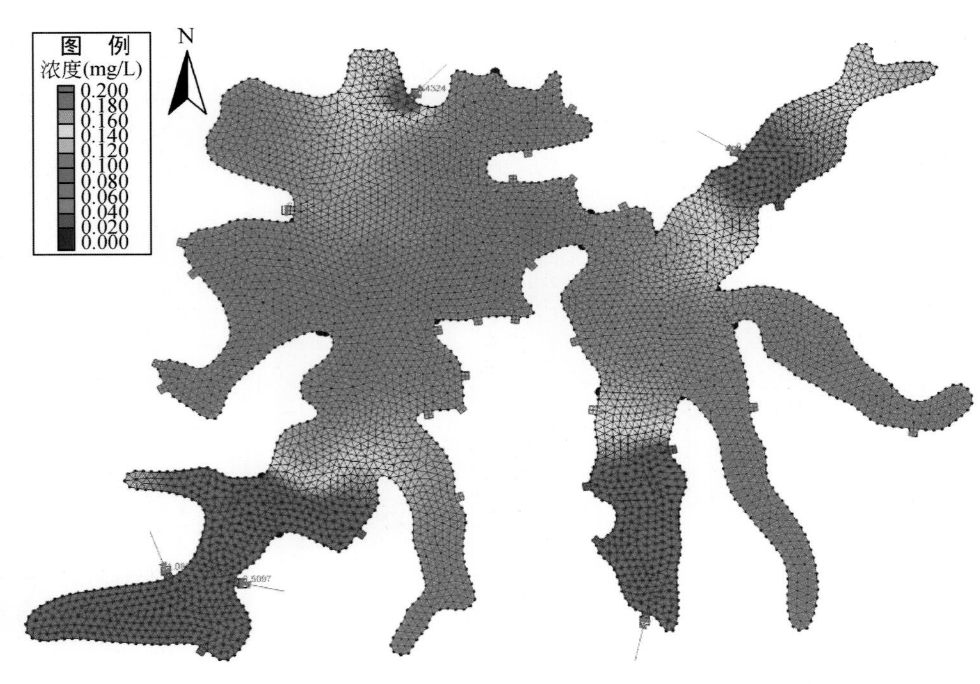

图 7-16　90% 降水频率下 2015 年汤逊湖水体中 TP_ 秋季浓度场

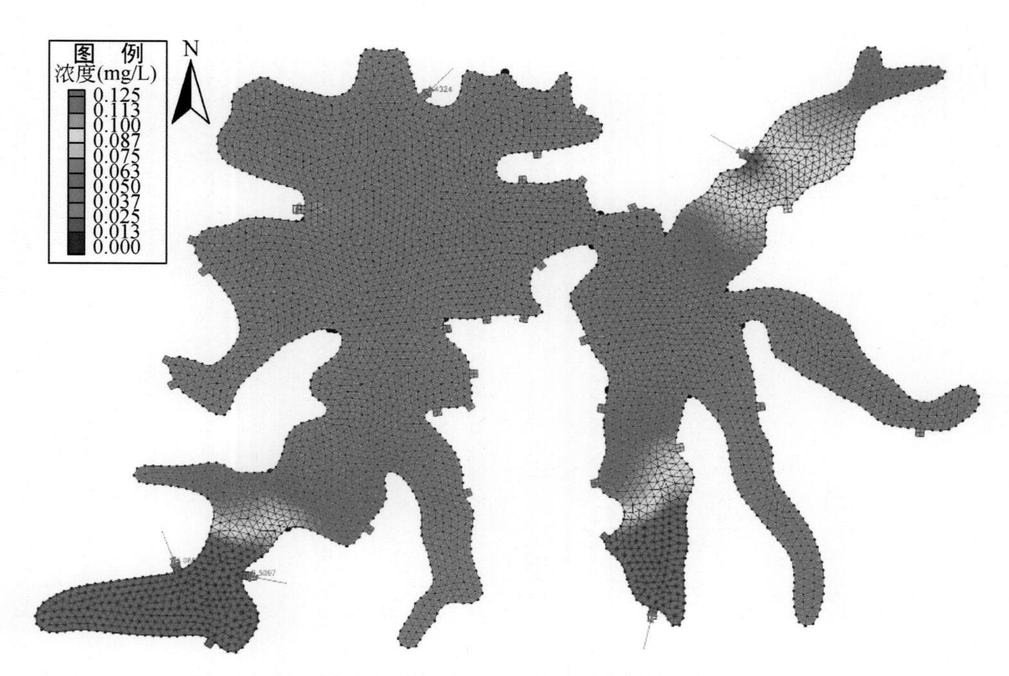

图 7-17　90% 降水频率下 2015 年汤逊湖水体中 TP_冬季浓度场

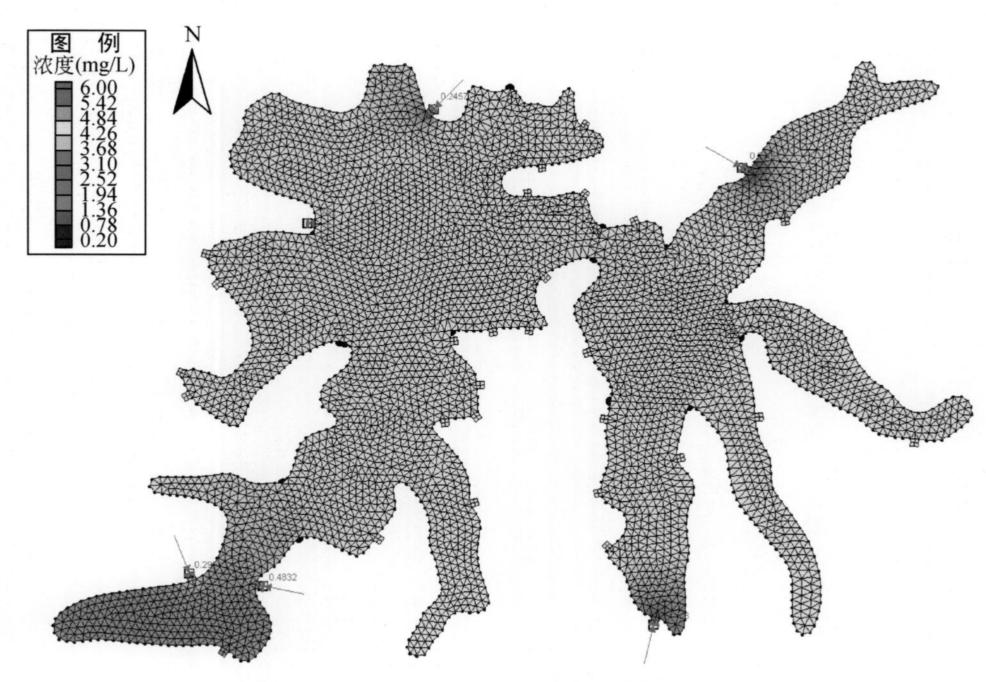

图 7-18　90% 降水频率下 2020 年 COD_{Mn}_夏季的浓度场

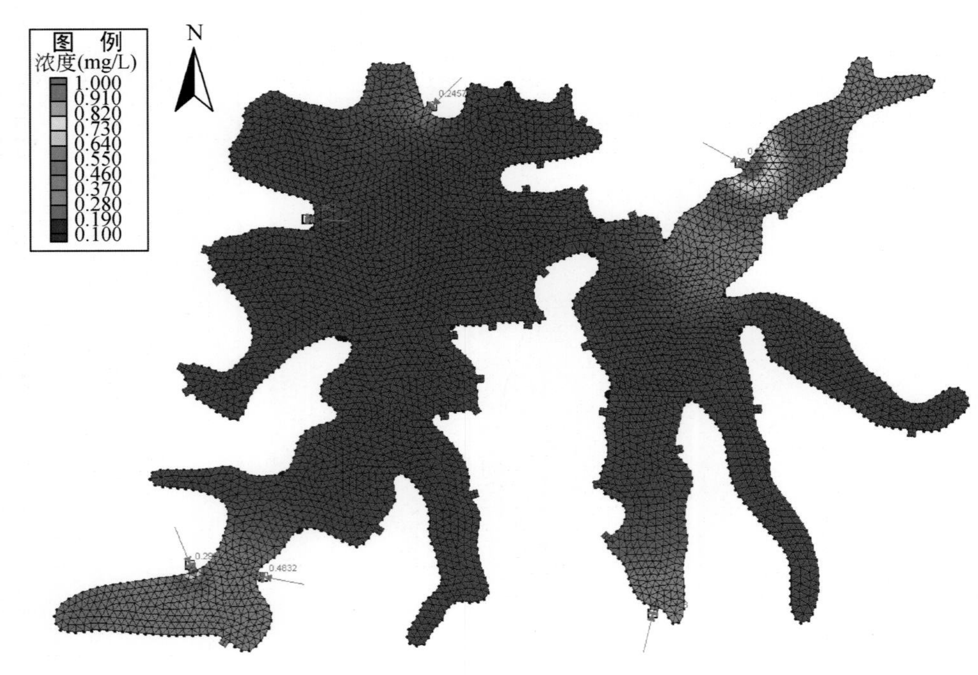

图 7-19　90%降水频率下 2020 年 NH_3-N_夏季的浓度场

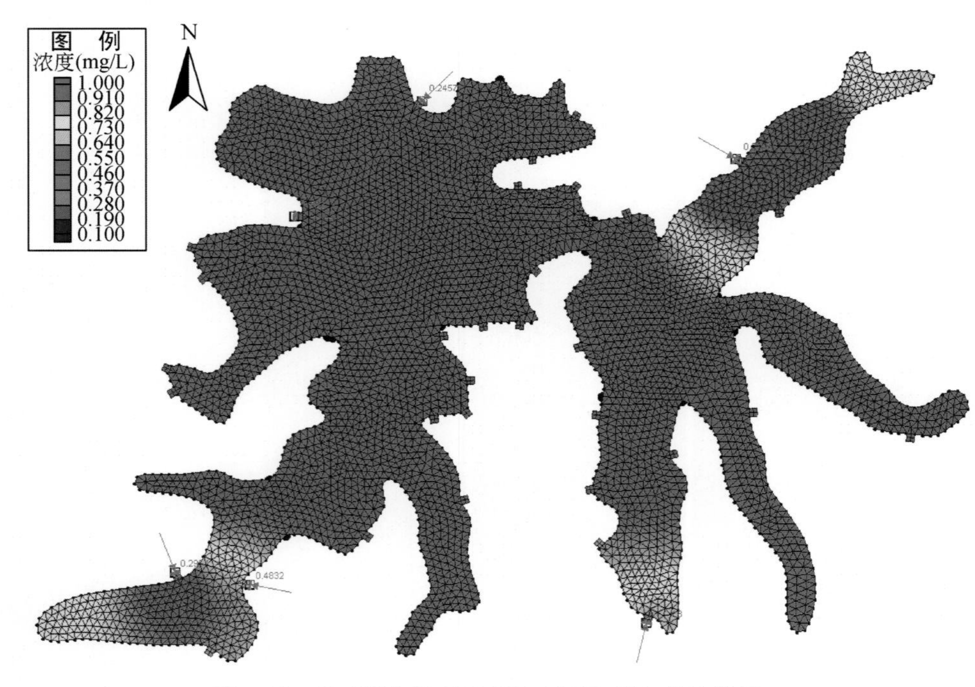

图 7-20　90%降水频率下 2020 年 TN_夏季的浓度场

图 7-21　90%降水频率下 2020 年 TP_夏季的浓度场

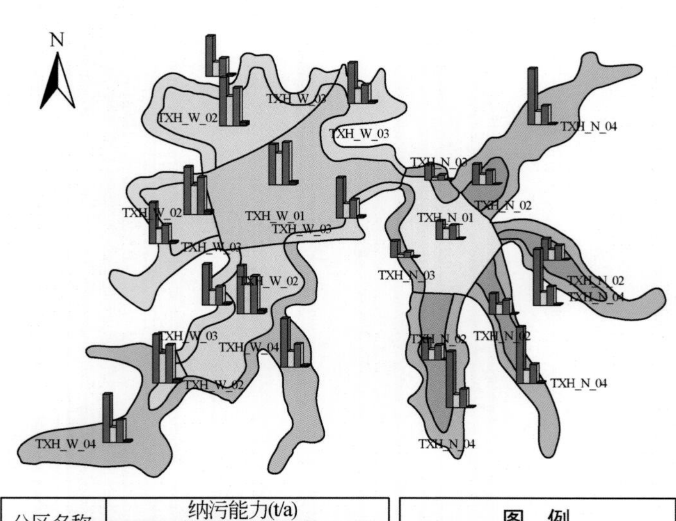

分区名称	纳污能力(t/a)			
	COD_{Mn}	NH_3-N	TN	TP
TXH_W_01	193.36	153.71	202.07	12.87
TXH_W_02	224.71	138.17	175.31	12.21
TXH_W_03	191.74	64.42	90.68	9.36
TXH_W_04	230.51	77.45	109.02	11.25
TXH_N_01	81.36	49.24	67.73	4.15
TXH_N_02	101.62	51.82	68.18	4.40
TXH_N_03	79.18	19.14	26.89	2.78
TXH_N_04	265.49	64.16	90.18	9.31

图 8-7　现状年分区水域污染物纳污能力图

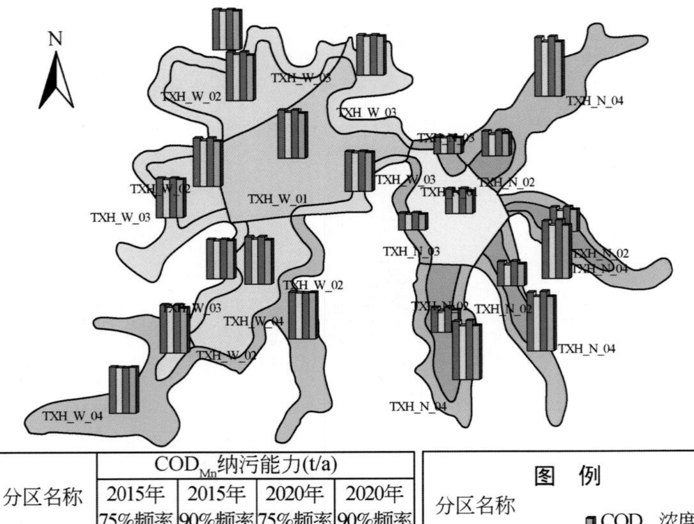

分区名称	COD_{Mn}纳污能力(t/a)			
	2015年75%频率	2015年90%频率	2020年75%频率	2020年90%频率
TXH_W_01	211.98	185.22	212.52	185.76
TXH_W_02	221.10	206.81	221.61	207.33
TXH_W_03	175.59	171.51	175.92	171.83
TXH_W_04	211.10	206.19	211.49	206.58
TXH_N_01	96.56	81.31	96.67	81.50
TXH_N_02	107.56	97.10	107.78	97.31
TXH_N_03	79.54	74.25	79.67	74.38
TXH_N_04	266.68	248.97	267.13	249.40

图 8-8 未来年份不同来水频率下 COD_{Mn}纳污能力图

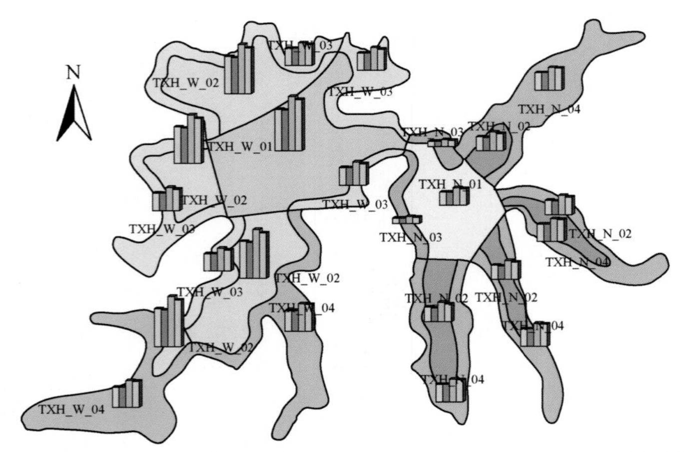

分区名称	NH_3-N纳污能力(t/a)			
	2015年75%频率	2015年90%频率	2020年75%频率	2020年90%频率
TXH_W_01	165.40	160.52	217.58	202.38
TXH_W_02	149.19	144.26	196.38	181.99
TXH_W_03	69.16	67.11	89.40	84.50
TXH_W_04	83.14	80.68	107.48	101.59
TXH_N_01	53.27	51.60	70.43	65.04
TXH_N_02	56.08	54.31	74.01	68.44
TXH_N_03	20.54	19.93	26.55	25.10
TXH_N_04	68.88	66.84	89.01	84.16

图 8-9 未来年份不同来水频率下 NH_3-N 纳污能力图

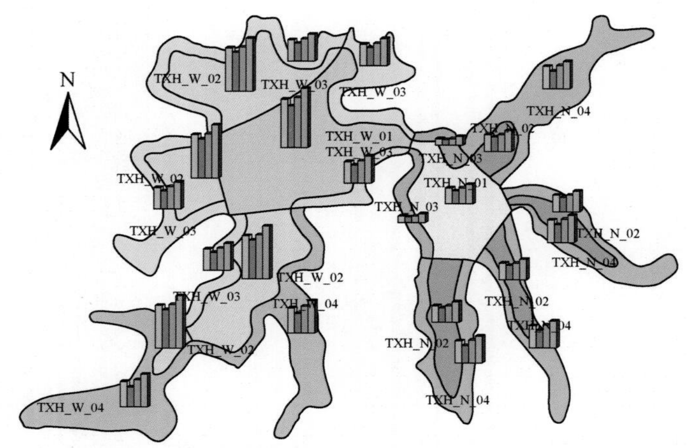

分区名称	TN纳污能力(t/a)			
	2015年75%频率	2015年90%频率	2020年75%频率	2020年90%频率
TXH_W_01	187.73	205.50	194.15	231.93
TXH_W_02	164.92	178.97	170.47	202.63
TXH_W_03	85.01	93.00	87.76	105.27
TXH_W_04	102.19	111.81	105.50	126.56
TXH_N_01	64.48	70.06	66.61	79.07
TXH_N_02	63.81	70.08	65.82	79.30
TXH_N_03	25.21	27.58	26.03	31.22
TXH_N_04	84.53	92.48	87.27	104.68

图　例

分区名称

TXH_N_01
TXH_N_02
TXH_N_03
TXH_N_04
TXH_W_01
TXH_W_02
TXH_W_03
TXH_W_04

TN纳污能力(t/a)
2015年75%频率
2015年90%频率
2020年75%频率
2020年90%频率

图 8-10　未来年份不同来水频率下 TN 纳污能力图

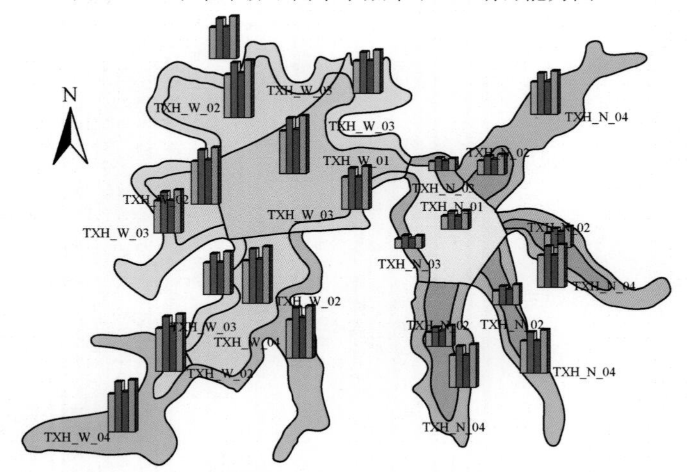

分区名称	TP纳污能力(t/a)			
	2015年75%频率	2015年90%频率	2020年75%频率	2020年90%频率
TXH_W_01	8.00	10.22	8.25	10.87
TXH_W_02	7.59	9.66	7.83	10.28
TXH_W_03	5.82	7.44	6.00	7.91
TXH_W_04	7.00	8.94	7.21	9.51
TXH_N_01	2.59	3.30	2.67	3.51
TXH_N_02	2.74	3.50	2.83	3.72
TXH_N_03	1.73	2.21	1.78	2.35
TXH_N_04	5.79	7.40	5.97	7.87

图　例

分区名称

TXH_N_01
TXH_N_02
TXH_N_03
TXH_N_04
TXH_W_01
TXH_W_02
TXH_W_03
TXH_W_04

TP纳污能力(t/a)
2015年75%频率
2015年90%频率
2020年75%频率
2020年90%频率

图 8-11　未来年份不同来水频率下 TP 纳污能力图